电子工艺实习教程

(第2版)

主　编　罗　辑
副主编　申　跃　张　帆
主　审　肖蕙蕙

重庆大学出版社

内容简介

本书是按照高等学校电子工艺实习课程大纲的要求，根据编者多年从事电子工艺实习课程教学的经验和电子工艺的最新发展而编写的。

本书的组成系统是根据电子工艺实习的需要，本着“理论够用为度，重在实践”的精神而构建。全书共分9章，内容包括：安全用电常识、常用电子测试仪器的使用、电子元器件的识别与检测、焊接技术、印制电路板、电子技术文件及识图、整机工艺设计与生产、电子产品生产线及产品的环境试验、常规电子工艺实习项目。在附录中还对常规电子工艺实习项目进行了工艺分析和介绍。

本书可作为高等学校各相关专业电子工艺实习教材，又可作为电类专业课程设计、项目训练、毕业设计、电子技术实践和创新的实用指导书。同时，也可供有关工程技术人员参考。

图书在版编目(CIP)数据

电子工艺实习教程/罗辑主编.—重庆：重庆大学出版社，2007.4(2020.8 重印)

ISBN 978-7-5624-3902-8

Ⅰ.电… Ⅱ.罗… Ⅲ.电子技术—高等学校—教材 Ⅳ.TN

中国版本图书馆 CIP 数据核字(2007)第 038755 号

电子工艺实习教程

(第2版)

主　编　罗　辑

副主编　申　跃　张　帆

主　审　肖蕙蕙

责任编辑：周　立　　版式设计：周　立

责任校对：文　鹏　　责任印制：张　策

*

重庆大学出版社出版发行

出版人：饶帮华

社址：重庆市沙坪坝区大学城西路 21 号

邮编：401331

电话：(023) 88617190　88617185(中小学)

传真：(023) 88617186　88617166

网址：http://www.cqup.com.cn

邮箱：fxk@cqup.com.cn (营销中心)

全国新华书店经销

重庆荟文印务有限公司印刷

*

开本：787mm×1092mm　1/16　印张：11.75　字数：293 千

2017 年 1 月第 2 版　　2020 年 8 月第 8 次印刷

印数：12 651—14 650

ISBN 978-7-5624-3902-8　定价：32.00 元

前 言

电子工艺实习课程是以工艺性和实践性为主的专业技术基础课程，是理工科各相关专业工程训练的重要内容，是实践教学的基本环节之一，也是培养学生创新能力的重要环节。

电子工艺实习作为技能训练，既是基本技能和工艺知识的入门向导，又是创新实践的开始和创新精神的启蒙。要构筑一个基础扎实、充满活力的实践平台，仅靠课堂上的讲授和动手训练是不够的，需要有一本既能指导学生实习，又能开阔眼界，既是教学的参考书，又是指导实践的实用资料。本书编者正是立足于这个目标，以长期从事电子产品的研制、开发和生产以及直接组织实施电子工艺实习教学的经验为依托，广泛收集最新资料编写了《电子工艺实习教程》一书。

本书的组成系统是根据电子工艺实习的需要，本着"理论够用为度，重在实践"的精神而构建的。以工艺性和实践性为基础，以掌握电子工艺技术为目标，在介绍常用电子测试仪器和元器件、焊接技术等基本知识的基础上，详细分析了印制电路板设计与制作工艺、电子技术文件及识图、整机工艺设计与生产、电子产品生产线及产品的环境试验等与电子工艺制定直接相关的知识，并结合常规电子实习项目进行了工艺分析。本书内容充实、详略得当、可读性强、信息量大；兼有实用性、资料性和先进性，书中含有大量来自生产实践的经验。本书文字流畅、图文并茂，便于学生在学习过程中更好的理解，与同类书相比，本书自有独到之处。

书中所有图形符号采用中华人民共和国国家标准 GB 4728—85，文字符号采用 GB 7159—87，量和单位采用 GB 3100～3102—86。

本书可作为理工科高校各相关专业电子工艺实习教材，又可作为课程设计、项目训练、毕业设计、电子技术实践和创新的实用指导书。同时，也可供其他有关专业和电气方面的工程技术人员参考。

本书由重庆工学院罗辑主编。第1,3,5章由罗辑编写;第2章由申跃编写;第4章由张帆编写;第6章由曹秋玲编写;第7章由张帆和高家利编写;第8章由罗辑和李红松编写;第9章由申跃和曹秋玲编写。全书由罗辑负责统稿和定编。

重庆工学院肖蕙蕙教授为本书主审,她对本书进行了细致、详尽的审阅,提出了许多宝贵意见。在此表示感谢!

限于编者的水平,书中难免有不少缺点和错误,恳请广大读者批评指正。

编　者

2017年1月

目录

第 1 章 安全用电常识

在电子设备的装配调试中，要使用各种工具和仪器，同时还可能接触危险的高压电。而且，随着国民经济各行各业电气化、自动化水平不断提高，从家庭到办公室，从学校到工矿企业，几乎没有不用电的场所。如不掌握必要的安全用电知识，操作中缺乏足够的警惕，就可能发生人身、设备事故。因此，普及安全用电知识，防止电气事故，做到安全用电是十分必要的。

安全用电技术是研究如何预防用电事故及保障人身、设备安全的一门技术。在本章里，将简述防止人身触电，保障人身安全的一些知识，了解电子技术操作中有哪些不安全的因素及预防措施。

1.1 触电及其对人体的伤害

人体是可以导电的。触电是电流的能量作用于人体或转换成其他形式的能量作用于人体造成的伤害。

1.1.1 触电对人体的伤害

发生触电事故后，人所受到的伤害分为电击和电伤两类。

(1)电击

电击是电流通过人体内部，影响呼吸、心脏和神经系统，造成人体内部组织损伤乃至死亡的触电事故。由于人体触及带电导体、漏电设备的外壳，以及因雷击或电容放电等都可能导致电击。大部分触电死亡事故由电击造成很多，通常说的触电事故基本上都是指电击而言。

(2)电伤

电伤是指电流的热效应、化学效应或机械效应等对人体造成的危害。包括电烧伤、电烙印、皮肤金属化、电光眼、机械损伤等多种伤害。电伤是由于发生触电而导致的人体外表创伤。主要介绍以下三种：

1)电烧伤

由于电的热效应而烧伤人体皮肤、皮下组织、肌肉，甚至神经。电烧伤引起皮肤发红、气泡、烧焦、坏死。

2)电烙印

电烙印是由电流的机械和化学效应造成人体触电部位的外部伤痕,通常是表皮的肿块。

3)皮肤金属化

这是一种化学效应。它是由于带电体金属通过触电点蒸发进入人体造成的,局部皮肤呈现相应金属的特殊颜色。

1.1.2 触电对人体伤害程度的因素

触电对人体的危害程度与通过人体电流的大小、通电时间、电流途径、电流的性质及人体状况等因素有关。其中通过人身电流的大小和通电时间是起决定作用的因素。

(1)电流的大小

一定限度的电流不会对人造成损伤。通过人体的电流越大,人体的生理反应越明显,感觉越强烈,引起心室颤动所需时间越短,致命的危险性就越大。电流对人体的作用如表1.1所示。

表1.1 电流对人体的作用

电流/mA	对人体的作用
<0.7	无感觉
1	有轻微感觉
1~3	有刺激感,一般电疗仪器取此电流
3~10	感到痛苦,但可自行摆脱
10~30	引起肌肉痉挛,短时间无危险,长时间有危险
30~50	强烈痉挛,时间超过60 s,即有生命危险
50~250	产生心脏性纤颤,丧失知觉,严重危害生命
>250	短时间内(1 s以上)造成心脏骤停,体内造成电烧伤

(2)电流的持续时间

电流对人体的伤害同持续作用的时间密切相关。可以用电流与时间乘积(也称电击强度)来表示电流对人体的危害。触电保护器的一个主要指标就是额定断开时间与电流乘积小于30 mAs,实际产品可达到30 mAs,故可有效防止触电事故。

(3)电流的性质

电流的性质不同对人体损伤也不同。直流电一般引起电伤,交流电则电伤与电击同时发生,交流电的危险性大于直流电,特别是40~100 Hz的交流电对人体最危险。人们日常使用的市电正是在这个危险的频段(我国为50 Hz),但当交流电频率达到20 000 Hz时,对人体危害很小,用于理疗的一些仪器采用的就是这个频段。另外,电压越高,危险性越大。

(4)电流的途径

电流通过人体,严重干扰人体正常生物电流。电流流过心脏会引起心室颤动,较大的电流还会使心脏停止跳动。电流流过大脑,会造成脑细胞损伤、死亡。电流流过神经系统,会导致神经紊乱,破坏神经系统正常工作。电流流过呼吸系统可导致呼吸停止。电流流过脊髓可造成人体瘫痪等。

(5)人体自身条件

包括人体电阻、年龄、性别、皮肤完好程度及情绪等。

人体是一个不确定的电阻。皮肤干燥时电阻可呈现 100 kΩ 以上,而一旦潮湿,电阻可降到 1 kΩ 以下。人体还是一个非线性电阻,随着电压升高,电阻值减小。

1.1.3　触电伤害的类型

(1)单相触电

人体触电电器设备的一相电源而触电,如图 1.1 所示。若触及 380/220 V 三相四线中性点直接接地系统中的一相电源,触电压为 220 V。

另一种单相触电情况,如图 1.2 所示,触电后果根据电压高低、绝缘情况,电网中性是否接地而定。

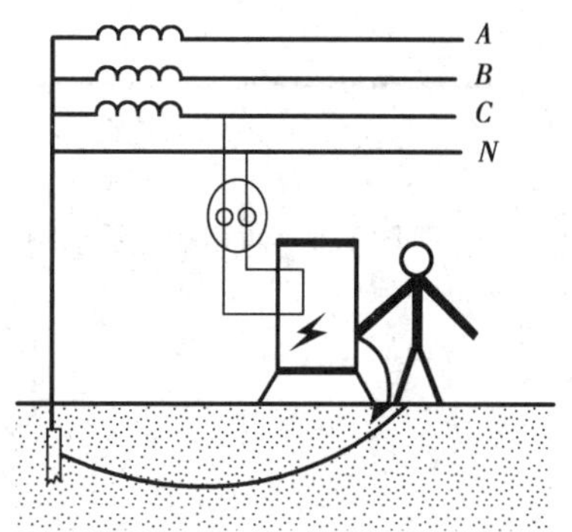

图 1.1　单相触电示意图 1

(2)两相触电

人体同时接触电的任何两相电源,触电电压为线电压,如图 1.3 所示,触电后果严重。

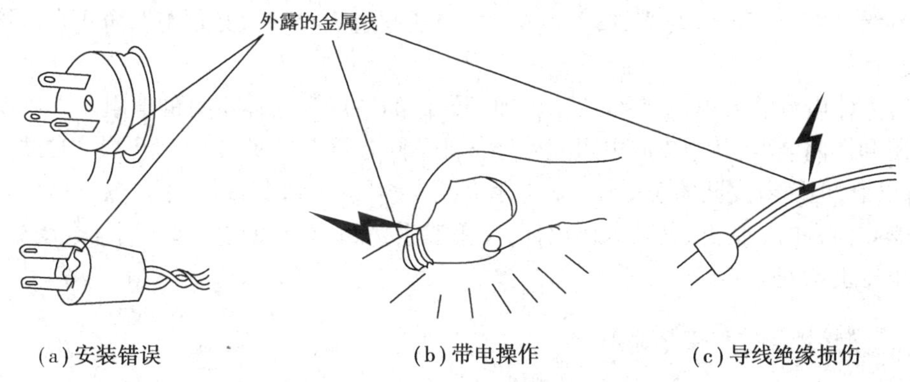

(a)安装错误　(b)带电操作　(c)导线绝缘损伤

图 1.2　单相触电示意图 2

(3)静电接触

在检修电器或科研工作中有时发生电器设备已断开电源,但在接触设备某些部分时发生触电,这样的现象是静电电击。静电电击是由于静电放电时产生的瞬间冲击电流,通过人体部位造成的伤害。

(4)跨步电压

在故障设备附近,例如电线断落在地上,在接地点周围存在电场,当人走进这一区域,将因跨步电压而使人触电,如图 1.4 所示。

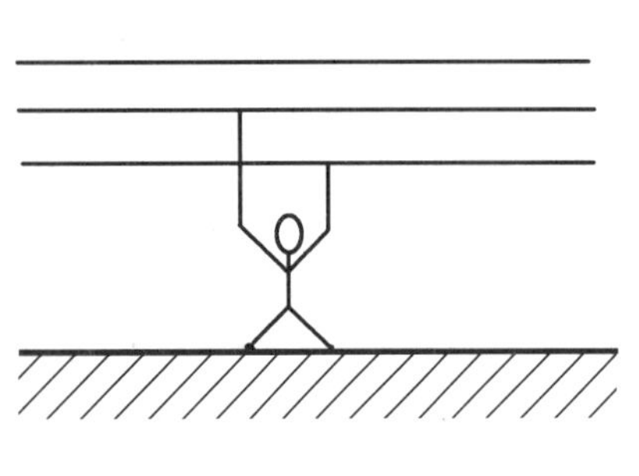

图 1.3　两相触电示意图

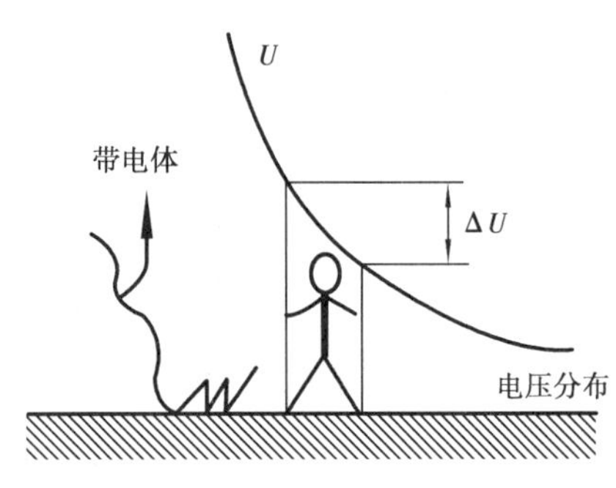

图 1.4　跨步电压使人触电

1.2　用电安全技术简介

1.2.1　安全电压

交流安全电压在任何情况下有效值不得超过 50 V,直流安全电压为 72 V,我国规定的安全电压等级是 42 V,36 V,24 V,12 V,6 V。当电压超过 24 V 时,必须采取防止直接接触带电体的保护措施。

通过人体电流的大小,主要取决于施加于人体的电压和人体本身的电阻。人体电阻包括皮肤电阻和体内电阻,其中皮肤电阻随外界条件不同有较大的变化,一般干燥的皮肤电阻约在 100 kΩ 以上,但随着皮肤的潮湿加大, 电阻会减少,可减小到 1 kΩ 以下。安全电压是对人体皮肤干燥时而言的。因此,倘若人体出汗,又用湿手接触 36 V 的电压时,同样会受到电击,此时安全电压也不安全了。

1.2.2　接地保护和接零保护

(1)接地

即将电器设备的某一部分与大地土壤做良好的电气连接,一般通过金属接地体并保证接地电阻小于 4 Ω。

在低压配电系统中,有变压器中性点接地和不接地两种系统,相应的安全措施有接地保护和接零保护两种方式。

(2)接地保护

在中性点不接地系统中,如没有接地保护,此时人体电流为 $I_r = V/(R_r + Z/3)$,式中 V 为相电压,R_r 为人体电阻,Z 为相线对地阻抗。当接上保护地线时,相当于给人体电阻并上一个接地电阻 R_G,此时人体电流为:$I'_r = R_G I_r (R_G + R_r)$,由于 $R_G \ll R_r$, 从而避免了触电危险,如图1.5所示。

(3)接零保护

在三相四线中性点接地系统中电气设备必须接零,如图 1.6 所示。一旦相线碰到外壳即形成与零线之间的短路,产生很大电流,使熔断器或过流开关断开,切断电流,因而可防止电击

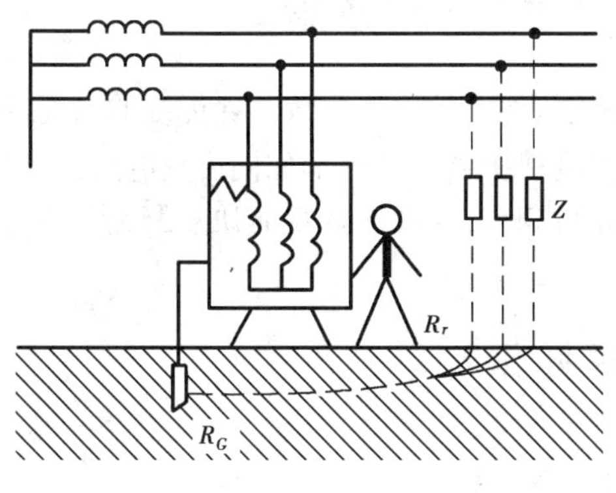

图 1.5　接地保护示意图

图 1.6　接零保护示意图

危险。

应注意的是这种系统中的保护接零必须是接到保护零线上而不能接到工作零线上。保护零线同工作零线，虽然它们对地的电压都是 0 V，但保护零线上是不能接熔断器和开关的，而工作零线上则根据需要可接熔断器及开关。

1.2.3　过限保护

接地保护和接零保护只是解决了电器外壳漏电及意外触电问题，而另一种故障表现为电器并不漏电，由于电器内部元器件故障或由于电网电压升高引起电流增大、温度升高，超过一定限度导致电器损坏甚至引起火灾。对于这类故障，常用以下几种自动保护元件和装置。

(1) 过流保护

用于过流保护的装置和元件主要有熔断丝、电子继电器及聚合开关，它们都是串接在电源回路中防止意外电流超限。

熔断丝用途最广，主要特点是简单、价廉，但反应速度慢且不能自动恢复。

电子继电器过流开关，也称电子熔断丝，主要特点是速度快，可自动恢复，但较复杂，成本高。

聚合开关实际是一种阻值可以突变的正温度系数电阻器，当电流在正常范围呈低阻（0.05 ~0.5 Ω），当电流超过阀值后阻值很快增加几个数量级，使电路电流降至数毫安。一旦温度恢复正常，电阻又降至低阻，故其有自锁及恢复特性。由于体积小，结构简单，工作可靠且价格低，故可广泛用于各种电气设备及家庭。

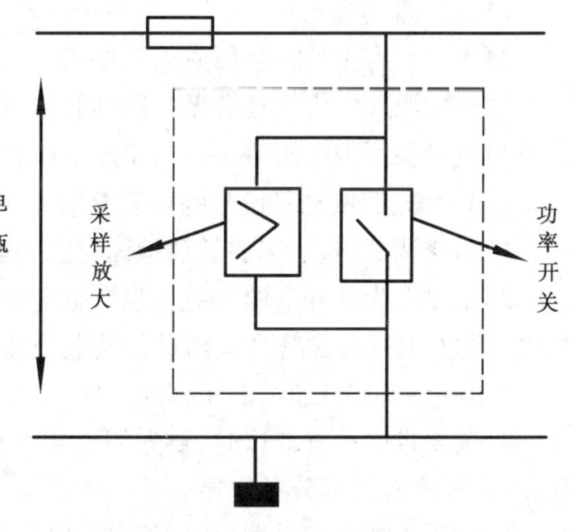

图 1.7　过压保护器示意图

(2) 过压保护

过压保护器是一种安全限压自控部件，其工作原理如图 1.7 所示，使用时并联于电源电路中。当电源正常工作时功率开关断开，一旦设备电源失常或失效超过保护阀值，采样放大电路将使功率开关闭合,将电源短路,使熔断器断开,保护设备免受损失。

(3)温度保护

电器工作时温度超过设计标准将造成绝缘失效从而引发安全事故。除传统的温度继电器外,热熔断器也是一种新型有效而且经济实用的温度保护器。其外形如同一只电阻器,正常工作时相当于一只阻值很小的电阻,一旦电器温度超过阀值,立即熔断从而切断电源回路。

1.3 电子装焊操作安全

1.3.1 安全用电常识

(1)安全用电原则

1)只要用电就存在危险;

2)侥幸心理是事故的催化剂;

3)不接触低压带电体,不靠近高压带电体。

(2)安全措施

1)根据工作场所情况正确使用安全电压,我国安全电压等级为 36 V,24 V,12 V,6 V 等,特殊场所必须使用 12 V 或 6 V;

2)火线必须进开关;

3)零线上不能装熔断器;

4)随时检查所用电器插头、电线,发现破损老化及时更换;

5)所有金属外壳的用电器及配电装置都应该装保护接地或保护接零。

(3)接通电源前的检查

任何新的或搬运过的以及自己不了解的用电设备,不要冒失拿起插头就往插头上插,一定要做好“四查而后插”。四查为:

1)查电源线有无破损;

2)查插头有无外露金属或内部松动;

3)查电源线插头两极有无短路,同时外壳有无通路;

4)查设备所需电压值是否与供压电压相符。

(4)检修、调试电子设备的注意事项

1)检修调试前,一定要了解检修对象的电器原理,特别是电源系统和单元电路功能;

2)不要以为断开电源开关就没有触电危险。拔下插头以后,要对仪器内高容量电容进行放电。如对电视显像管高压帽进行放电处理后,才能认为是安全的;

3)在电视机调试时,高压帽应包好,不要接触高压帽;

4)需要带电检查调试时,要先用试用笔检查外壳和裸露导线是否带电,使用万用表测电压,一定要测有关部分对地导电;

5)洗手未擦干或手潮湿时,不要带电作业;

6)测试、装接电力线路尽可能采用单手操作,另一只手放到背后或衣袋中。

1.3.2 电子装焊操作安全规则

(1)养成安全操作习惯

1)人体触及任何电器装置和设备时先断开电源;

2)不要惊吓正在操作人员,不要在实习场地打闹;

3)触及电路的任何金属部分之前都应进行安全调试;

4)实习场地要讲究文明生产,文明操作,各种工具、设备摆放合理、整齐,不要乱摆、乱放,以免发生事故。

(2)防止机械损伤

1)在使用钻床时,不要带手套或披散长发操作钻床;

2)拆焊有弹性元件时,不要离太近;

3)用螺丝刀拧紧螺钉时,另一只手不要握在螺丝刀刀口方向。

(3)防止烫伤

烫伤在电子装焊过程中是频繁发生的一种安全事故,这种烫伤一般不会造成严重后果,但也会给操作者造成伤害。只要注意操作安全,烫伤完全可以避免。

1)烙铁头在没有确信脱离电源时,不能用手摸;

2)烙铁头多余的锡不要乱甩;

3)易燃品远离电烙铁;

4)防止电路中发热电子元件烫伤,如变压器、大功率器件、电阻、散热片等,特别是电路发生故障时有些发热器件可高达几百摄氏度;

5)操作者在焊接时,头不要离烙铁头太近,以防焊锡有时飞溅起来被烫伤;

6)防止过热液体烫伤,电子装焊中接触到的主要有熔化状态的焊锡及加热的溶液(如腐蚀印制板时加热腐蚀液)。

1.4 触电急救与电气消防

1.4.1 触电急救

当发生触电事故时,千万不要惊慌失措,必须用最快的速度使触电者脱离电源。一定要记住:当触电者未脱离电源前,本身就是带电体,同样会使抢救者触电。

脱离电源最有效的措施是拉闸或拔出电源插头。在一时找不到或来不及找电源的情况下,可用绝缘物(如带绝缘柄的工具、木棒、塑料管等)移开或切断电源线。关键是一要快,二要不使自己触电,一两秒的迟缓都可能造成无可挽救的后果。

脱离电源后如果病人呼吸、心脏尚存,应尽快送医院抢救。若心跳停止,应用人工心脏挤压法维持血液循环。若呼吸停止,应立刻施行口对口人工呼吸。若心跳、呼吸全停,应同时采用上述两种方法,并向医院告急求救。

1.4.2 电气消防

为了防止电气设备发生火灾,应采取下列措施:

1)线路的安装必须符合各项安全技术,如导线截面积大小、导线类型、熔电器的型号规格及电气间距等;

2)定期检查线路的绝缘,发现绝缘损坏应立即修理;

3)发现电子装置、电子设备等冒烟起火,要尽快切断电源(拉开总开关或失火电路开关);

4)使用砂土、二氧化碳或四氯化碳等不导电灭火介质,忌用泡沫进行灭火。

第2章 常用电子测试仪器的使用

电子测试仪器是指利用电子技术对各种信息进行测量的设备。

以电子线路为基础的各种电子产品、电装置及设备，在研发、制作及生产前都必须对其所用元器件进行筛选检测。安装后必须进行测量、调试及检测，才能确保正常工作。由此可见电子测量技术在科学研究、生产建设中的作用是极其广泛和极为重要的。通过测量、分析、归纳，才能使研究课题得以准确和完善，才能使产品质量得以保证和提高，才能使科学技术水平得以不断发展。从某种意义上说，电子测量技术的水平是影响现代科学技术水平重要因素，电子测量技术的水平是提升现代科学技术水平的保证和基础。

本章简要介绍和讲解常用电子测试仪器及仪表的基本工作原理、使用方法，使同学们能正确地掌握其使用方法，提高分析测量结果的科学性、准确性，能设计测量方案，能排除故障，以便同学们在实习期间乃至于在今后的学习、工作中能正确使用电子测试仪器、仪表。

2.1 万用表

万用表（又称多用表或万用电表）是一种最常用的用途广泛的仪表。万用表分指针式和数字式两种类型。

指针式万用表是由磁电式微安表头加上相应的元器件构成的。当表头并联上不同阻值的分流电阻时，就构成不同量程的直流电流表；当表头串联上不同阻值的分压电阻时，就构成不同量程的直流电压表；当在表头上加上整流器、分流电阻或分压电阻时，就构成多量程的交流电流和交流电压表；当表头与外接电池和加上附加电阻、分流电阻时，就构成多量程的欧姆表。在此基础上还可以扩大范围，如测量晶体管类型、参数、测电感、电容值，测量放大器的特性等。万用表也正是由此而得名。

数字式万用表是在模拟指针式刻度测量的基础上，用数字形式直接将检测结果显示出来。它由直流数字电压表或加上一些转换器构成。不加任何转换器时，直流数字电压表只能用来测量直流电压值。当直流数字电压表加上“AC-DC 转换器”时，就构成多量程的交流电压表；在直流数字电压表前加上“I-V 转换器”时，就构成多量程的交、直流电压表；当直流数字电压表加上“Ω-V 转换器”时，就构成多量程的欧姆表。

现以 MF47 型指针式万用表为例，说明万用表的使用方法。

2.1.1 MF47 型指针式万用表的主要技术性能及面板功能

1）MF47 型指针式万用表主要技术性能见表 2.1。

表 2.1 MF47 型指针式万用表主要技术性能

量程范围		灵敏度及电压降	精度	误差表示方法
直流电流	0 ~ 0.05 mA ~ 0.5 mA ~ 5 mA ~ 50 mA ~ 500 mA ~ 5 A	0.3 V	2.5	以上量限的百分数计算
直流电压	0 ~ 0.25 V ~ 1 V ~ 2.5 V ~ 10 V ~ 50 V ~ 250 V ~ 500 V ~ 1 000 V ~ 2 500 V	20 000 Ω/V	2.5 5	以上量限的百分数计算
交流电压	0 ~ 10 V ~ 50 V ~ 250 V (45 ~ 65 ~ 5 000 Hz) ~ 500 V ~ 1 000 V ~ 2 500 V (45 ~ 65 Hz)	4 000 Ω/V	5	以上量限的百分数计算
直流电阻	R × 1, R × 10, R × 100 R × 1 k, R × 10 k	R × 1 中心刻度为 16.5 Ω	2.5	以标度尺弧的百分数计算
			10	以指示值的百分数计算
音频电平	-10 dB ~ +22 dB	0 dB = 1 mW 600 Ω		
晶体管直流放大倍数	0 ~ 300 hFE			
电感	20 ~ 1 000 H			
电容	0.001 ~ 0.3 μF			

2）MF47 型指针式万用表面板见图 2.1。

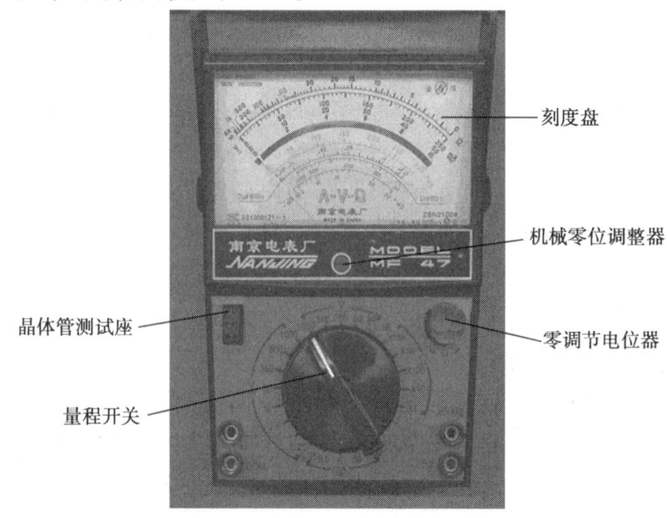

图 2.1 MF47 型指针式万用表面板

2.1.2　MF47 型指针式万用表的基本使用方法

1)测试前,将万用表放置水平状态,并目视其表针是否处于零点(指电流、电压刻度的零点),若不在,则应调整表头下方的“机械零位调整”,使指针指向零点。

2)根据被测项,正确选用万用表上的测量项目量程开关。

测量电流、电压时,如已知被测量的数量级,则就选择与其相对应的数量级量程。如不知被测量值的数量级,则应从选择最大量程开始测量,当指针偏转角太小而无法精确读数时,再将量程减小。一般以指针偏转角不小于最大刻度的 30% 为合理量程。

3)万用表作电流表使用

①将万用表串接在被测电路中时,应注意电流的方向,正确的接法如图 2.2 所示。

②在指针偏转角大于或等于最大刻度 30% 时,尽量选用大量程挡。因为量程愈大,分流电阻愈小,电流表的等效内阻小,此时被测电路引入的误差也愈小。

③在测量大电流(如 500 mA)时,千万不要在测量过程中拨动量程开关,以免产生电弧,烧坏转换开关的触点。

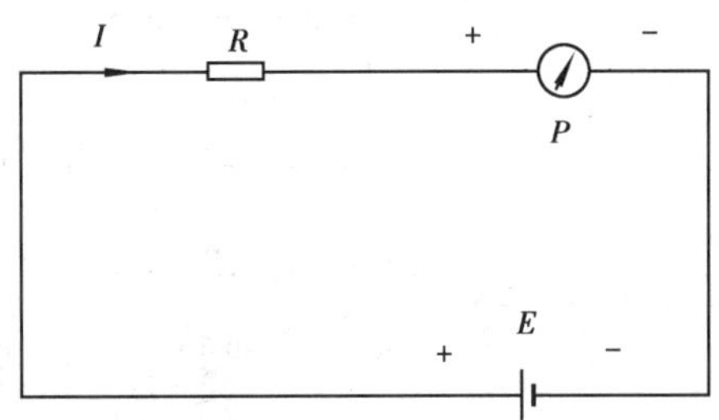

图 2.2　测量直流电压、电流时的正确接法

4)万用表作电压表使用

①将万用表并接在被测电路上,在测量直流电压时,应注意被测点电压的极性,正确的接法如图 2.2 所示。

②与上述电流表一样,为了减小电压表内阻引入的误差,在指针偏转角大于或等于最大刻度 30% 时,尽量选用大量程挡。因为量程愈大,分压电阻愈小,电压表的等效内阻小,此时被测电路引入的误差也愈小。

③在测量交流电压时,不必考虑极性问题,只要将转换开关置于交流电压挡内,并联在被测两端即可。

5)万用表作欧姆表使用

①测量时应首先调零。即将两表笔直接相碰(短路),并视其指针是否正指在零欧处(欧姆刻度零欧)。若未处在,则应调整表盘下方的“零欧调整器”,使指针正确指在零欧处。

②为了提高测试的精度和保证被测对象的安全,必须正确选择合适的量程挡。一般测电阻时,要求指针在全刻度的 20% ~80% 的范围内,这样测试精度才能满足要求。

③由于量程挡不同,流过 R_x 上的测试电流大小不同。如图 2.3 及图 2.4 可知,量程挡愈小,测试电流愈大,否则相反。所以,如果用万用表的小量程欧姆挡 R×10 Ω,R×10 kΩ 去测量小电阻 R_x(如毫安表的内阻)则 R_x 会流过大电流,如果该电流超过 R_x 所允许通过的电流,R_x 会烧毁或把毫安表指针打弯。所以在测量不允许通过大电流的电阻时,万用表应置欧姆挡的大量程上。同时,在图中也可发现,量程挡愈大,内阻所接的电池电压愈高,所以在测量不能承受高电压的电阻时,万用表不宜置在大量程的欧姆挡上。如测量二极管或三极管的极间电阻时,就不能将欧姆挡置在 R×10 kΩ 挡,不然易把管子的极间击穿。只能降低量程挡,让指针指在高阻端。但因电阻刻度是非线性的,在高阻端的刻度很密,易造成误差增大,通常可用

下式求出被测的电阻值：$R = (90 - a)R/a$，式中：R 为被测电阻值，R 为欧姆表的中心阻值，a 为测量时指针的偏转角。

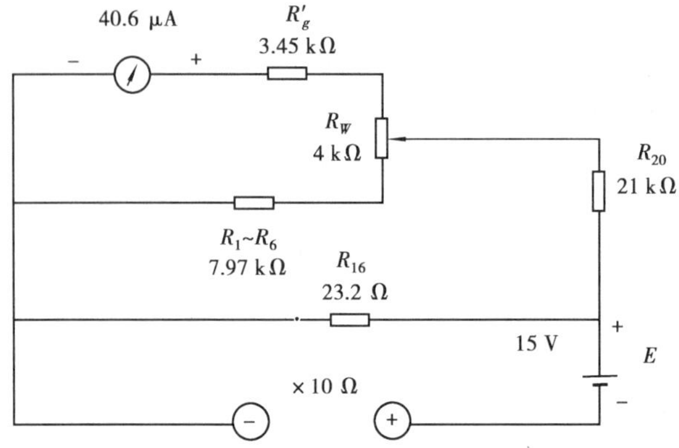

图 2.3　R×10 Ω 挡的直流电阻测量电路

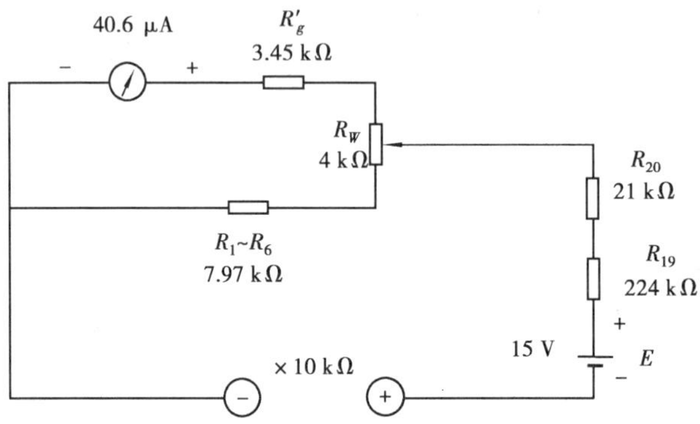

图 2.4　R×10 kΩ 挡的直流电阻测量电路

④由于作欧姆表使用时，内接干电池，如图 2.5 所示，对外电路而言，红表笔接干电池的负极，黑表笔接干电池的正极。在测晶体管极间电阻时应按图 2.6 所示进行。

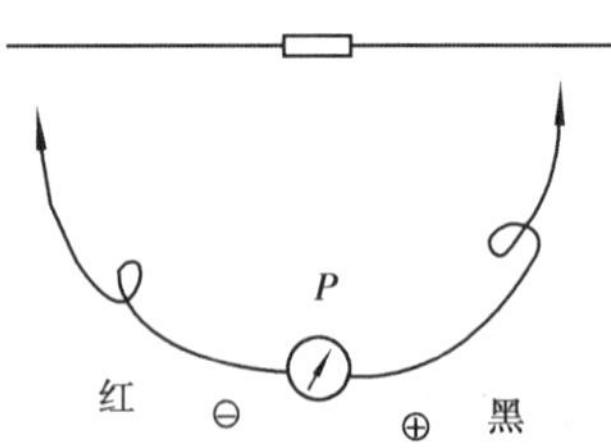

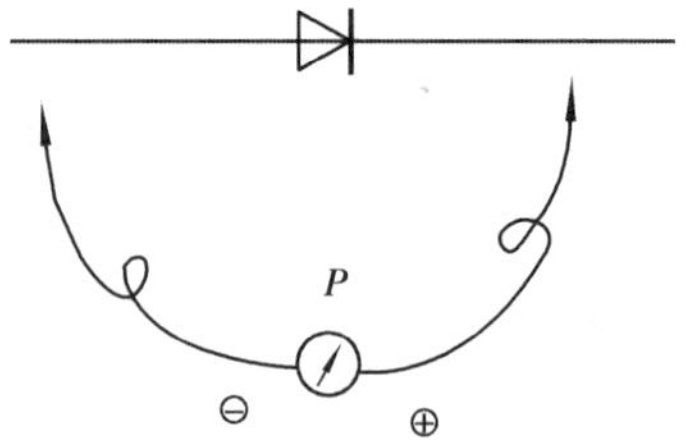

图 2.5　作欧姆表使用时　　图 2.6　测量正向电阻时

⑤在测量不能承受高电压的电子元件的电阻时，万用表不宜置于大量程（10 kΩ）的欧姆挡上，如测量二极管或三极管的极间电阻。

⑥在测量较大电阻时，手不可同时接触被测电阻的两端，不然人体电阻就会与被测电阻并联，使测量结果不正确，测试值会大大减小。

⑦测量在路上的电阻时，应将电路的电源切断，将被测电阻的一端从电路上焊开，再进行测量，不然测得的将会是电路在该两点的总电阻。

6）使用完毕不要将量程开关放在欧姆挡上

为了保护微安表头，以免下次开始测量时不慎烧坏表头，测量完成后，应注意把量程开关拨在直流电压或交流电压的最大量程位置，千万不要放在欧姆挡上，以防两支表笔万一短路时，将内部干电池耗尽。

7）万用表作为欧姆表测试电子元器件的电气性能与技术参数

①用万用表测量二极管时，可选用欧姆挡 R×1 kΩ。由于二极管具有单向导电性，它的正、反向电阻是不相等的，两者阻值相差越大越好。对于常用的小功率二极管，反向电阻应比正向电阻大数百倍以上。用红表棒接二极管的正极，黑表棒接它的负极，测得的是反向电阻。反之，红表棒接二极管的负极，黑表棒接二极管的正极，测得的是正向电阻。锗二极管的正向电阻一般为 100 Ω~1 kΩ，硅二极管的正向电阻一般在几百欧至几千欧。如果测得其正、反向电阻都是无穷大，说明该二极管内部已开路；如果它的正、反向电阻均为0，说明二极管内部已短路；如果它的正、反向电阻相差无几，说明二极管的性能变差失效。出现以上三种情况的二极管均不能使用。

②用万用表判定晶体三极管的极性、引脚及材料，对于一般小功率晶体管，可以用万用表 R×100 Ω 挡或 R×1 kΩ 挡，用两表笔测量晶体管任意两个引脚间的正、反向电阻值。在测量中会发现：当黑表笔（或红表笔）接晶体管的某一引脚时，用红表笔（或黑表笔）去分别接触另外两个引脚，万用表上指示均为低阻值。此时，所测晶体管与黑表笔（或红表笔）连接的引脚便是基极 B，而另外两个引脚为集电极 C 和发射极 E。若基极接的是红表笔，则该管为 PNP 管；若基极接的是黑表笔，则该管为 NPN 管。

找到基极 B 后，再比较基极 B 与另外两个引脚之间正向电阻值的大小。通常，正向电阻值较大的电极为发射极 E，正向电阻值较小的为集电极 C。

PNP 型晶体管，可以将红表笔接基极 B，用黑表笔分别接触另外两个引脚，会测出两个略有差异的电阻值。在阻值较小的一次测量中，黑表笔所接的引脚为集电极 C；在阻值较大的一次测量中，黑表笔所接的引脚为发射极 E。

NPN 型晶体管，可将黑表笔接基极 B，用红表笔去分别接触另外两个引脚。在阻值较小的一次测量中，红表笔所接的引脚为集电极 C；在阻值较大一次测量中，红表笔所接的引脚为发射极 E。

③用万用表的扩展功能测试晶体管的直流参数，先将量程开关拨至晶体管调节 ADJ 挡上，将两表笔直接相碰（短路），调节零欧调整器，使指针对准 300 hFE 刻度线，然后转动开关到 hFE 位置，将被测晶体管脚对应插入晶体管测试座内，指针偏转所示数值约为被测晶体管的直流放大倍数 β 值。

④用万用电表的欧姆挡检查电容器是利用了电容器能够充放电原理进行的，这时应选用欧姆挡的最高量程（R×1 kΩ 或 R×10 kΩ）来测量。当万用电表的两根表棒与电容器的两引脚相接时，表针将瞬间向顺时针方向偏转一个角度，此时称为电容器的充电，当充电到一定程度时，电容器又开始放电，此时万用电表的指针便返回到∞位置。在测量过程中，表针摆动的角度越大，说明所检测的电容器容量越大。表针返回后越接近∞处，说明所检测的电容器漏电越小，即所检测的电容器的质量越高。

⑤用万用电表的欧姆挡检查电解电容是利用了电解电容充、放电原理进行的，应选用欧姆挡的最高量程（R×1 kΩ 或 R×10 kΩ）来测量。在检测前，先将电解电容的两根引脚相碰，以

便放掉电容内残余的电荷。测量电解电容器时,由于其引脚有正、负极之分,应将红表棒接电容器的负极,黑表棒接电容器的正极,当表笔刚接通时,表针向右偏转一个角度,然后表针缓慢地向左回转,最后表针停下。当表针停下来指示的阻值为该电容的漏电电阻,此阻值愈大愈好,最好应接近无穷大处。如果漏电电阻只有几十千欧,说明这一电解电容漏电严重。表针向右摆动的角度越大(表针还应该向左回摆),说明这一电解电容的电容量也越大,反之说明容量越小。

2.2 示波器

示波器是近代电子领域里的重要测量工具之一,同时也是其他许多领域广泛应用的测量仪器。它能够显示电信号瞬时值及信号波形(图像),利用其图像显示功能,可以方便地测量出信号的幅度、频率、相位、脉宽等参数。同时,根据屏幕上显示的信号波形,可以观察出该信号随时间的变化规律,以便对信号的产生与传输系统地进行更深入的分析、研究。

2.2.1 示波器的组成框图

示波器通常由示波管、垂直放大电路、水平放大电路、扫描(时基)电路以及高、低压电源供电等电路组成,如图 2.7 所示。

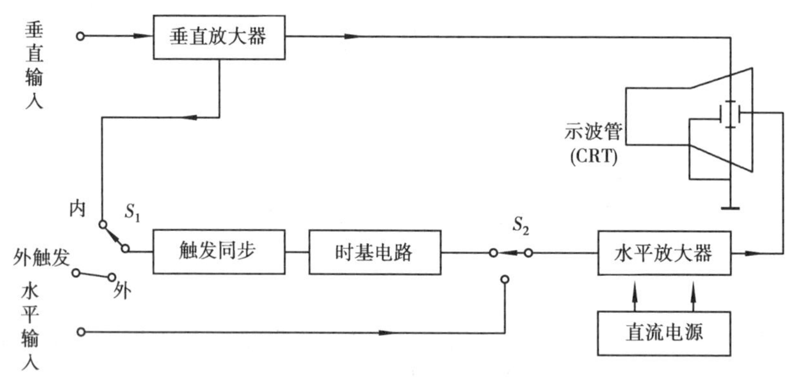

图 2.7 示波器组成框图

图中示波管是示波器的核心部分,用来显示被测信号波形。

垂直放大器用于放大微弱的被测信号,使之达到一定的电平后,驱动电子束在示波管内作垂直偏转。

时基(扫描)电路用来产生时基信号,该信号一般为一个随时间成线性变化的锯齿波电压,这个电压经水平放大器放大后加到示波管的水平偏转板上,使电子束产生水平扫描。

触发同步电路,用来使锯齿波扫描电压与被测信号或外加触发信号同步,使示波管上显示出一个很稳定的波形,以便观察和测量。

电源的任务是给示波器各电路提供各挡稳定的直流电压。

2.2.2　GOS—620 型示波器的正确使用方法

(1)面板各旋钮功能介绍

1)GOS—620 型示波器的面板如图 2.8、底板如图 2.9 所示。

2)GOS—620 型示波器位于前后面板上的开关、旋钮、连接器共 38 个,其中前面板 33 个,后面板 4 个。全面了解各旋钮的名称与功能,熟悉掌握各旋钮的使用方法,是灵活使用示波器的关键。为了便于学习和记忆,将前、后面板上的各旋钮和插孔归纳成三个大系统。对应图 2.8 和图 2.9 中各个旋钮及开关的编号进行介绍。

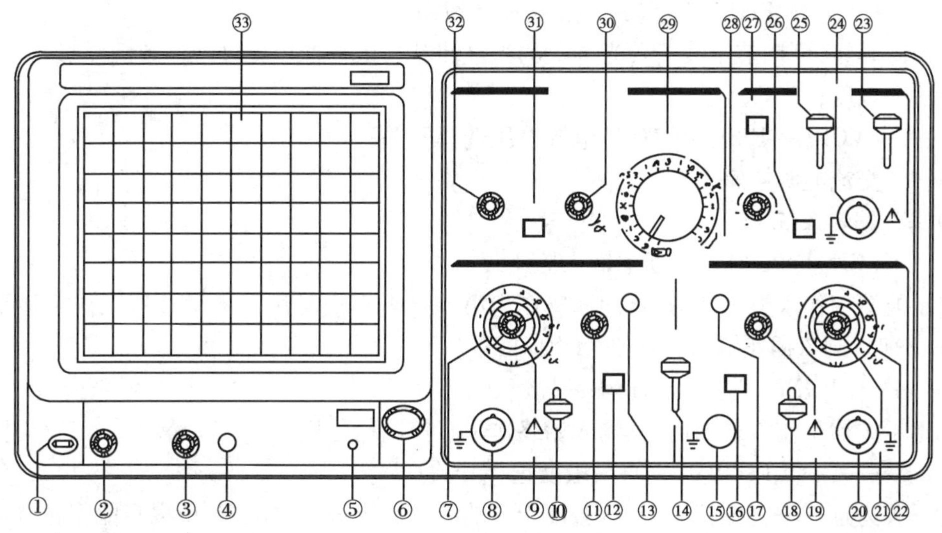

图 2.8　GOS—620 型示波器面板图

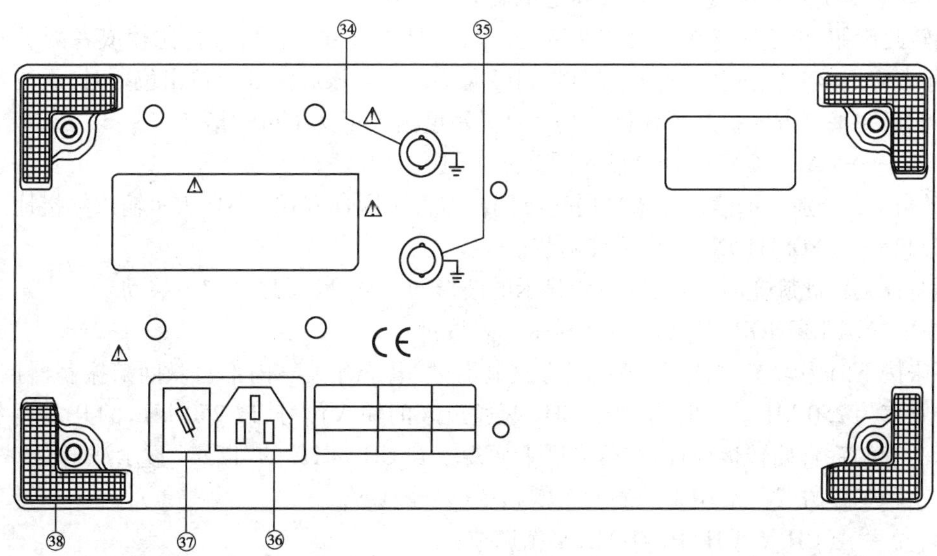

图 2.9　GOS—620 型示波器底板图

3)电源和示波管系统:此系统共包含 8 个控制功能开关或旋钮:

③——(FOCUS)聚焦调节;

⑤—— 电源指示灯;

⑥——(POWER)电源开关;

此旋钮调节应与亮度调节钮②共同配合,才能获得最佳的效果。方法是先调节⑤,使荧光屏上显示适当亮度的光迹,后再反复调节③,使其光迹(或时间基线)越细越好,这样可以减小测试误差。

②——(INTEN)亮度控制;

顺时针旋转使光迹亮度增加,反之变暗。

④——(TRACE ROTATION)踪迹旋转控制钮;

利用此旋钮,可调节示波管荧光屏上的光迹使其与水平标尺刻度线一致。

㉝——刻度;

㊲——(VOLTAGE SELECTOR)电源电压选择开关;

㊱——交流电源插座。

4)垂直偏转系统:

⑧——(CH_1 INPUT)第一通道输入插座;

当示波器工作于显示波形时,此插座作为第一路垂直信号用。若示波器工作于显示图形方式(X-Y)时,则该插座输入为水平(X 轴)信号。

⑳——(CH_2 INPUT)第二通道输入插座;

不论示波器工作方式如何,其输入始终作垂直控制信号用。

⑦,㉒——(VOLTS/DIV)垂直灵敏度选择开关;

此开关为选择垂直偏转灵敏度用,由于它的结构属步进式衰减器,所以只能作粗调用。当选用 10∶1 探头时,灵敏度选择开关所指示的读数应乘以 10。

⑨,㉑——垂直灵敏度微调及其固定增益的交换旋钮;

旋转此旋钮,可使垂直灵敏度连续变化。当对两个通道的波形进行比较或者测量方波前沿时,通常应把该旋钮按箭头所指方向旋到最大位置。当该旋钮处于拉出位置时,示波器上所显示的波形在垂直方向扩展了 5 倍。其垂直灵敏度最大可达 1 mV/格。

⑩,⑱——(AC—GND—DC)输入耦合方式(选择)开关;

AC 与 DC 分别表示信号输入采用交流耦合与直流耦合方式,GND 表示输入端接地。

⑪,⑲——(POSITION)垂直位移调节;

顺时针旋转此旋钮时,示波屏上所显示的波形向上移动,反之则向下移动。

⑫——(ALT/CHOP)“断续”方式显示方式按键;

即未按下时为常态,当按下“断续”方式显示时,电子开关靠内部自激间谐振荡器控制,开关信号频率为 250 kHz。这时由 CH_1,CH_2 两通道来的输入信号,以 250 kHz 的开关频率轮流加至示波管的垂直偏转板,所以在荧光屏上便观察到 CH_1,CH_2 的“断续”显示波形,如图 2.10 所示。这种工作方式一般用于观测两个低频率信号的场合。

⑬,⑰——(CH_1 & CH_2 DC/BAL)平衡调节;

属半调整器件。正常使用时无需调节,如需调节时,首先将输入耦合调至 GND 位置,然后调节该旋钮可使灵敏度开关在(5 ~ 10 mV/div)不同挡位时,使零电平基线在垂直轴方向上位置变化最小。

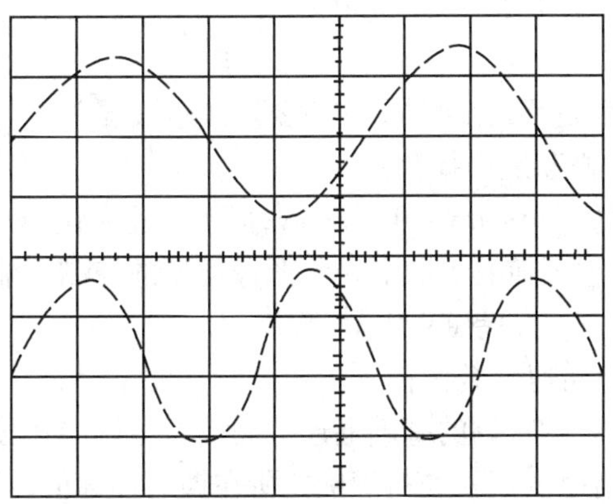

图2.10　“断续”显示波形图

⑭——(MODE)显示方式开关;

这个键开关用来选择垂直系统的显示方式,只有四种显示方式供选择。

A. 若选用 CH_1 或 CH_2 通道,则示波器屏幕上所显示的波形为 CH_1 通道输入波形或 CH_2 通道输入波形。

B. 选用(DUAL)“交替”方式显示时,电子开关靠扫描电路闸门信号进行切换,即每扫描一次便转换一次,这样屏幕上将轮流显示出两个信号波形。若被测信号重复周期不太长,那么利用屏幕的余晖和人眼的残留效应,会感觉到屏幕上同时显示出两个波形,如图2.11所示。这种显示方式只适于观察高频信号,若测量低频信号则由于交替显示的速率很慢,图形会出现闪烁现象,不易进行准确测试。

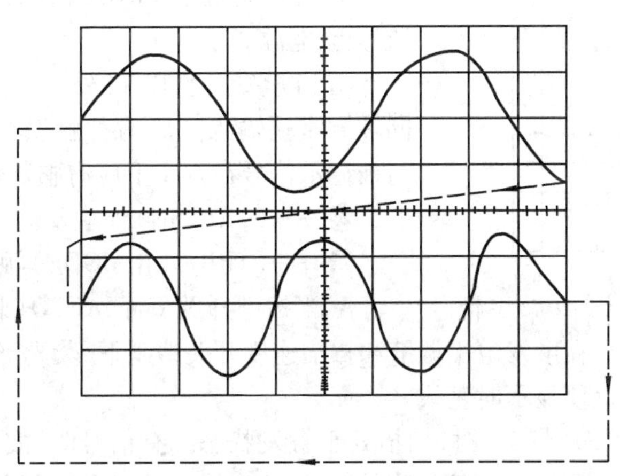

图2.11　“交替”显示波形图

C. 当选择(ADD)方式时,屏幕上所显示的波形是 CH_1 通道和 CH_2 通道输入信号相加或相减(CH_2 通道极性开关为负极性时)的波形。

⑯——(CH_2 INV)输入信号的显示极性变换按键;

即未按下时为常态,正常显示第二通道输入的信号;按下时,则显示倒相(反向)的第二通道输入的信号。

㉟——(CH$_1$ OUTPUT)CH$_1$ 信号输出插座。

5)水平偏转系统:

此系统由 11 个控制开关及旋钮组成,它主要完成示波器的触发、扫描和校正等功能。

㉙——(TIME/div)扫描速度选择开关;

可选扫描时间范围由 0.2 μs/div ~ 0.5 s/div,但不是连续调节,而按 1,2,5 的顺序分 20 步进行时间选取。除此之外它还兼有示波器显示图像类型的控制功能,即当位于 20 步时它显示的图形为任意两变量 X 与 Y 的关系(X-Y)。

㉚——(SWP VAR)扫描速度微调;

利用此旋钮可在扫描速度粗调的基础上连续调节。微调旋钮按顺时针方向转至满度为校正(CAL)位置,此时的扫描速度值就是粗调旋钮所在挡的标称值(如 0.5 μs/div),若反时针方向旋转至底,其粗调扫描速度可最大变化 2.5 倍(例 2.5 ×0.5 μs/div = 1.25 μs/div)。

㉜——(POSITION/PULI ×10 MAG)水平位移及扫描扩展开关;

此调节机构把旋钮和按拉开关的作用融为一体,按拉开关处于按下位置时为常态,转动此旋钮,可使屏幕上显示的波形沿水平方向左右移动。

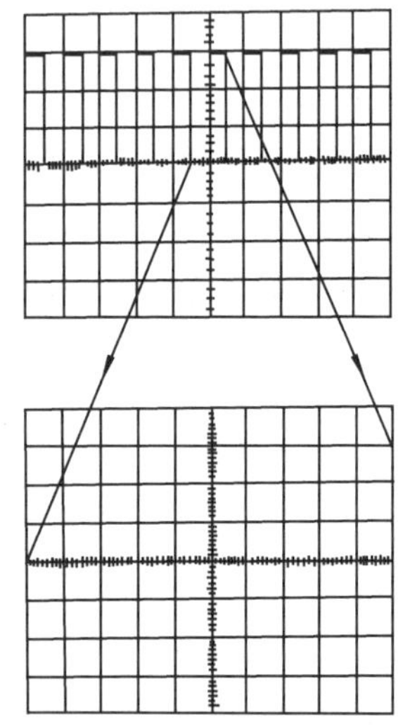

图 2.12　波形在水平方向扩展 10 倍

当开关拉出时(拉 10),荧光屏上的波形就会方向水平扩展 10 倍,此时的扫描速度增大 10 倍,即扫描时间是指示值的 1/10,如图 2.12 所示。

㉓——(SOURCE)触发源选择开关;

A. 当开关置于 CH$_1$ 或 CH$_2$(内)时,触发信号取自垂直通道(CH$_1$ 或 CH$_2$)。

B. 当开关置于 LINE(电源)时,触发信号取自 50 Hz 交流电源。

C. 当开关置于 EXT(外)时触发信号直接由外触发同轴插座端输入。后两种触发情况,都要求它们分别与被显示信号在频率上应有整数倍的关系(同步)。

㉔——(TRIG IN)外触发输入同轴插座;

㉕——(TRICGER MODE)触发方式选择开关;

A. 当拨键开关置于 AUTO(自动)时,扫描处于连续工作状态。有信号时,在触发电平调节和扫描速度开关控制下,荧光屏上显示稳定的信号波形。若无信号,荧光屏上便显示时基线。

B. 当开关置于 NORM(带态)时,扫描处于触发状态。有信号时,波形的稳定显示靠调节触发电平旋钮和扫描速度开关来保证;若无信号,荧光屏上不显示时间基线(此时扫描电路处于等待工作状态)。此方式对被测频率小于 25 Hz 的信号。

C. 当开关置于 TV-V 或 TV-H 时,可用于观察较复杂的电视信号波形和图像信号。

㉖——(SLOPE)触发极性选择按键。

A. 开关按下时,用负(-)极性触发,即用信号的下降沿触发。

B. 开关拉出时,用正(+)极性触发,即用信号的上升沿触发。

㉗——(TRIG. ALT)内触发源选按钮;

A. 开关置于 CH$_1$ 时,触发信号取自第一通道,此时示波器屏幕上显示出稳定的 CH$_1$ 通道输入信号波形。

B. 开关置于 CH_2 时，触发信号取自第二通道，此时示波器屏幕上显示出稳定的 CH_2 通道输入信号波形。

C. 开关置于 VERT MODE（交替触发）时，触发信号交替的取自 CH_1 和 CH_2 通道。此时荧光屏上同时显示出稳定的两个通道信号波形。

㉘——（LEVEL）触发电平调节旋钮；

用于调节触发电平点的选定，使电路在合适的电平上启动扫描。

㉞——（ZAXIS INPUT）；

①——（CAL）校正信号接头；

此接头输出频率为1 kz、峰-峰值为2 $V_{p\text{-}p}$的方波信号，用于示波器的校正。

⑮——（GND）示波器接地端。

（2）GOS—620 型示波器使用注意事项

使用前，要全面仔细地检查旋钮、开关、电源线有无问题，清除仪器上的灰尘、杂物，拧紧松动了的开关和旋钮。及时修理或更换断裂、损坏了的电源线、传输线和附件等。

使用时，“辉度”旋钮不宜开得过亮，不要使光点长期停留在荧光屏一处，因为高速的电子束轰击荧光屏时，只有少部分能量转化为光能，大部分则变成热能。所以不应当使亮点长时间停留在一点上，以免烧坏荧光粉而形成烁点。若暂不使用，可以将“辉度”调暗一些。

在送入被测信号电压时，输入电压幅度不能超过示波器允许的最大输入电压。应注意，一般示波器给定的允许最大输入电压值是峰值，而不是有效值。

合理使用探头。由于示波器的输入阻抗就是被测电路的负载，因此当示波器接入被测电路时，就会对电路带来一定的影响，尤其是测量高速脉冲电路时，影响更大。合理使用探头可减小示波器输入阻抗对被测电路的影响。GOS—620 型示波器选用了低电容探头，其外形、内部结构如图2.13所示，其等效电路如图2.14所示。该探头为10∶1探头，图中的微调电容可用于调节信号高频特性的补偿量。使用时，可以良好的方波电压通过探头加到示波器，若高频补偿良好，应显示如图2.15波形，若补偿不足或过补偿，则分别会出现如图2.16和图2.17波形。此时，可调微调电容器，直至调出不失真的方波为止。

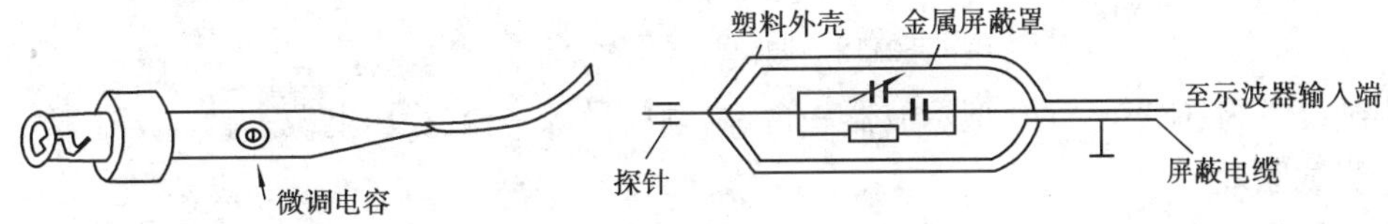

图2.13　示波器探头外形、内部结构

示波器探头等附件，不可摔打，以防将内部器件摔坏或改变其性能。

注意安全。示波器的机壳应良好接地，以免机壳带电，引发事故。

（3）示波器的应用实例

1）调幅收音机的测试

测试电路如图2.18所示。

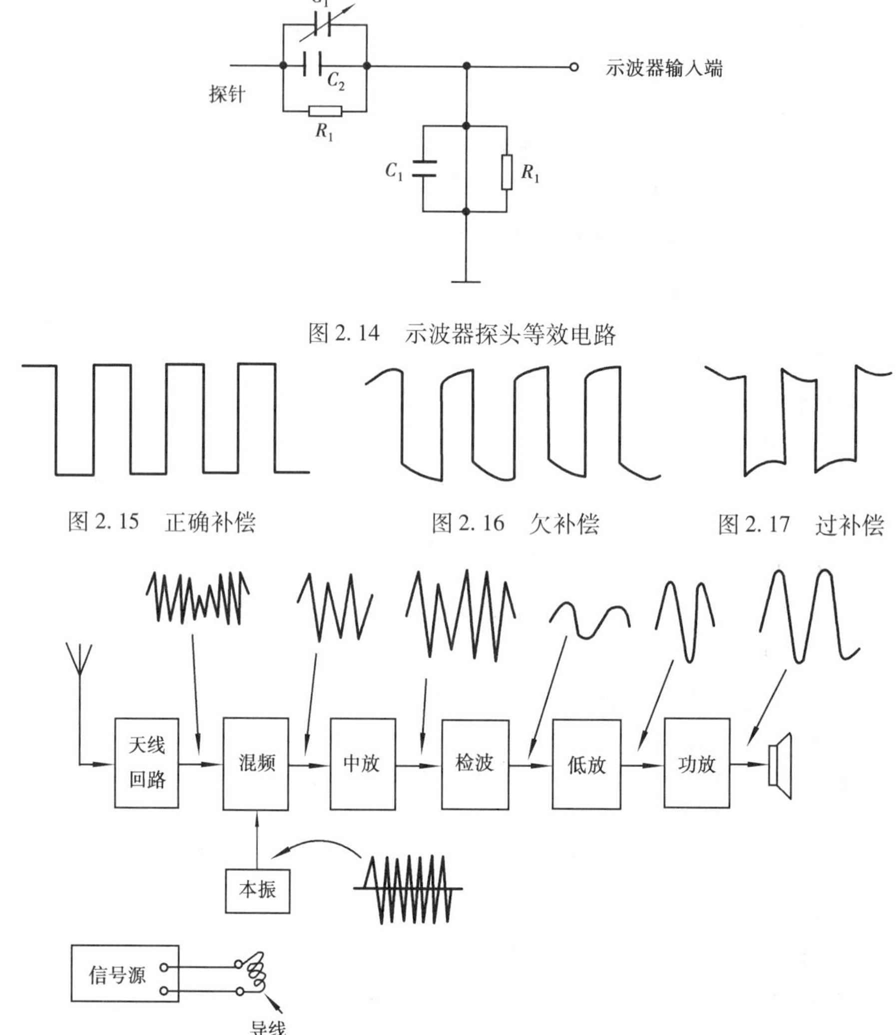

图 2.14　示波器探头等效电路

图 2.15　正确补偿

图 2.16　欠补偿

图 2.17　过补偿

图 2.18　调幅收音机测试框图

测试设备为:GOS— 620 型示波器一台、高频信号源一台、稳压电源一台。

①测试原理

收音机是由天线输入回路、混频、本振、中放、检波、低放和功放电路组成的,如图 2.18 所示,因各部分的功能不同,所以各部分的工作波形是不一样的。图中给出的各测试点波形是收音机应具有的正常波形。

收音机的天线输入回路包括接收天线和调谐回路。接收天线的任务是接收空间传播来的高频电磁波信号,并将它转换成高频电信号。调谐回路的作用是从许许多多的高频电信号中选取所需的信号。若这部分电路发生故障,就接收不到电台信号。测量时可根据混频管基极(即磁棒天线组的次级线圈)信号波形来判断天线回路是否有故障。

本机振荡器是一 LC 正弦波产生电路,它给混频器送去一串等幅高频信号。该信号要比从天线回路送出的已调高频信号的载波频率高出一个中频值(即 465 kHz)。用示波器可以方便地测出本振信号的幅度和频率。当转动双联电容器的旋钮(收音机的选台旋钮)时,这一波形的幅度基本不变,而频率则变化。

混频器是一非线性电路,它能将本机振荡器送来的高频信号和天线回路送来的信号进行混合放大,然后在其集电极的调谐回路中,选出一频率为465 kHz的差频信号。其间,电台信号的载频频率发生了变化,但调制信号的变化规律并没有改变。测试时,可以把中频信号与信号源输出的高频调幅信号送入示波器的两通道中进行观察比较。

中频放大器能将混频器送来的调幅中频信号进行放大,放大量约1 000倍左右。

解调器也是一非线性电路,主要完成从中频信号中还原出音频电信号的任务。该电路的测量方法与前面所讲的幅度解调电路测量方法相同。

音频放大器主要是把检波器输出的音频电信号进行不失真的放大,以满足不同发声器件的要求。可用示波器分别测量音频放大器的输入输出波形。

②测试步骤:

A. 调高频信号源各旋钮,使其输出为一调幅波。调制信号选400 Hz,调制度为30%,载波频率为1 000 kHz。调示波器为正常工作状态。

B. 首先对收音机本振电路进行测试,将示波器探头接到被测电路被测端(一般是混频器管子的发射极),观察本振信号的频率、幅度。然后慢慢旋转双联电容器,示波器显示的波形频率从高到低,或从低到高也作相应的变化,而幅度基本不变。

当本振信号出现异常情况,比如没有振荡波形或波形失真,或调双联时波形频率不作相应变化等,应仔细检查混频管的工作电路与组成振荡回路的电阻、电感、电容等元器件。

C. 检查天线输入回路。把信号源输出端靠近天线,示波器探头接混频器基极,观察经输入回路进来的信号。旋动调谐旋钮,该信号幅度大小应有变化,否则应检查天线回路和调谐回路。

D. 测试中频放大器。用示波器第一通道探头“CH_1”测试中频放大器输入端的波形,用示波器的第二通道探头“CH_2”测试中频放大器输出端波形,并进行比较,输出的波形幅度比输入的幅度应高60 dB(约1 000倍)左右。

E. 测试检波器。经过检波器输出的信号应为20 Hz ~ 4. 5 kHz的音频信号(本例为400 Hz)。测试时,可根据检波器输入输出信号波形的频率和形状来判断检波电路的好坏。

F. 检查低频放大电路。用示波器“CH_1”探头测量低放输入信号,“CH_2”探头测输出信号,然后进行比较,观察两波形的幅度变化情况与失真情况,若幅度较小或有严重失真,要首先检查功率输出级,若输出级正常应依次检查推动级,低放级直至找到故障部位为止。

2)调频收音机测试

测试电路如图2. 19所示。

测试设备为:GOS—620型示波器一台、高频信号源一台、稳压电源一台。

①测试原理

调频收音机和调幅收音机在电路结构上很相似,也都是采用超外差式原理,框图与各点波形见图所不同的是调频机中频频率是10. 7 MHz,解调器是一称为鉴频器的频率解调电路。另外调频收音机还增加了一些辅助电路,如限幅器、静噪电路、立体声解调器等。

当调频收音机工作异常时,首先要排除以上电路故障。检查时,也是用示波器逐级测量各点波形,若波形不正确,再测量有关的直流电位、阻容元件、控制器件等,对于输入回路、中放、

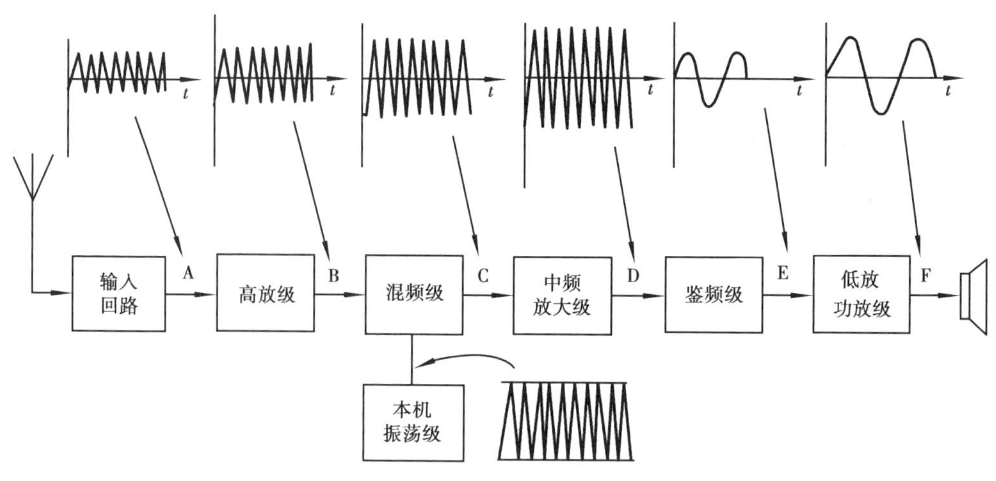

图 2.19　调频收音机测试框图

低放等,测试方法可参考调幅收音机。

②测试步骤

A. 调节信号源,使其输出为调频波,中心频率在 88 ~ 108 MHz 选取,低频调制信号频率选 400 Hz,频偏选 75 kHz,输出电平选 80 dBμV,把该信号送入调频收音机天线中。

B. 用示波器测试调频机本振电路,观察本振信号的频率和幅度。调节选台调谐旋钮时,本振信号的频率在一定的范围内应有相应的变化,而幅度应保持基本不变。

C. 测量中放电路、鉴频电路、低放与功放电路波形。

3)黑白电视机测试

测试电路如图 2.20 所示(图中高频信号为二频道信号)。

测试设备为: GOS—620 型示波器一台,全电视信号发生器一台。

①测试原理

一般黑白电视机由高频部分、公用通道、同步分离、扫描、伴音、电源六个部分组成(如图 2.20)。高频部分的作用是把天线收到的电视高频信号进行高频放大,放大后的信号送到混频器与本机振荡信号进行混频,从而得到图像与伴音两种中频信号。能完成这一部分任务的器件称为高频头。公用通道的作用是把中频信号经过图像中频放大,送到视频检波器进行检波,得到视频信号,再由视频放大级放大后,输入显像管重现图像;另一方面,由于检波器的非线性,两种中频信号在检波时产生差拍,形成第二伴音中频调频信号。伴音通道的作用,是将视频放大器输出的第二伴音中频信号,经过放大、限幅、鉴频后得到音频信号,再经低频放大后,推动扬声器发出声音。同步分离部分的作用,是把从公用通道出来的另一路视频信号,送入幅度分离级和放大级,将复合同步信号从视频信号中分离出来;然后分别输入行与场的频率分离电路,得到需要的行、场同步信号,分别送到行与场的扫描部分。扫描部分的作用是输出频率为行频和场频的锯齿波形电流,分别供给显像管的水平与垂直偏转线圈,使电子束作左右、上下扫描;同步信号的作用就是控制扫描振荡器的频率,使之与行频或场频相等。从行扫描输出级得到的脉冲、高压,经高压整流器整流后,供给显像管阳极。

电源部分的作用是供给各级工作电压。在图中标出了各部分电路的工作波形,用示波器可以对这些波形进行测量与分析。根据所测得波形,可判断电视机工作正常与否。

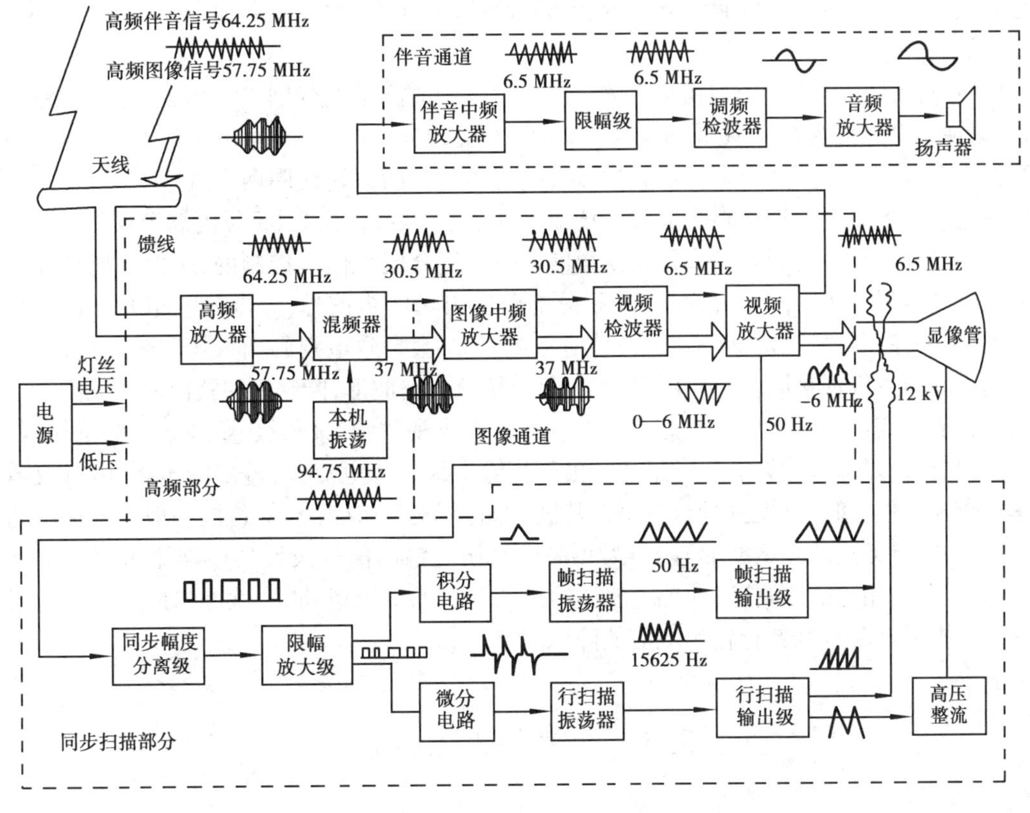

图2.20　黑白电视机测试框图

②测试方法

A. 调整电视信号发生器为射频输出状态。利用75 Ω同轴视频电缆，把射频信号接入被测电视机的天线输入端。调整示波器的扫描方式选择开关为“TV—”或“TV—H”。

B. 分别观察高频头输出信号与中频放大器输出信号波形（注：由于调制频率过高，所以用20 MHz示波器只能观察信号幅度变化，不易观察频率变化）。

C. 观察视频信号波形，把示波器测试探头接到电视机检波电路输出端，应能观察到峰峰值幅度为1 V的图像信号与行同步信号波形，若改变示波器的“扫描速度”选择开关为每格“2 ms”或“5 ms”，可以观察到场同步信号波形。

D. 测试视频放大器。在电视机中，视频放大器应该将检波器得到的视频图像信号电压放大到足以使显像管满幅调制所需要的幅度。为了使显像管满幅调制，需要的调制电压约为50～80V（峰峰值），因此视频放大器的总增益应为50～80倍。另外考虑到要从视频放大器中引出行场复合同步信号、伴音中频信号、AGC取样信号，所以一般视频放大器分为两级，前级称为视频预放级，以上信号从此引出，后级称为视放末级。将示波器的测试探头分别接到预放级和末级的输出端，可以测得视放输出波形。根据所测波形，可计算出放大器的各级增益。若测得波形不正常，需逐级向前查找故障。

E. 伴音信号测试与调整。6.5 MHz的伴音中频信号经过伴音中频放大、限幅送入频率解调器中，解调器输出的音频信号经过低频功放推动扬声器发出声音。测试时，可以直接把示波器探头接到扬声器两端（信号发生器中需加入频率为400 Hz的伴音信号），观察输出信号，若信号有失真或太弱时,可以用无感起子调鉴频器线圈和伴音中放线圈,使得输出信号不失真,且幅度最大。

F. 行场同步信号与行场扫描信号测试。将示波器的测量端分别接入场、行振荡电路输出端,可以观察到频率为 50 Hz(周期 20 ms)的场扫锯齿波信号和频率为 15 625 Hz(周期 64 μs)的行扫锯齿波信号。然后分别把示波器探头接到场和行的偏转线圈两端观察扫描信号波形,波形应正常。若波形不正常则会造成行场幅不满或过大、线性失真、行场闪烁等现象。

另外,行、场频振荡器的频率是受视频信号中的复合同步信号控制的,所以需把视频信号中的复合同步信号送入同步分离器,经积分电路取出场同步信号,经微分电路取出行同步信号,再分别去控制行场振荡器。若这两种信号不正常,会导致电视画面行场同步不良,无法收看。用示波器逐级观察同步分离电路中的积分、微分电路波形,能够很快找出故障原因。

G. 行输出信号测试。行输出担负着为显像管提供视放级、聚焦级、阳极高压的重任,若此部分出现故障,显像管就无法正常工作。由于行输出级工作电流大,输出电压高,所以故障发生率也较高。检查时,首先测量行输出管基极、集电极波形,应为正常(注:一般厂家给出的电路图中,均附有各点的测试波形)。然后再测试高压包输出信号波形(注:切不可直接接到高压包输出端,应用感应法测试,即把示波器的测试端靠近高压包外壳,就可测试到高压包工作波形),根据此波形来判断行输出级的故障原因。

2.3 频率特性测试仪

频率特性测试仪又称为扫频仪,它是利用示波管直接显示被测二端网络频率特性曲线的一种仪器。频率特性测试仪是采用扫频测试的方法来进行测量的,与传统的点频测试法相比,具有快速、直观、准确、方便的优点。

2.3.1 频率特性测试仪的基本组成和原理

频率特性测试仪的型号很多,内部结构也各异,为了让同学们了解其构成,选用了我国早期生产的较为典型的机型为例,介绍频率特性测试仪的基本组成和原理。

一台频率特性测试仪主要是由三大部分构成:一是扫频信号发生器,产生一个幅度不变、频率在所需范围内重复不变的扫频信号;二是频标系统,产生频率标志,用以测读频率;三是显示部分。

(1)扫频信号发生器

扫频信号发生器是频率特性测试仪的关键部分,它的振荡频率受扫描发生器所产生的扫描电压 U_s 所调制,故又称调频信号发生器。通常是采用磁调频方式来实现扫频目的,所谓磁调频,就是用磁心线圈作为振荡器的回路电感,利用加在磁心励磁线圈上的调制电压来改变磁心线圈电感量,从而达到扫频的目的,即达到振荡器所需频偏的目的。调制电压来自电源变压器次级,经可变相移电路,送到调制电流放大器后,作为调制电压加到扫频振荡器上,未经移相的电压加到负脉冲形成电路,形成的负脉冲加到扫频振荡器,使在扫描回程时停止振荡,此时就在屏幕上呈现一条扫描线作为零电平的参考。

对于工作频带为 1 ~ 300 MHz 的测试仪而言,通常分三个波段。第Ⅰ波段 1 ~ 75 MHz,第

Ⅱ波段75～150 MHz,第Ⅲ波段150～300 MHz。频偏都在±7.5 MHz以上。其中第Ⅱ波段是普通的磁扫频器,中心频率可在75～150 MHz范围内连续调节。第Ⅲ波段为第Ⅱ波段的二倍频（通过倍频器获得）,中心频率可在150～300 MHz范围内连续调节。第Ⅰ波段的中心频率为1～75 MHz。由于中心频率很低,故扫频信号通过外差法获得。由定频振荡器产生可在290 MHz～215 MHz范围内连续可调的等幅振荡,调(扫)频振荡器产生固定在290 MHz±7.5 MHz的扫频信号。仪器面板上设有波段开关和中心频率度盘。为了控制扫频信号输出幅度,还设有输出衰减电路,对应于面板上用分贝数刻度的输出衰减开关。

(2)频标系统

用频率特性测试仪(扫频仪)调试被测电路时,除了必须显示被测电路频率特性曲线外,还必须准确指出该特性曲线上的任何一点所对应的频率值。这项工作是由频率标记系统（简称频标系统)所产生的频标信号来完成的。为了便于测试观察,在示波管屏幕上往往要求显示多种频率的标记,每相距一定的间隔以十进位的分度来显示,如1 MHz,2 MHz,3 MHz,…,10 MHz,20 MHz,30 MHz……等标记,就好象标尺一样,可以度量出特性曲线的频率范围和粗读曲线上某点的频率值。频标系统包括晶体振荡器、谐波发生器、频标混频器、频标放大器和带通滤波器。由晶体振荡器产生频率fL为1 MHz或10 MHz的频标信号(正弦信号),通过谐波发生器(相当于频率倍增器),产生丰富的高次谐波分量,得到fL的N倍(N为证整数)的频标信号,然后将其与扫频信号(设其频率变化范围为$f_{min}\sim f_{max}$)一起加到混频器进行混频,产生频率为$(f_{min}\sim f_{max})NfL$的输出信号。如果N为某一数值恰好使NfL落在扫频信号的频率变化范围内,则该输出信号便是一个以零频率为中心的调频信号。再经放大并由带通滤波器滤波,便可获得所需的菱形频标信号。例如,一个35 MHz的频标信号(即$NfL=35\times1$ MHz)与$f_{min}\sim f_{max}=34.8\sim35.2$ MHz的扫频信号混频,通过窄带滤波器和垂直放大器加到示波臂的垂直偏转板上,在扫频信号为35 MHz时,示波管屏幕上就会显示一个接近菱形的调频波形。如果在垂直偏转板上同时作用着反映被测电路幅频特性的检波电压,那么菱形的频标波形就显示在幅频特性曲线的35 MHz那一点上。通常1 MHz的频标间隔较窄,幅度较小;10 MHz的频标间隔较宽,幅度较大。可根据测试的实际情况来选用频标。在测试中,如仪器内部1 MHz,10 MHz频标不能满足要求时,可利用外接频标端子,将所需要的标准信号送进去,此时在屏幕上显示的是外接的频标信号。

(3)显示部分

显示部分包括扫描信号发生器、垂直放大器和示波管等。其中的扫描信号发生器,实际上是采用了电源变压器的次级绕组代替的。扫描信号就是从该绕组取出的50 Hz交流电压,将其送至示波管水平偏转板,作为进行水平扫描的信号。同时送到扫频振荡器进行调制,保证扫描信号与扫频信号同步。

垂直放大器将检波探测器检波后的电压进行放大,送到垂直偏转板上,在屏幕上则出现被测对象的频率特性曲线。检波输出的低频信号,根据需要选择经过具有三个挡级的衰减(1∶1,1∶10,1∶100)的任一挡,再经过电位器调节其增益。低频信号和频标信号放大后经钳位器送到垂直偏转板,波形在荧光屏上垂直方向的位置由钳位电位器控制。

2.3.2　JSS—10数字频率特性测试仪的主要技术指标

JSS—10型数字标记集中信号源是收音机、收录机生产调试的专用设备,用于调试收音机的中频覆盖和统调,同时也可用于此频段范围内的其他有源或无源器件或网络的频率特性(幅频特性)的测试。它可带二十或更多工位,便于统一教学,在较宽频带范围内,任意设置并读取精度较高的标记频率,在改变被测件而使频率测试点改变时,很方便地重新设置所要求的标记。

JSS—10 型数字标记集中信号源由五种插盒组成,这五种插盒产生不同频率范围的扫频信号(射频、频标),构成了调试收音机所需要的调幅中频、调频中频、中波(MW)、短波(SW)、调频(FM)等测试信号:

JSS—01 调幅中频	400 kHz ~ 500 kHz
JSS—02 调频中频	10.2 MHz ~ 11.2 MHz
JSS—03 中波(MW)	400 kHz ~ 1 800 kHz
JSS—04 短波(SW)	1.5 MHz ~ 30 MHz
JSS—05 调频(FM)	73 MHz ~ 113 MHz

这五组扫频信号(射频、频标)和主机产生的锯齿波信号一起送至显示器(每个工位配一只显示器),组成了整个测试系统。如果用来检测收音机,就能很直观地看到收音机各电路的幅频特性,然后根据所要求的指标进行收音机各部分电子线路的调试。

2.3.3 JSS—10 型数字标记集中信号源的使用

(1)工位配置

频率特性测试仪的工位配置如图 2.21 所示,每个工位由工位显示器、功能选择开关、工位衰减器、同轴电缆组成。

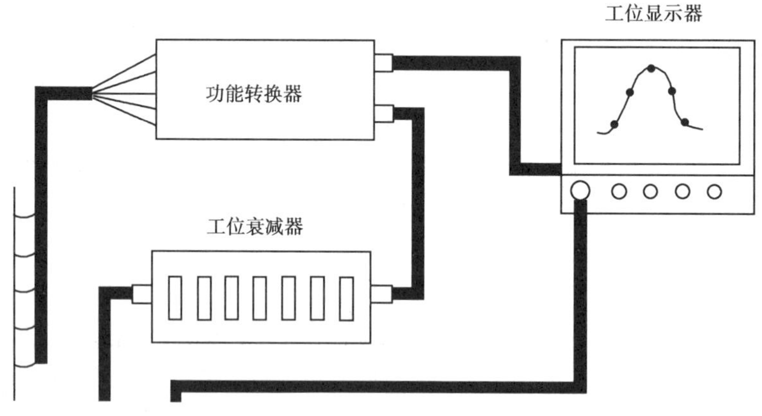

图 2.21　JSS—10 型数字频率特性测试仪的工位配置

1)功能选择开关:

供各工位根据使用频率选择,扫频范围:

U_1——465 kHz,	400 kHz ~ 500 kHz	U_4 ~ SW,	1.5 MHz ~ 30 MHz
U_2——10.7 MHz,	10.2 MHz ~ 11.2 MHz	U_5 ~ FM,	73 MHz ~ 113 MHz
U_3——MW,	400 kHz ~ 1 800 kHz		

2)工位衰减器:

输出衰减开关。根据测试的需要,选择扫频信号的输出幅度大小。特性为:输出阻抗75 Ω,

衰减量由1 dB,2 dB,3 dB,0 dB,10 dB,20 dB任意组合,以1 dB步进,总衰减量为70 dB。

3)显示器:

① 电源、辉度旋钮。该控制装置是一只带开关电位器,兼电源开关和辉度旋钮两种作用。顺时针旋动此旋钮,即可接通电源。继续顺时针旋动,荧光屏上显示的光点或图形亮度增加。使用时亮度宜适中。

② 聚焦旋钮。调节屏幕上光点的细小、圆亮程度或亮线清晰度,以保证显示波形的清晰度。

③ X轴位置旋钮。调节荧光屏上光点或图形在方向左、右位置。

④ Y轴位置旋钮。调节荧光屏上光点或图形在垂直方向的位置。

(2)测试前的检查、调节及设置

1)电平输出

观察"电平指示"灯亮否,如不亮则调节"电平指示"电位器,使电平指示灯刚好稳定亮(电平输出幅值0.5 Vrms),观察工位显示屏是否有扫描线及五个频标点。

2)扫频范围(宽)和中心频率的调节

① 将射频输出与测试盒相连(图2.22),其输出送至显示器垂直输入插座,使荧光屏呈现检波方框。

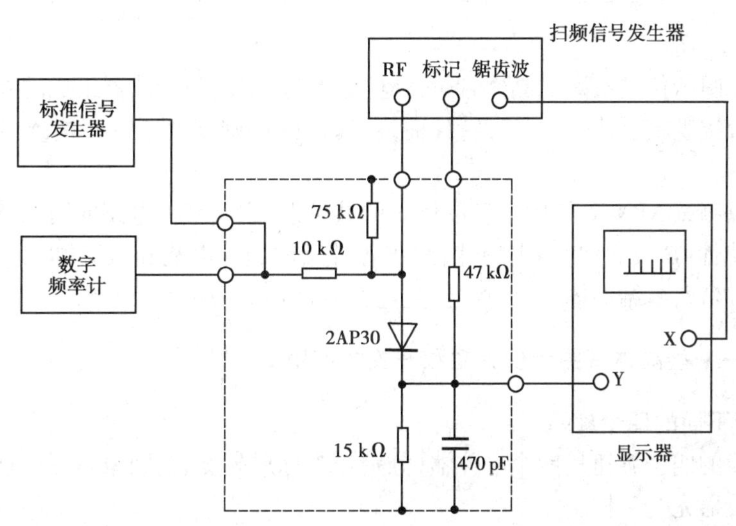

图2.22　射频输出与测试盒连接图

② 调节"扫宽电位器",使五个频标点处于正常位置。

③ 调节"中心频率"电位器,使五个频标点大至处于屏幕的中央。

3)标记频率的设置

① 标记点——标记频率是由插盒面板上五组数字开关设置,从左至右分别命名为:A,B,C,D,E。每个标记频率有4位数字(10.7 MHz调频中频为小数点后3位)。频率单位以MHz(或kHz)表示。以JSS—01为例,开关A置为:0400,即表示A为400 kHz。如将开关A置为:0455,即表示A为455 kHz。同样适用于B,C,D,E的设置。以JSS—02为例,开关A置为:0755,即表示A为10.755 MHz。

② 标记顺序——面板数字开关按 A,B,C,D,E 排列,在显示器荧光屏上五个亮点或脉冲表示的标记是按频率的高低从左至右,频率由低到高排列(与面板上没设置的频率高低顺序无关)。当两组或几组开关预置的频率相同时,标记点将重叠在一起。当预置的频率超过扫宽范围时,标记点将跑出带外而消失或处于不正确位置。

③ 标记点到达预置点的时间——当改变标记点频率预置值时,标记点到达的预置频率需要一定时间,如改变数值越大,所需时间越长,一般约为几十秒调节中心频率或扫宽时间。标记点亦有移动稳定过程。

2.3.4 JSS—10 型数字标记集中信号源的应用实例

当一台收音机装配好以后,尽管元件、焊点、接线、静态电流检查无误,然而接通电源后不一定能收到电台,或者仅能收到一、二个电台,或者收到的电台声音轻(很小),甚至出现啃叫、自激声等现象。其主要因是收音机工作状态不良所致,导致上述不良原因的是,由于接线电容、分布电容等等的影响,造成收音机的高频频率、中频频率偏离。为了使收音机各级的工作状态良好及各级之间的良好配合,必须对收音机进行调试(在附录中有详细介绍)。

2.4 晶体管特性图示仪

晶体管特性图示仪是由测试晶体管特性参数的辅助电路与示波器组成的专用仪器。在其荧光屏上可以直接观察晶体管的各种特性曲线,通过标尺刻度就可以直接读出晶体管的各项参数。

该仪器可以测试 NPN 型和 PNP 型晶体管的共发射极、共基极电路的输入特性、转移特性;测量电流放大特性(β 及 α)和输出特性;测试各种反向饱和电流和击穿电压;测量场效应管、稳压管、隧道二极管、单结晶体管、可控硅、光电耦合器件等的特性及参数。

2.4.1 JT—1 型晶体管图示仪旋钮和开关的作用

(1)示波管下面的四个旋钮

示波管下面的四个旋钮是四个电位器,分别作为标尺亮度、辅助聚焦、辉度、聚焦之用,这一点和普通示波器完全一样。

(2)“Y 轴作用”部分

Y 轴作用部分包括一个 mA · V/度开关、倍乘(×2、×1、×0.1)开关、移位、直流平衡和放大器校正等。

1)mA · V/度开关具有 24 挡,可以选择四种垂直偏转作用。

① 集电极电流 0.01 ~1 000 mA 共 16 挡,它经过集电极电路取样电阻 R 的作用,将电流转化为电压后,经 Y 轴放大器作用而取得读测电流的偏转值。

② 基极电压 0.01 ~0.5 V/度共 6 挡,由放大器的阴极电阻改变而改变其放大器的灵敏度,以取得读测电压的偏转值。

③ 外接只有一挡,信号由后箱板的 $Y(+)$,$Y(-)$处输入,Y 轴作用放大器的灵敏 0.1 V/ 度。

④ 基极电流或基极源电压共一挡，由阶梯电流取样电阻的电压降，经放大器而取得其基极偏转值。

2）倍乘开关是配合 mA · V/度开关而用的辅助作用开关，通过电流转化为电压后的分压关系，以达到电流偏转的倍乘作用，共有三挡（×2，×1，×0.1）。

3）直流平衡电位器是需用螺丝刀调节的，它改变垂直放大器中差分级的直流工作状态，达到直流平衡作用，其“平衡”的表征是 *Y* 轴基极电压从 0.1～0.5 V/度，各挡改变时放大器对校正信号的“零度”位置不产生任何影响。

4）移位电位器是使图形显示在示波管适中的位置（或使原点调在相应位置）。

5）校正开关是要求它打向零点时，和打向 10 度时，*t* 基线的移动正好是 10 度。

（3）“*X* 轴作用”部分

“*X* 轴作用”部分是对水平放大器进行调节，其直流平衡、移位和放大器校正与 *Y* 轴作用是一样的，就不重复了。下面主要说明一下 *X* 轴作用 V/度开关。这是一个具有 19 挡、四种偏转作用的开关，即集电极电压、基极电压、外接基极电流或基极源电压。

1）集电极电压 0.1～20 V/度共分 11 挡作用，它通过基极分压电阻和放大器反馈电阻的综合作用，以达到不同的水平偏转灵敏度目的。

2）基极电压 0.01～0.5 V/度共 6 挡，亦是通过改变水平偏转灵敏度来达到选择挡级的目的。

3）外接共一挡，信号由后箱板的 *X*（+），*X*（-）处输入，*X* 轴放大器灵敏度为 0.1 V/度。

4）基极电流或基极电压源共一挡，由阶梯电流取样电阻上的电压降，经过放大器而取得其基极电流的偏转值。

（4）“集电极扫描信号”部分

它包括峰值电压范围、极性开关、峰值电压调节和功耗限制电阻 *R*、保险丝。

1）峰值电压范围是通过电流输出变压器的不同输出电压的选择而分出 0～20 V（10 A）与 0～200 V 两挡。本机通常情况下，必须将此开关放在 0～20 V 一挡，当必须换挡为 0～200 V 时，亦必须在换挡前先将峰值电压调节电位器旋到 0 V，换挡后按需要的电压逐渐增加，否则易击穿被测晶体管，这是必须严格执行的。

2）极性开关有“+ 、-”两挡，根据集电极电压极性要求而选择，对于 PNP 管应取“-”，于 NPN 管应取“+”。

3）峰值电压由一个电位器调节，根据峰值电压的选择，可以在 0～20 V 或 0～200 V 之间继续改变，面板上的读数为近似参考用，实际大小可由 *X* 辅作用偏转灵敏度读测。如基线长为 6 度格，*X* 轴作用为集电极电压 2 V/度，则相应集电极电压峰值均 1.2 V，通常，此电位器应旋放在“0”处。

4）功耗限制电阻串联在扫描电源与被测管集电极电路上以控制被测晶体管的功耗，也可作为被测晶体管集电极负载电阻用。应适当选择，以保证被测管工作在最大允许功耗以内。扫描信号采用正弦全波整流获得，比锯齿波发生器简单得多。

（5）“基极阶梯信号”部分

这部分开关最多，它包括：级/s、阶梯作用、极性、阶梯选择、串联电阻、级/族、零电流及零电压、阶梯调零等开关。

1）级/s 开关：分上 100、下 100 与 200 三挡，其作用是用来显示负载线的特性。

2)极性开关:是改变阶梯波正负极性的,它的选用取决于晶体管的类型与接地方式,可按面板上指示的表格使用。

3)阶梯作用:分为重复、关、单次三挡。"重复"的位置是阶梯讯号重复地(按照集电极扫描的频率)作用在被测晶体管的基极(发射极),进行连续测试,它是对被测晶体管的一般特性的测定。"单次"将阶梯信号一次作用在被测管上,以后又处于等待状态,再按动又出现一次,它是以瞬时动作来观察晶体管的极限特性时用的。"关"的位置是阶梯信号停止输入晶体管。

4)阶梯选择:是一个具有 22 挡级的开关,分两种作用:供给基极电流或基极源电压。基极电流 0.001 ~200 mA/极,共 17 挡,以相当挡极的电流(每级跃变电流值)注入晶体管输入端。基极源电压 0.01 ~0.2 V 级,共分五挡。

5)串联电阻开关:是当阶梯选择置于基极电压源时,将此电阻串联在被测晶体管的输入回路中,配合被测晶体管的输入特性,将输入的电压变化转为线性的电流变化。当阶梯选择置于 mA/级(阶梯恒流源)时,阶梯信号便不通过串联电阻,它亦就失去控制作用了。

6)级/族旋钮:用来调节阶梯信号的级数,可调范围是 4 ~12, 因此,示波管上显示出的特性曲线的根数便与它相对应。

7)零电流、零电压开关:此开关置于中间位置时,阶梯信号是通路状态,它直接作用到晶体管基极(发射极)去进行测量。置于"零电流"位置时,被测晶体管基极处于开路,此时只能测 I_{ceo}等特性,当置于"零电压"时,被测晶体管的基极成为短路状态,此时可测晶体管的 I_{cbs}和 I_{ces}特性。

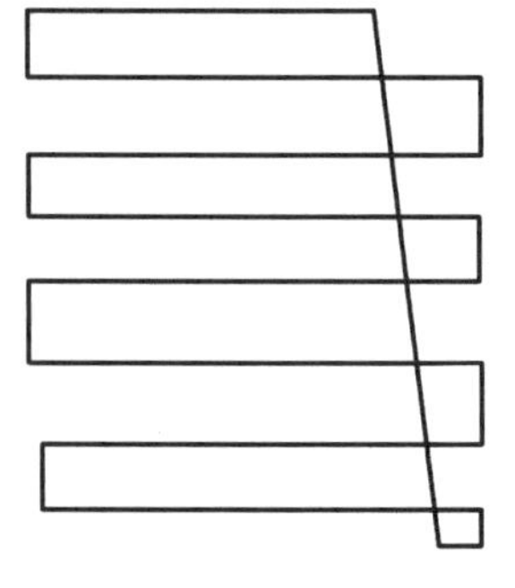

图 2.23 阶梯调零

8)阶梯调零电位器:是调节阶梯信号起始值在零电位的位置。在每次测试之前,应先进行阶梯调零工作。为了调零,首先应将 Y 轴作用开关置于"基极电流或基极源电压",X 轴作用开关置于"集电极电压"1 V/度,阶梯选择开关置于 0.01 V/级,阶梯作用为"重复",调峰压为 10 V,这时在示波管上应能观察到阶梯信号,如图 2.23 所示。接着将 Y 放大器校正至零点,通过移位置基线于零钱上,将校正复位,再调阶梯调零,使阶梯信号调至 Y 轴零线上,这样阶梯信号的零电位即已调准。

(6)"晶体管测试台"

晶体管测试台选择开关有三个位置,中间是关,在测试时可以交替地转换 A,B 两个晶体管。接地选择开关有两挡,分别相当于共射和共基两种形式。晶体管插座分为固定的和可变的,前者相当于晶体管的 E 端接地,要测共基特性,必须改变晶体管连接方法;后者是可变的,若接地选择置于发射极接地,则对应插孔的 E 极接地;若基极地,则相应插孔中 B 极接地;固定插座连线柱,适于测大功率晶体管。

2.4.2 半导体器件测试举例

(1)三极管输出特性测试

三极管的种类很多但其参数测试原理和测试方法基本相同。以 NPN 型高频小功率管 3DG6 为例 ,说明 JT—1 型图示仪的使用方法(共射电路)。

1)晶体管接在插座 A 上,"测试选择"开关拨回"关"的位置。

2)X 轴作用开关置于"集电极电压"挡 2 V/度位置。

3)Y 轴作用开关置于“集电极电流”挡 1 mA/度位置,倍率开关置“ ×1”挡。

4)“集电极扫描信号”的“极性”开关量制“ + ”位置,“功耗电阻”选 1 k 挡,“峰值电压范围”置“0 ~20 V”挡,“峰值电压”退回“0 V”位置。

5)“基极阶梯信号”的“极性”开关置“ + ”位置“阶梯作用”开关置“重复”位置,“阶梯选择”开关置“0. 02 mA/级”挡,“级/族”旋钮置 6 左右,“级/s”置“200”位置。

上述开关旋钮放在正确位置后,将“测试选择”扳向被测管 A,然后调扫描(峰值)电压到 10 格,荧光屏上即可显示输出特性曲线族。再适当修正 I_C 挡级,可测得辅出特性曲线图形,如图 2. 24 所示。

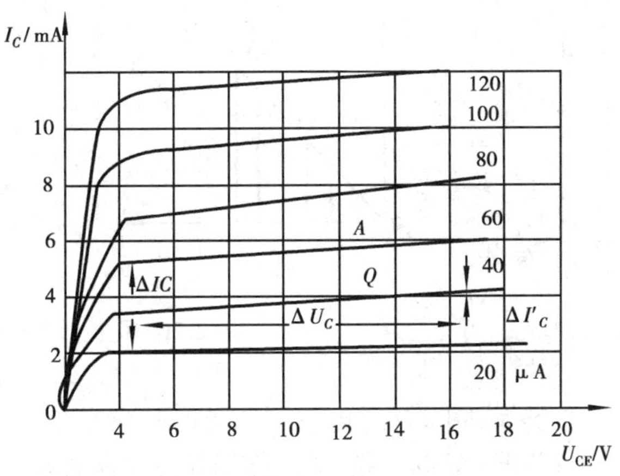

图 2. 24　输出特性曲线

根据输出特性曲线,可读测晶体管的输出 $R_0 = \dfrac{1}{\tan\alpha} = \dfrac{\Delta U_C}{\Delta I'_C}$,电流放大倍数 $\beta = \dfrac{I_{QC}}{I_{QB}}$ 和 $\beta = \dfrac{\Delta I_C}{\Delta I_B}$。例如,在单根输出曲线上的 Q 点,取 $\Delta U_C = 12.6$ V,$\Delta I'_C = 0.2$ mA,则

$$R_0 = \frac{12.6}{0.2} = 63\ \text{k}\Omega$$

若在 Q 点取 $I_{QC} = 3.2$ mA,$I_{QB} = 40$ μA,则

$$\beta = \frac{3.2}{0.04} = 80$$

若在 A,B 点之间取 $\Delta I_C = 3.2$ mA,$\Delta I_B = 60 - 20 = 40$ μA,则

$$\beta = \frac{3.2}{0.04} = 80$$

如果 β 值要求不精确,在调测输出特性时,用旋钮指示值测。在本例中,I_C 为 1 mA/度,阶梯为 0. 02 mA/级,则

$$\beta = \frac{1 \times 1.6}{0.02} = 80$$

(2)电流放大特性测试

Y 轴坐标取 I_C,X 轴坐标取 I_B。将 Y 轴作用置“基极电流或源电压”挡,“阶梯选择”置 0. 01 mA/ 级,其他旋钮位置同输出特性测试时的预置,可在荧光屏上显示出“电流放大特性曲线”如图 2. 25 所示。由该曲线读测 β 值方便、准确。阶梯选择 0. 01 mA/级,表示在 X 轴坐标

上每级 I_B 相差 0.01 mA。例如，在 A 点取 $I_C=3.4$ mA，$I_B=0.05$ mA，$\Delta I_C=1.4$ mA，$\Delta I_B=0.02$mA，则

$$\bar{\beta}=3.4/0.05=68 \qquad \beta=1.4/0.02=70$$

$\bar{\beta}$ 容易读测，一般要求不十分严格时，取 $\bar{\beta}=\beta$，直接读测 $\bar{\beta}$ 即可。选择晶体管时，主要观测其电流放大特性。例如，甲管的电流放大特性如图 2.26(a)，乙管的如图 2.26(b)，甲乙的 β 值相同，但甲管线性好，乙管线性差，选管时要选线性好的，若选用乙管容易产生非线性失真。

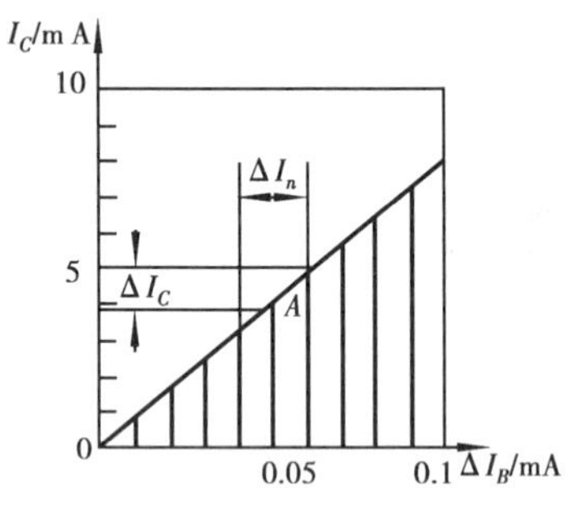

图 2.25　电流放大特性曲线

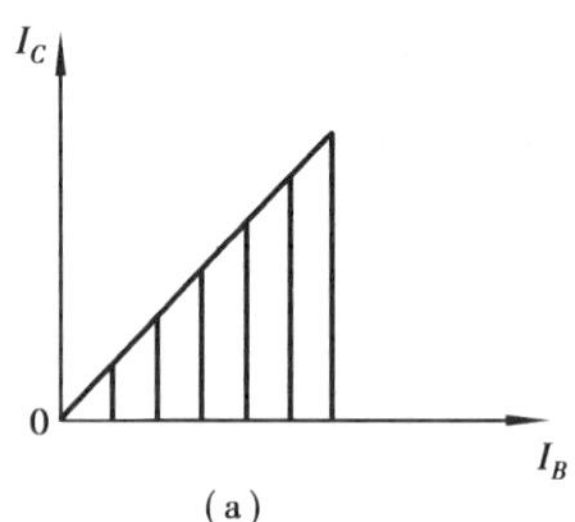

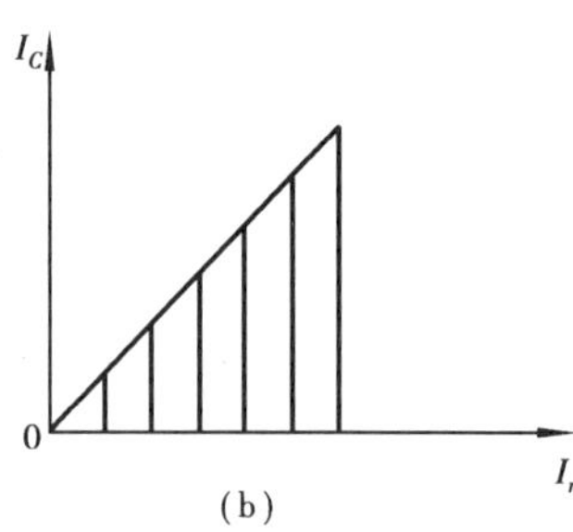

图 2.26　电流放大特性比较图

(3) I_{CEO} 的测试

将“零电流、零电压”板键扳到上端“零电流”挡，此时基极开路。“Y 轴作用”开关量集电极电流 0.01 mA/ 度，“倍率”开关置 0.1 挡；X 轴作用开关置集电极电压 1 V/度，扫描极性置“ + ”，阶梯作用置“关”挡。由测试条件：$U_{CE}=10$ V，将扫描(峰值)电压调至满 10 格，此时在 $U_{CE}=10$ V 处对应的 I_C 值，即为 I_{CEO}，如图 2.27 所示。

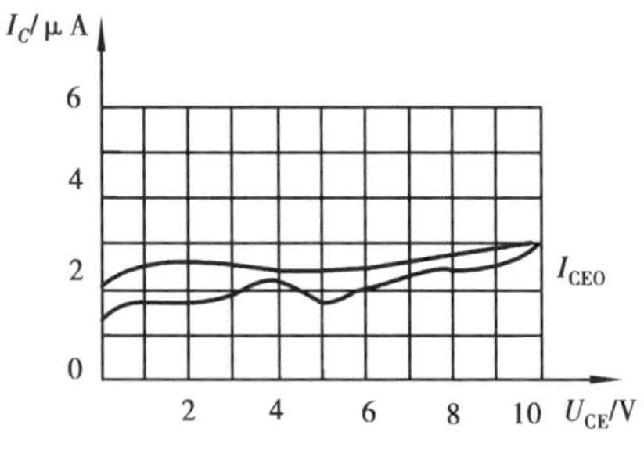

图 2.27　I_{CEO}测试曲线

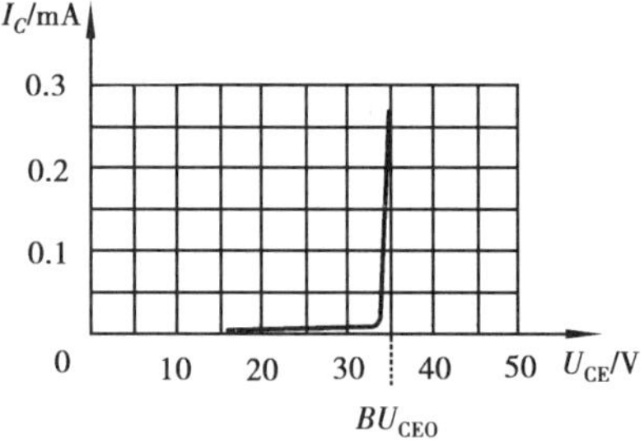

图 2.28　BU_{CEO}测试曲线

(4) BU_{CEO} 的测试

测试条件：$I_C=200$ μA，$BU_{CEO}\geqslant 30$ V。将 Y 轴作用开关置集电极电流 0.02 mA/ 度，X 轴作用开头置集电极电压 5 V/度挡，峰值电压范围改为 0 ~ 200 V 挡，其他旋钮位置向上。调扫描峰值电压，当曲线出现拐点且电流上升到 200 μA 处时，停止加峰压，此时 $I_C=200$ μA，对应的 X 轴电压即为 BU_{CEO} 值，如图 2.28 所示。由曲线读测：$BU_{CEO}=35$ V。

(5) 二极管的测试

1) 二极管正向特性的测试：

二极管主要特性即单向导电性，下面以 2CP6 硅二极管为例，按如下步骤进行测试：

①二极管接入插座 A，正极接“C”孔，负极接“E”孔。“测试选择”置“关”位置，“接地选

择”置“共 E”位置。

②面板各旋钮预置，X 轴作用置于集电极电压“0. 1 V/度”挡，Y 轴作用置于集电极电流“0. 2 mA/”度挡，倍率置“ ×1”挡，“峰值电压范围”置“0 ~20 V”挡，峰值电压退回零位，集电极扫描电压置“ + ”位置，功耗电阻置 1 000 Ω，阶梯作用置“关”。

③测试：将“测试选择”拨至被测管插座一边，逐渐升起扫描电压(<1 V)，在荧光屏上即有曲线显示，再微调有关的旋钮，可得到如图 2. 29 所示的正向特性曲线。

④参数读测：由正向特性曲线可求出直流电阻 $\overline{R}$ 和交流电 R_0。若二极管静态工作点为 A，可读 $V_A = 0.48\ \text{V},\ I_A = 1.6\ \text{mA}$，则得

$$\overline{R} = \frac{U_A}{U_A} = \frac{0.48}{0.001\,6} = 300\ \Omega$$

取 $\Delta U_A = 0.06\ \text{V}, \Delta I_A = 0.4\ \text{mA}$，则得：

$$R = \frac{\Delta U_A}{\Delta I_A} = \frac{0.06}{0.000\,4} = 150\ \Omega$$

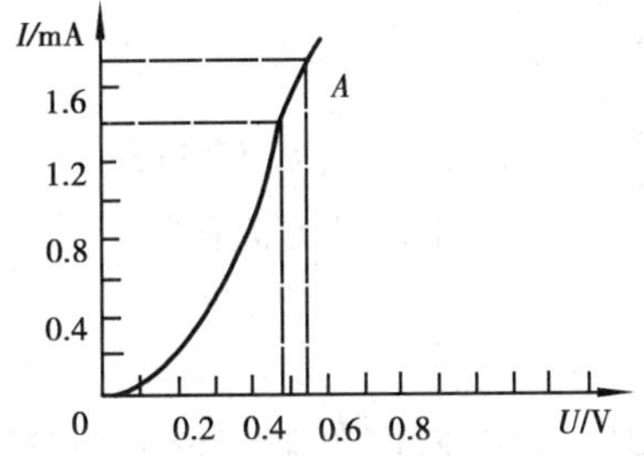

图 2. 29　二极管正向特性曲线

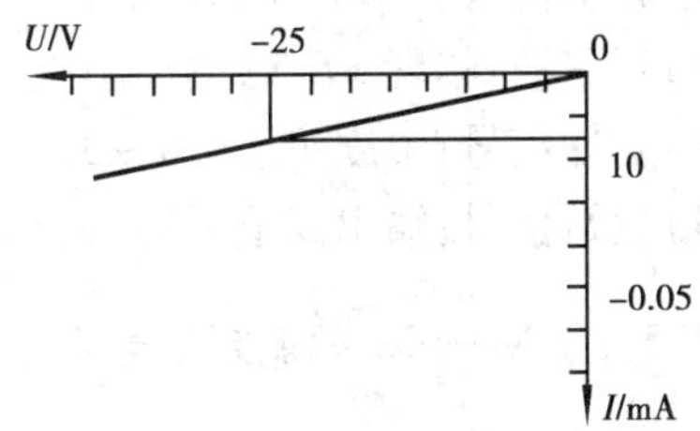

图 2. 30　反向电流测量

2）二极管反向特性测试

在正向特性测试的基础上，退回扫描电压，将集电极电压极性由“ + ”拨向“ - ”，再升起扫描电压，可测得如图 2. 30 所示的反向特性曲线。由测试条件规定最高反向电压为 100 V 时所对应的电流算为反向电流，由图 2. 30 读测 I_B = 14 μA。同时规定在反向电流为 400 μA 时对应的反向电压称为反向击穿电压 U_B，在图 2. 31 中可读测 U_B =64 V。当 U_B >200 V 时，在 JT—1 中不能测试，可用 QT—1A 型晶体管图示仪测试。

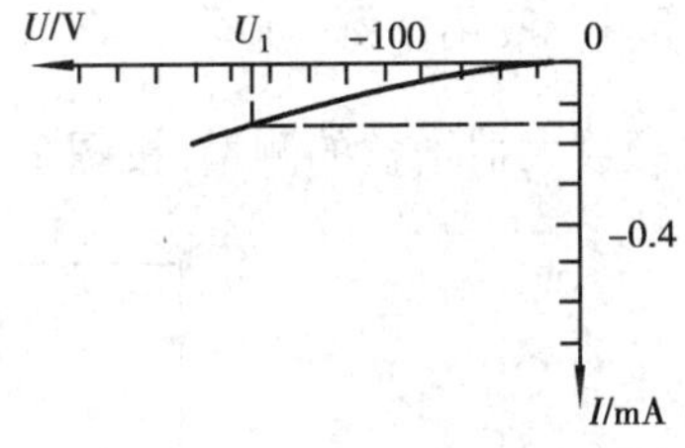

图 2. 31　反向电压测量

如果二极管反向漏电流小于 1 μA，由于仪器本身存在容性干扰电流，故测不准，还会出现不正常特性图形。

2.5 低频信号发生器

2.5.1 低频信号发生器的作用

低频信号发生器是一个能输出频率为 20 Hz ~ 200 kHz 正弦波的标准信号源，用于测试低频放大器、扬声器的频率特性，也可作为高频载波的调幅信号。下面以 XD—22 型低频信号发生器为例进行介绍。

2.5.2 XD—22 型低频信号发生器主要技术性能

低频信号发生器是一种多功能、宽频带的通用测量仪器，除了能产生正信号外，还能提供幅度、宽度可调的脉冲信号和逻辑信号，输出信号频率采用数码显示。

1）频率范围：1 Hz ~ 1 MHz，分成 6 个波段。

2）正弦波：幅度 >6 V，输出阻抗为 600 ×（1 ±10%）Ω。

3）脉冲信号：幅度 $U_{P\text{-}P}$ =0 ~0 V 连续可调，上升下降时间 0.03 < μs，宽度可调。

4）逻辑信号：输出高电平为（4.5 ±0.5）V，低电平 <0.3 V 的正极性方波信号。

2.5.3 XD—22 型低频信号发生器的使用方法

1）开机前把电平微调旋钮置于最小值处，防止开机时机内热敏电阻阻值较大，使输出信号幅度超过正常值而损坏表头指针。

2）接通电源，调节各个波段转换开关至所需的频率，频率值由数码管显示。

3）根据需要选择输出信号波形。

4）对正弦波信号的输出电压可通过输出衰减和输出细调旋钮，根据需要进行调节。

2.5.4 应用举例

低频放大器增益的测量，按图 2.32 所示连接测试仪器和被测低频放大器。

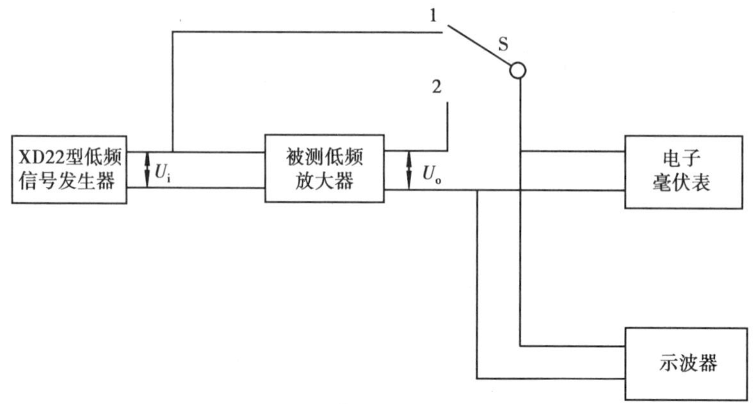

图 2.32 低频放大器增益测量接线图

首先调节信号发生器的输出幅度,使放大器正常工作。开关 S 置于“1”位 置,用电子毫伏表测出放大器的输入电压 U_i。然后将开关 S 置于“2”位置,测出被测放大器的输出电压 U_o,则该放大器的频率可选在 1 kHz,输入信号幅度必须调节适当,使被测放大器工作在动态范围的线性区域内。通常调节输入电压 U_i 的大小以使输出电压 U_o 大致为最大不失真输出功率的一半为宜(可用示波器监测)。

改变低频信号发生器的频率,上述测试电路还可测量低频放大器的幅频特性。

2.6　高频信号发生器

2.6.1　高频信号发生器的作用

高频信号发生器用来产生高频信号,其频率通常在几百千赫至几百兆赫范围内。高频信号发生器一般具有等幅正弦波、调幅波和调频波等几种输出,并可改变已调波的调幅度和频偏。主要用于无线电接收设备(如广播接收机、雷达接收机)及相应频段的中频放大器、鉴频器、滤波器等的调试与检测。下面以 XFG—7 型高频信号发生器为例进行介绍。

2.6.2　XFG—7 型高频信号发生器的主要技术性能

1)频率范围:

100 Hz ~ 30 MHz, 分 8 个波段,输出频率可连续调节。

2)输出电压:

① 0 ~ 1 V 插孔:输出电压为 0 ~ 1 V,连续可调。

② 0 ~ 0.1 V 插孔:输出电压为 0 ~ 0.1 V,分成五挡且每挡均可细调。

③ 若使用带分压器的电缆输出,在“1”端输出,信号不衰减;在“0.1”端输出,信号衰减 10 倍。

3)调制频率:内调制频率为 400 Hz,1 000 Hz 两挡。

4)调幅度:0% ~ 100% 连续可调。

5)输出剩余电压:不大于 0.3 μV。

2.6.3　XFG—7 型高频信号发生器使用前的准备工作

使用仪器前先检查 V 表和 M 表的表针是否在零位,若不在零位可通过调节该表的机械调零螺钉来调整。把“载波调节”、“调幅度调节”旋钮逆时针旋到底,把“输出-微调”置零刻度,“输出-倍乘”置“1”。打开仪器电源,预热半小时后把“波段”旋钮至某一空挡中,调节“V 零点”和“M 零点”旋钮,使两表头的指针指在零位。

2.6.4　应用举例

XFG—7 型高频信号发生器可用来对调幅收音机的中频频率进行调整,测试电路的连接如图 2.33 所示。

1)将收音机双联可变电容器全部旋入,用导线短路图 2.33 中的 A,B 两点,使本机振荡

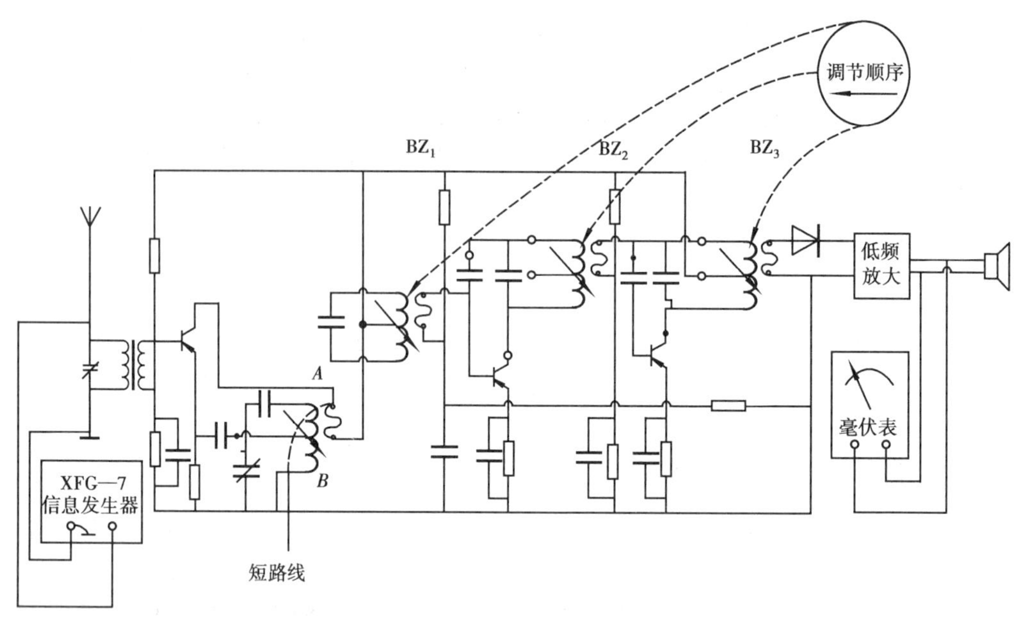

图 2.33　收音机中频调整

停顿。

2)将信号发生器的输出频率调至465 kHz,调制频率为1 kHz,调幅度为30%。

3)调节XFG—7的输出电压,使收音机有合适的输入电压,用无感改锥依次由后向前反复旋动三个中周的磁帽,使被测收音机的输出信号达到最大为止。

2.6.5　XFG—7型高频信号发生器使用注意事项

本仪器的交流电源输入回路中接有高频虑波电容器,因而仪器外壳有一定的电位。使用时,应让仪器外壳良好接地。

2.7　数字式频率计

2.7.1　数字频率计的作用

数字频率计是最常见、最基本的数字化仪器,它能够在预定时间内累计待测输入信号的脉冲个数,或在待测的时间内累计标准时间信号的脉冲个数来进行频率测量与时间测量,并直接以数字显示出来。这种仪器使用方便、精确度高,在生产和科研中得到极广泛的应用。它可以直接测量正弦波、脉冲波的频率、周期、脉冲宽度以及两个信号的时间间隔,并能进行计数等,因此,它又被普遍称为"电子计数器"。

2.7.2　E—312型数字频率计的主要技术指标

(1)测量功能

1)频率范围为10 Hz~10 MHz;

2)时间间隔:最短 1 μs;

3)周期范围为 1 ms ~ 1 s;

4)频率比 $f_A/f_B = 1/1 \sim (10^7 - 1)/1$;

5)累计计数:最大容量 $10^7 - 1$;

6)$A/B \rightarrow 1 \sim (10^7 - 1)$;

7)自检功能。

(2)输入特性

1)A 输入端 10 Hz ~ 10 MHz,正弦波或脉冲波,输入灵敏度 100 mV 有效值,最大输入幅度 30 V 有效值;输入阻抗≥1 MΩ。

2)B,C 输入端 1 Hz ~ 1 MHz,正弦波或脉冲波;输入灵敏度 500 mV 有效值,最大输入幅度 30 V 有效值,输入阻抗≥100 kΩ。

(3)显示及工作方式

采用七段辉光数码管显示十进制数字,可分“记忆”与“不记忆”两种工作方式。

1)自动复零:显示时间约 0.5 ~ 10 s 连续可调。

2)人工复零:按该钮,显示时间任意。

2.7.3　E—312 型频率计的使用方法

1)接通电源,将仪器背面的开关打至“内接”处,此时,仪器内晶体振荡器电源接通。再将面板上“电源 ”开关转到记忆或不记忆位置,数字管起辉,表示整机电源接通。

2)选择“自校”工作方式,对时基电路、门电路及计数器进行自校检查。

3)调节显示时间。转动显示时间旋钮至所需的显示时间。

4)“记忆”和“不记忆”显示。当开关置于“记忆”处时,被测数值稳定地显示在数码管上。当开关置于“不记忆”处时,显示数字在闸门开启时计数,显示时间结束后复零,然后再重新计数。

5) 主要测试功能的使用

①频率测量:将“工作方式”开关置于“频率 A”处,被测信号由“输入 A”接入,调节“衰减开关”使电表的指针指在中间“I”处。闸门时间任选一挡,可从显示屏上读取被测信号频率。

②计数测量:将“工作方式”开关置于“计数 A”处,被测信号由“输入 A”接入,再由“停止一计数”选择开关控制计数,并由闸门指示赞厅的亮与熄来指示。

③周期测量:将“工作方式”开关置于“时间 B”挡,被测信号由“输入 B”接入,调节“倍乘”开关,倍乘率越高,测量精度越高,可直接读出测量结果。

④频率比测量:将“工作方式”开关置于频率“A/B”挡,较高频率信号由“输入 A”接入,较低频率信号由“输入 B”接入,频率比 f_A/f_B 也可直接读出。

2.7.4　数字频率计的维护保养

1)仪器电源插头接通电源之前应将电源开关置于关闭位置。

2)仪器不用时,应防止受潮和污染,存放环境应干燥、通风。

3)当仪器在使用过程中出现故障时应首先切断电源,然后再送专业人员进行维修。

4)每次测量时,应确认输入信号幅值绝对小于仪器允许的最大输入幅度。

第 3 章

电子元器件的识别与检测

电子元器件是组成电子产品的基础。学习和掌握他们的性能、特点、表示方法等,对设计、安装和调试电子线路十分重要。

电子元器件的种类繁多,本章就常见的元器件的基础知识做一下简单介绍。

3.1 电阻器

电阻器是用来降低电压、限制电流,并具有一定电阻值的元件,常用字母 R 来表示。

3.1.1 电阻的单位和符号

(1)电阻的单位

欧姆(Ω)、千欧(kΩ)、兆欧(MΩ)

$$1\ \mathrm{M\Omega} = 10^3\ \mathrm{k\Omega} = 10^6\ \Omega$$

(2)电阻的符号

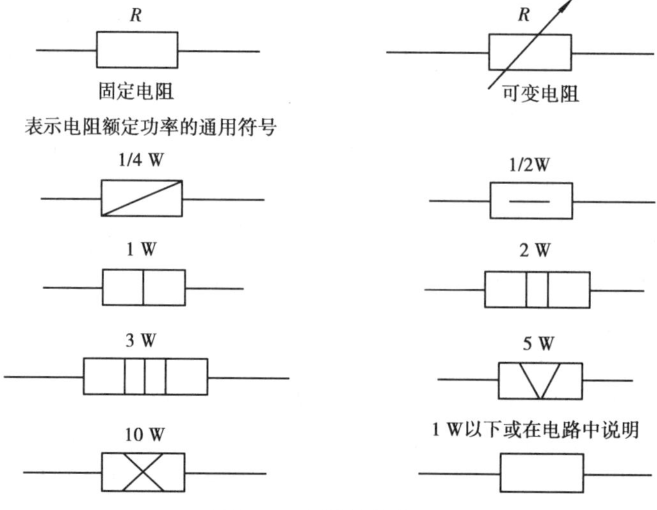

图 3.1 电阻的符号

3.1.2　电阻的标识方法

(1)直标法

直标法是用阿拉伯数字和单位符号在电阻器表面直接标出标称阻值,其允许误差直接用百分数表示,如图3.2所示。

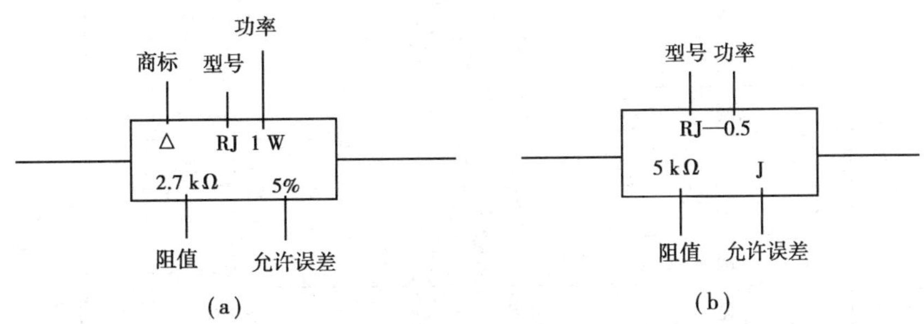

图3.2　电阻直标法

(2)符号法

符号法是用阿拉伯数字和文字符号两者有规律地组合来表示标称阻值,如图3.2所示,其允许误差也用符号表示(表3.1)。

表3.1　表示允许误差的符号

符　号	允许误差/%
B	±0.1
C	±0.25
D	±0.5
F	±1
G	±2
J	±5
K	±10
M	±20
N	±30

(3)色标法

色标法是用不同颜色的环在电阻表面标出标称阻值和允许误差如表3.2。

表3.2　色标法中颜色代表的数字及意义(注:色标法的单位为"Ω")

颜　色	有效数字	允许误差/%
黑	0	—
棕	1	±1
红	2	±2

续表

颜　色	有效数字	允许误差/%
橙	3	—
黄	4	—
绿	5	±0.25
蓝	6	±0.2
紫	7	±0.1
灰	8	—
白	9	20 ~50
金	—	±5
银	—	±10
无	—	±20

色标法一般由四色环和五色环表示,如图3.3(a)、(b)所示。

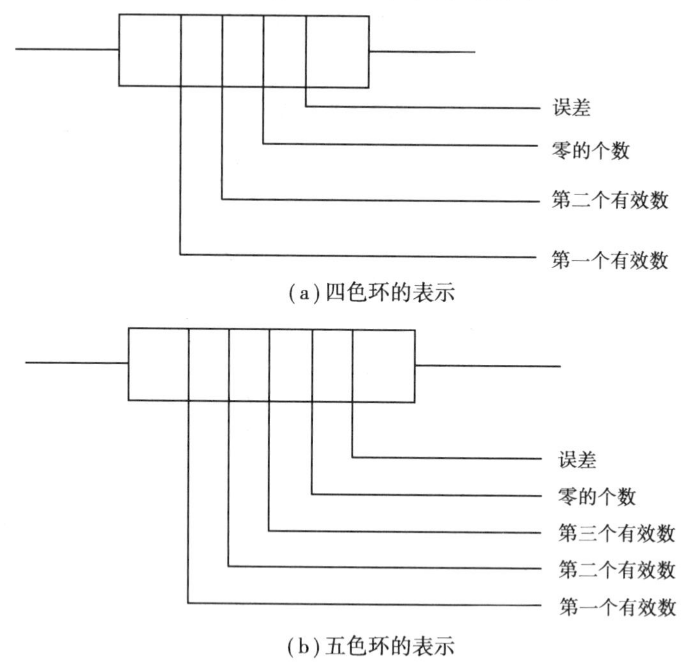

图3.3　色标法的表示

例:读如图3.4(a),3.4(b)电阻阻值

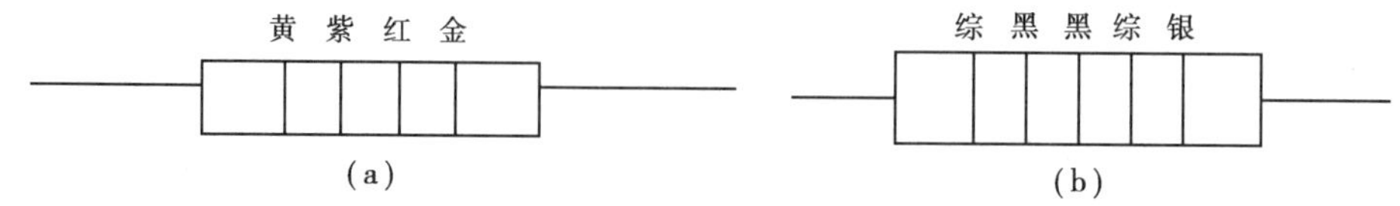

图3.4　色标法读阻值例

如图3.4(a)，$R=4\ 700\ \Omega\pm5\%$；

如图3.4(b)，$R=1\ 000\ \Omega\pm10\%$。

3.1.3　电阻器的测量

测量前应先将万用表调零。把红、黑表笔相碰调整"调零"旋钮，使指针向右偏转到"0 Ω"处，调好后再测阻值。被测电阻的阻值是表针所指读数与量程的乘积。

如：将万用表置于R×100 Ω量程挡时，将红、黑表笔短接，使表头指针指示为零，然后将表笔并联在被测电阻的两管脚上，此时指针指示在"5"上，即该被测电阻的阻值为5×100 Ω=500 Ω。

注：拿表笔的两手手指不可同时接触在被测电阻的两管脚上，否则因人体电阻与被测电阻并联而影响测量精度。

3.2　电位器

3.2.1　电位器与可变电阻

电位器与可变电阻从原理上说是一致的，电位器就是一种可连续调节的可变电阻器。除特殊品种外，对外有三个引出端，靠一个活动端(也称为中心抽头和电刷)在固定电阻上滑动，可以获得与转角或位移成一定比例的电阻值。

当电位器用做电位调节(或称分压器)时习惯称为电位器，它是一个四端元件。如图3.5(a)所示，输入电压加在AB端，由CB端可获得随C点在R_P上移动而变化的电压。

电位器作为可调节电阻使用时，是一个两端元件，如图3.5(b)所示，将R_P的A，C端连接，调节C点位置，则AB端电阻随C点位置的改变而改变。

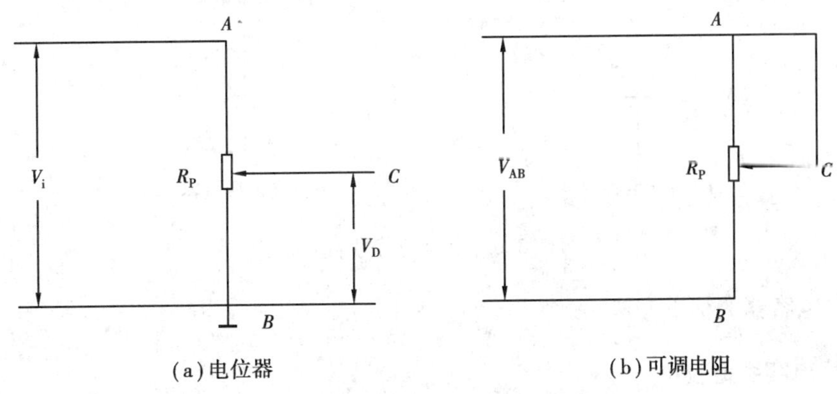

图3.5　电位器与可调电阻

可见电位器与可变电阻是使用方式的不同而演变出的不同称呼，有时统称为可变电阻。习惯上人们将带有手柄的调节器称电位器。而将不带手柄或调节不方便的称为可调电阻(也称微调电阻)。

3.2.2　电位器的测量

用万用表“Ω”挡测量电位器的两个固定端的电阻,阻值应为其标称值。然后,再测量电位器中心接线端与电阻体的接触情况,将一根表笔接中心接线端,另一根表笔接其余两端的任意一个,慢慢将转轴从一个极端位置旋转至另一极端位置,其阻值则从零(或标称值)连续变化到标称值(或零)。在旋转过程中,表针指示应平稳移动,不应有跳动现象。在移动电位器转轴的过程中,应该旋转灵活,松紧适当,手感良好。

3.3　电容器

电容器是一种能储存电能的元件,由介质隔开的两块金属板组成。电容器具有的充、放电特性在直流电路中具有隔直流作用,只对交流信号产生一定的阻抗,这种交流阻抗称为容抗。电容器常用字母 C 来表示。

3.3.1　电容器的单位和符号

(1)电容器的单位

电容器储存电荷的能力,用电容量来表示。其电容量的基本单位是法拉(F),常用单位有微法(μF)、纳法(nF)、皮法(pF)。

$$1\ \text{F} = 10^6\ \mu\text{F} = 10^9\ \text{nF} = 10^{12}\ \text{pF}$$

(2)电容器的符号

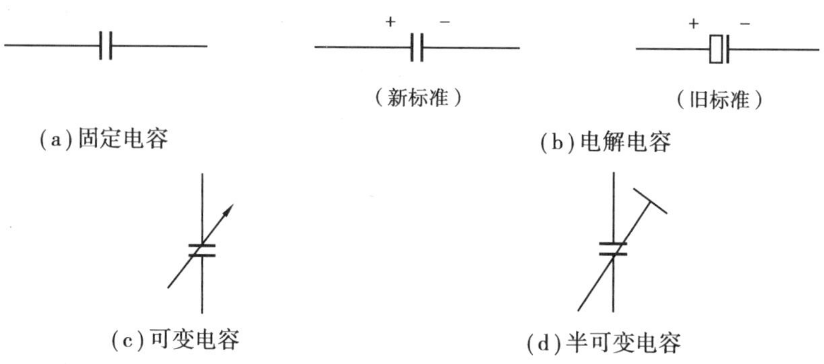

图 3.6　电容的符号表示

3.3.2　电容器的标识方法

(1)瓷片电容容量较小

瓷片电容容量较小,容量范围一般在 1 pF ~1 μF 之间,形似圆饼。其标识方法有:

1)直接表示法

容量单位为 μF,nF,pF

如　“3p”⟶3pF,“0.01 μ”⟶0.01 μF,“4.7n”⟶4.7 nF =4 700 pF

2)不标单位的直标法

当容量在1 pF ~ 10^5 pF之间时，单位为pF

如：“2”⟶2 pF　　　“27”⟶27 pF

当容量在10^5 pF ~ 1 μF之间时，单位为μF

如：“0.047”⟶0.047 μF

注：有时可以认为大于1的数，容量单位为pF；小于1的数，容量单位为μF。

3）数码表示法

一般用三位有效数表示容量的大小，前两位数表示有效数值，第三位表示零的个数。单位为pF。

如：“101”⟶100 pF　　　“222”⟶2 200 pF

“103”⟶10 000 pF = 0.01 μF

“204”⟶200 000 pF = 0.2 μF

注：有一种特殊的情况，若第三位数为9，则乘以10^{-1}，单位为pF。

如：“479”⟶47×10^{-1} pF = 4.7 pF

(2)电解电容容量较大

电解电容容量较大，形似圆柱状，在外壳封装上有极性标志，且容量的标识方法是直接标在塑料外壳的表面上。

如：“1 μF 50 V”⟶容量为1 μF，耐压值为50 V

3.3.3　电容器的简单测量

电容器的隔直流作用和充放电特性，可用万用表电阻挡进行简单的测试。对于容量为几万皮法的电容，应当用万用表电阻挡 $R \times 10$ kΩ 挡测试。当表笔接触电容时，可见指针偏转一定角度后立即返回原处，指针偏转越大，表明容量越大；指针偏转后不返回原处，表明漏电大；指针根本不动，不是说明容量小看不出指针偏转，就是说明电容器开路；指针偏转到满刻度（电阻为零），并且不返回，说明电容器短路（或被击穿）。电容器开路和短路均不能使用。

3.3.4　电容器在使用中应注意的问题

1）测量误差不能过大。特别是用于谐振回路的电容，不但要求误差小，而且要求介电损耗小（漏电小，则绝缘电阻大）。

2）可变电容的动片组应接电路中的零电位。

3）不同特性的电容不可随意代替。例如用于低电频电路中的涤纶电容不可用于高频电路。

4）电解电容的极性不可接反。

5）电容两端的电压（包括脉冲电压）不能大于电容器的额定工作电压。

6）漏电大（绝缘电阻小）的电容不能用。

3.4 电感器

电感器通常称电感线圈,是采用漆包线或纱布线一圈接一圈地绕在绝缘管、磁芯(磁棒)或铁芯上的一种元件,它是利用电磁感应原理制成的。在交流电路中,线圈有阻碍交流电流通过的作用,而对稳定的直流电流却不起作用,所以线圈在电路中起阻流、降压、负载用。常见的电感器有两大类:一种是应用自感作用的自感线圈,另一种是应用互感作用的变压器。

3.4.1 电感线圈的电感量和单位

电感量又称电感系数,是表示电感能力的物理量,用字母 L 表示。其基本单位为亨利(H),常用单位有毫亨(mH)和微亨(μH)。

$$1\ \text{H} = 10^3\ \text{mH} = 10^6\ \mu\text{H}$$

3.4.2 电感线圈的简单测量

用万用表欧姆挡测量其直流电阻,如果阻值较小说明正常,如果阻值很大甚至指针不摆动,说明线圈断线。

3.4.3 电感线圈的使用注意事项

1)在使用线圈时应注意不要随便改变线圈形状的大小和线圈间的距离,否则会影响线圈原来的电感量,尤其对高频线圈更应注意。

2)线圈的装配位置与其他元件的位置应符合设计规定,否则将影响整机正常工作。

3.5 二极管

3.5.1 二极管的符号

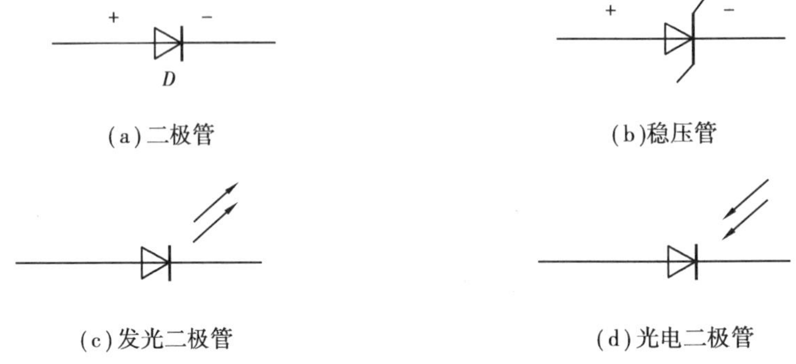

(a)二极管　(b)稳压管　(c)发光二极管　(d)光电二极管

图 3.7　二极管符号

3.5.2　二极管的种类

二板管的种类
- 按用途分：整流二极管、检波二极管、稳压二极管、开关二极管、发光二极管等。
- 按材料分：硅材料二极管、锗材料二极管。
- 按结构特点分：点接触和面接触二极管。

3.5.3　极管的极性判别

根据二极管的正向电阻小、反向电阻大的特点，用万用表的欧姆挡判别二极管的极性。

1）将万用表置于 R×100 或 R×1 K 挡，两表笔分别接触二极管的两管脚，如果万用表指出的是几百欧姆的小阻值，则黑表笔接的为二极管的正极。红表笔接的为二极管的负极，如图 3.8(a)所示。

2）将万用表置于 R×100 或 R×1 K 挡，两表笔分别接触二极管的两管脚。如果万用表指出的是几百千欧姆的阻值，则红表笔接的为二极管的正极。黑表笔接的为二极管的负极，如图 3.8(b)所示。

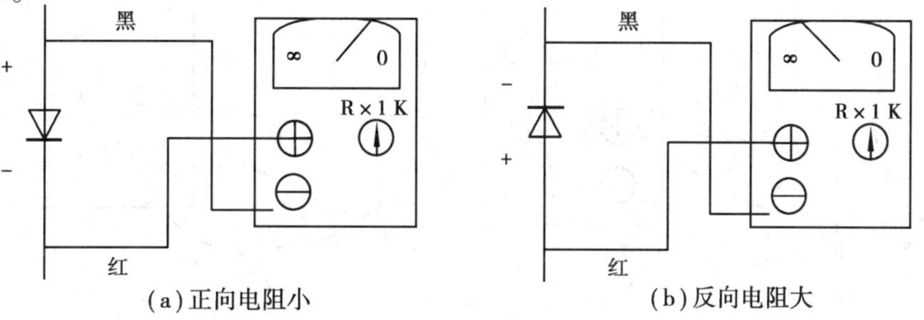

图 3.8　二极管的极性判别

3.5.4　二极管的质量判别

用万用表 R×100 或 R×1 K 挡，分别测二极管的正、反向电阻，两者相差越大越好。如果正、反向电阻为无穷大，表明内部断线；正、反向电阻均为零，表明 PN 结击穿或短路；如果正、反向电阻相差不大，这样的二极管性能差或失效。

3.6　三极管

3.6.1　三极管的符号

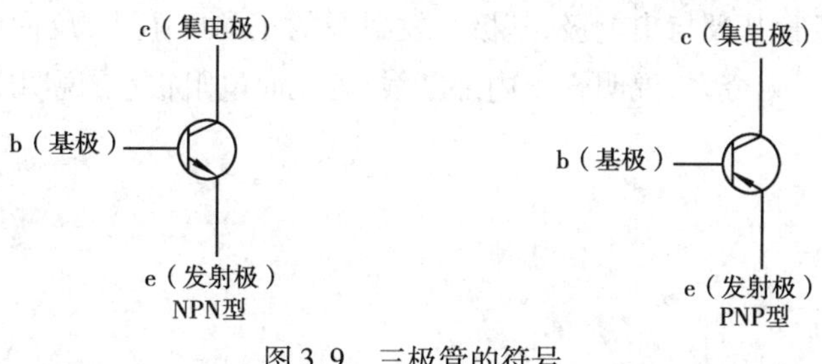

图 3.9　三极管的符号

3.6.2 三极管的种类

三板管的种类
- 按材料分:硅材料、锗材料。
- 按制造工艺分:合金三极管、扩散三极管、台面三极管、平面及外延三极管。
- 按电性能分:低频小功率、低频大功率、高频小频率、高频大功率、低噪声管、开关管、高反压三极管和 AGC 三极管等。

3.6.3 三极管的管脚判别

1)首先找出 b(基极):以 NPN 型为例。用万用表 R×1 K 挡,黑表笔接三极管的某一个脚,红表笔分别接另外两脚,测得两次阻值均小的,黑表笔接的是 b 极(如果红表笔接三极管的某一个脚,黑表笔分别接另外两脚,测得两次阻值均小的,红表笔接的是 b 极。且是 PNP 型),如图 3.10(a)、(b)。

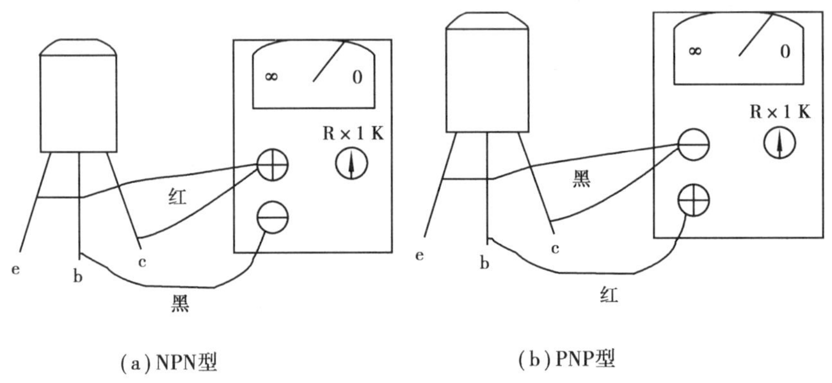

(a)NPN型　　(b)PNP型

图 3.10 判断三极管的基(b)极

2)再找出 c(集电极):利用三极管正向电流放大系数比反向电流放大系数大的原理可确定集电极。

用万用表 R×1 K 挡,红、黑表笔分别接三极管余下的两脚,再黑表笔和 b 极之间加一人体电阻,若万用表指针偏转角度很大。则黑表笔接的是 c 极,对于 PNP 型,则偏转角度大的红表笔接的是 c 极。

3.6.4 三极管的好坏检测

用万用表测量极间电阻的大小,可以判断管子的好坏。

用万用表测三极管基极与集电极、基极与发射极的正向电阻小,反向电阻大,说明管子是好的;若正向电阻趋于无穷大,说明管子内部断线;若反向电阻很小,说明管子击穿。

3.6.5　使用三极管的注意事项

1）三极管接入电路前，首先要弄清管型、管脚，否则轻者电路不能正常工作，重者要导致管子的损坏。

2）焊接时，一般采用 20 W 的电烙铁。

3）带电时，不能用万用表电阻挡测极间电阻，也不能带电拆装。

4）大功率管，应按要求配上合适的散热片。

3.7　半导体集成电路

集成电路是一种新型的电子器件，它将晶体管、电阻、电容及连接线按特定电路的要求，制作在一块硅片上，并封装于一个外壳之中而构成的，简称 IC。

集成电路的特点是：集成度高、体积小、重量轻、成本低（便于大量生产）、可靠性好、稳定性好、电路特性易于一致（互换性好）等。

3.7.1　集成电路分类

（1）按制造工艺和结构分

集成电路
- 半导体集成电路
- 膜集成电路（又可分为薄膜、厚膜两类）
- 混合集成电路

通常提到的集成电路指的是半导体集成电路，也是应用最广泛、品种最多的集成电路。膜（薄、厚）电路和混合电路一般用于专用集成电路，通常称为模块。

（2）按集成度分

集成电路
- 小规模
- 中规模
- 大规模
- 超大规模

一般常用集成电路以中、大规模电路为主，超大规模电路主要用于存储器及计算机 CPU 等专用芯片上。

（3）按使用功能分

按使用功能划分集成电路是国外很多公司的通用方法，一些国际权威数据商就是按使用功能划分集成电路数据资料的。

- 集成电路
  - 音频/视频电路
    - 音频放大器,音频/射频信号处理器
    - 视频电路,电视电路
    - 音频/视频数字电路
    - 特殊音频/视频电路
  - 数字电路
    - 门电路,触发器,计数器,加法器,延时器,锁存器
    - 算术逻辑单元,编码/译码器,脉冲产生/多谐振荡器
    - 可编程逻辑电路(PAL,GAL,FPGA,ISP)
    - 特殊数字电路
  - 线性电路
    - 放大器,模拟信号处理器
    - 运算放大器,电压比较器,乘法器
    - 电压调整器,基准电压电路
    - 特殊线性电路
  - 微处理器
    - 微处理器,单片机电路
    - 数字信号处理器(DSP)
    - 通用/专用支持电路
    - 特殊微处理器电路
  - 存储器
    - 动态/静态 RAM
    - ROM,PROM,EPROM
    - 特殊存储器件
  - 接口电路
    - 缓冲器,驱动器
    - A/D,D/A,电频转换器
    - 模拟开关,模拟多路器,数字多路/选择器
    - 取样/保持电路
    - 特殊接口电路
  - 光电电路
    - 光电通讯/传送器件
    - 发光器件,光接收器件
    - 光电耦合器,光电开关器件
    - 特殊光电器件

3.7.2 集成电路引脚的识别

集成电路引脚的排列是有一定规律的,可以按照图 3.11 所示进行引脚识别。

3.7.3 集成电路使用时的注意事项

1)电路在使用时不允许超过极限值。

2)集成电路使用温度一般在 -30 ~ 85 ℃之间,在系统安装时应尽量远离热源。

3)如用于焊接时,不宜使用大于 20 W 的电烙铁,连续焊接时间不超过 5 s。不能在一个焊点连续焊接多次,否则温度过高把集成电路焊坏,且严禁虚焊。

4)更换集成电路要切断电源。

5)所有不用的输入端不能悬空,应按工作性能的要求接电源或接地。

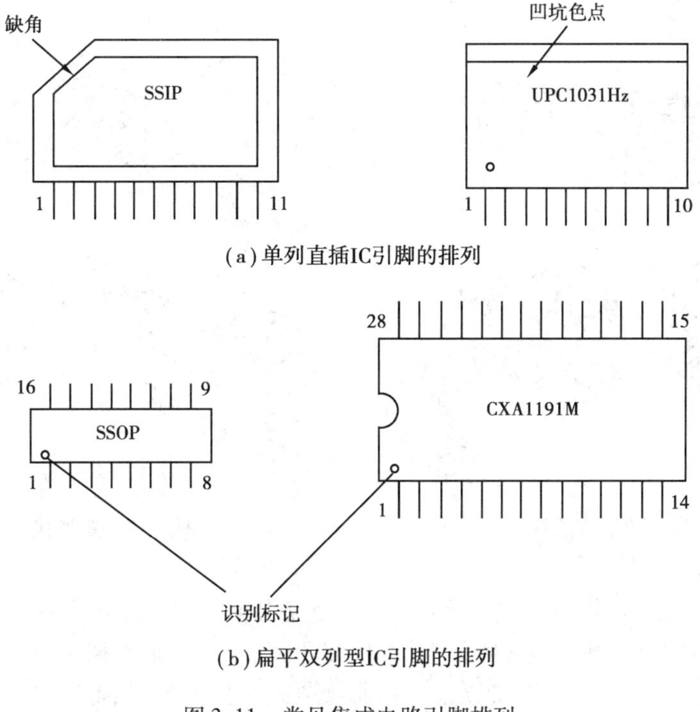

图3.11 常见集成电路引脚排列

3.8 开关及插接件

开关、接插元件大多是串接在电路中,其质量及可靠性直接影响电子系统或设备的可靠性。其中突出的问题是接触问题,接触不可靠不仅影响电路的正常工作,而且也是噪声的重要来源之一。合理地选择和正确使用开关及接插件,将会大大降低电子设备的故障率。影响开关和接插元件质量及可靠性的主要因素是温度、湿度、工业气体和机械振动等。温度、湿度、工业气体也易使触点氧化,致使接触电阻增大,绝缘性能下降,振动易使接触不稳。为此选用时,应根据产品的技术条件规定的电气、机械、环境、动作次数、镀层等合理的选择。

3.8.1 常用接插件

按工作频率分为:低频接插件,通常是指频率在100 MHz以下的连接器。高频接插件,指频率在100 MHz以上的连接器,这类连接器在结构上就要考虑高频电场的泄漏、反射等问题。由于一般都采用同轴结构与同轴线相连接,所以,也常称为同轴连接器。此外,也可按外形结构特征分为:常见的圆形、矩形、印刷板插座、带状电缆接插件等。

(1)圆形接插件

这种接插件如图3.12所示,俗称航空插头插座。它有一个标准的旋转锁紧机构,并有多接点和插拔力较大的特点,连接较方便,抗振性极好,同时还容易实现防水密封以及电场屏蔽等特殊要求。适用于大电流连接,广泛用于不需经常插拔的电气之间及电气与机械之间的电路连接中。本类连接器接点数量从两个到近百个,额定电流可从1 A到数百A,工作电压均在

300 V ~ 500 V 之间。

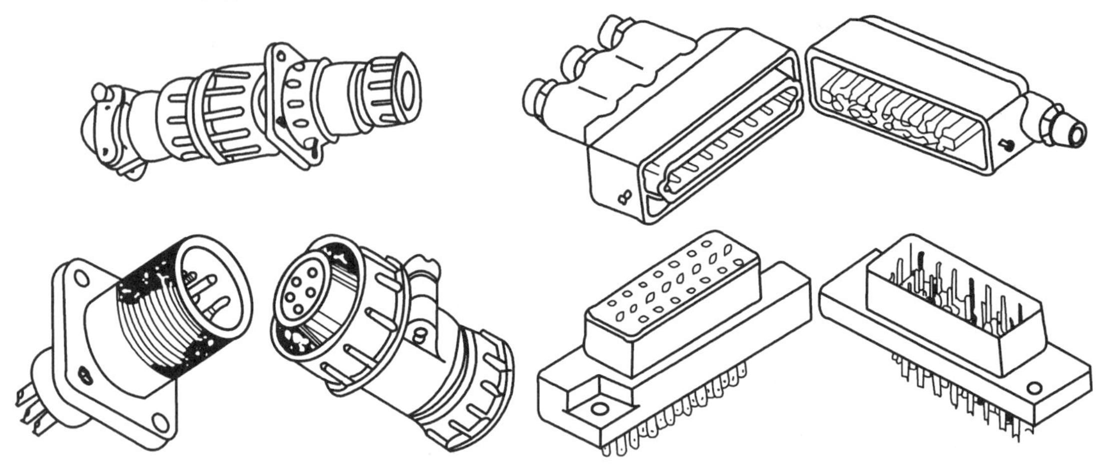

图 3.12　圆形接插件　　图 3.13　矩形接插件

(2)矩形接插件

矩形排列能充分利用空间位置,所以,被广泛应用于机内互连。当带有外壳或锁紧装置时,也可用于机外的电缆和面板之间的连接,如图 3.13 所示。本类插头座可分为插针式和双曲线簧式,带外壳和不带外壳式,带锁紧式和非锁紧式。接点数目、电流、电压均有多种规格。根据电路要求,可查手册。

(3)印刷板接插件

印刷板接插件的结构形式有直接型、插针型、间接型等,如图 3.14 所示。选用时可查手册。

(4)扁平排线接插件

这种连接器的端接方法不需触接,而是靠刀口刺破电缆的绝缘层,实现接点连接的目的。因此,也称绝缘—位移—接触连接器,见图 3.15 所示。

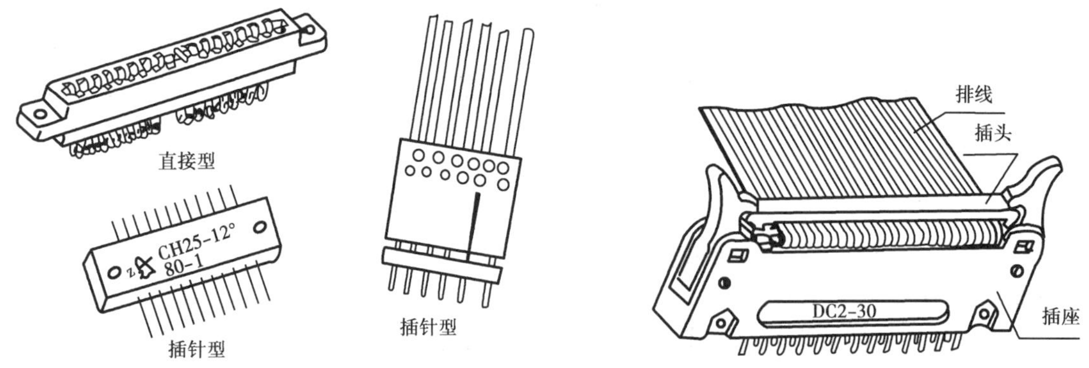

图 3.14　印刷板接插件　　图 3.15　扁平排线接插件

本类连接器接触可靠,适用于微弱信号连接,多用于计算机及外部设备中。

(5)其他连接件

1)接线柱:常用于仪器面板的输入、输出接点,种类很多,见图 3.16 所示。

2)接线端子:常用于大型设备的内部接线,见图 3.17 所示。

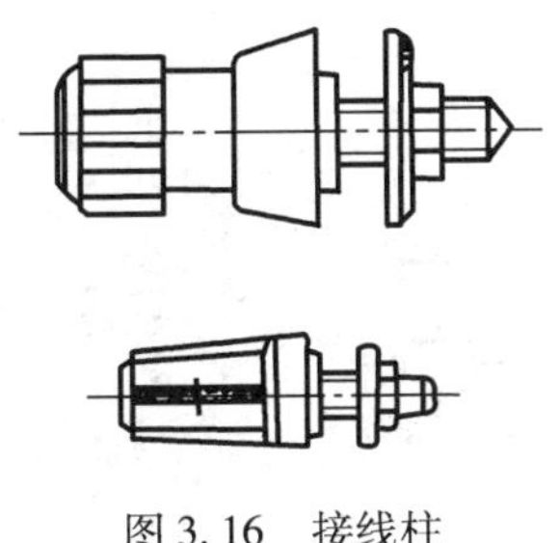

图3.16　接线柱

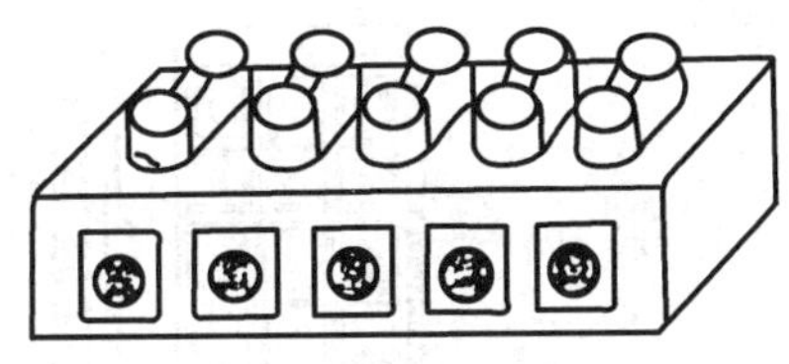

图3.17　接线端子

3.8.2　开关

开关在电子设备中作接通和切断电路用,其中大多数都是手动式机械结构。由于此结构操作方便,价廉可靠,目前使用十分广泛。随着新技术的发展,各种非机械结构的开关不断出现,如气动开关、水银开关以及高频振荡式、电容式、霍尔效应式的各类电子开关。常用的机械结构开关有:波段开关、展型开关、按钮开关、键盘开关、琴键开关、钮子开关和拨动开关等。下面介绍几种常用的机械结构开关。

(1)波段开关

波段开关见图3.18所示。该开关分为大、中J型,接点靠切入或咬合接触。有多刀位、多层型,绝缘基体可分瓷质、玻璃丝板等。波段开关多用几刀几掷为主要规格,使用中通过旋转,几刀联动,同时切断或接通电路。波段开关一般工作电流为0.05~0.3 A,电压为50~300 V,与波段开关相似的一种开关称为展型开关,它的接点是簧片,靠摩擦接触。

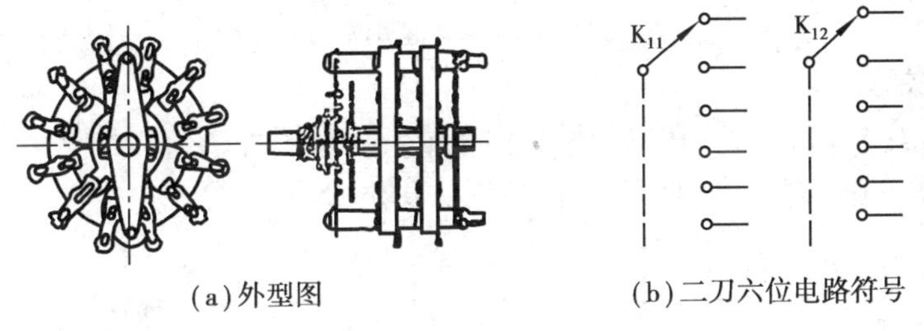

(a)外型图　　(b)二刀六位电路符号

图3.18　波段开关

(2)按钮开关

按钮开关见图3.19所示。该开关分大、小型,形状多为圆形和方形。其结构主要有簧片式、组合式、带灯与不带灯等结构。按下电路接通,松开电路断开,多用于电子设备的接触开关。

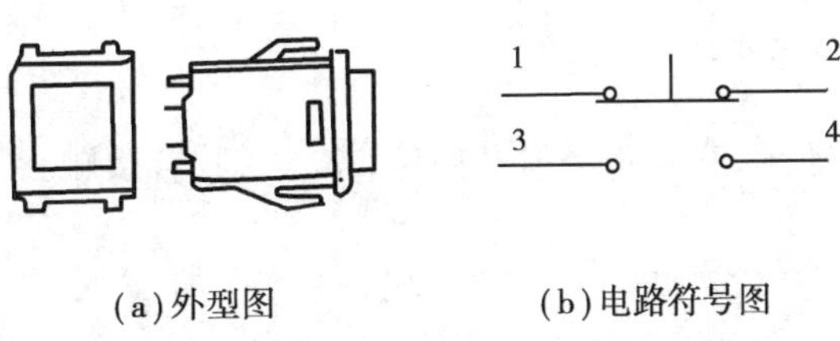

(a)外型图　　(b)电路符号图

图3.19　按钮开关

(3)键盘开关

键盘开关见图3.20所示,用于计算机或计算机中的快速通断。键盘有数码键、符号键,其接触形式有簧片式、导电橡胶式等。

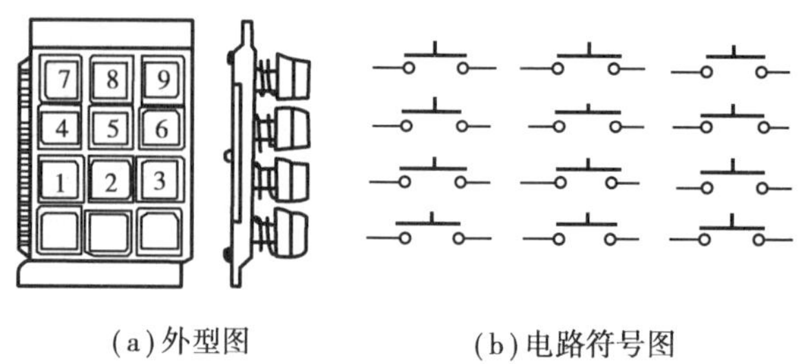

(a)外型图　　(b)电路符号图

图 3.20　键盘开关

(4)琴键开关

琴键开关见图 3.21(a)所示,属于摩擦式接触,锁紧形式有:自锁、互锁、无锁、互锁复位;有单键,也有多键等形式,电路符号见图 3.21(b)所示。

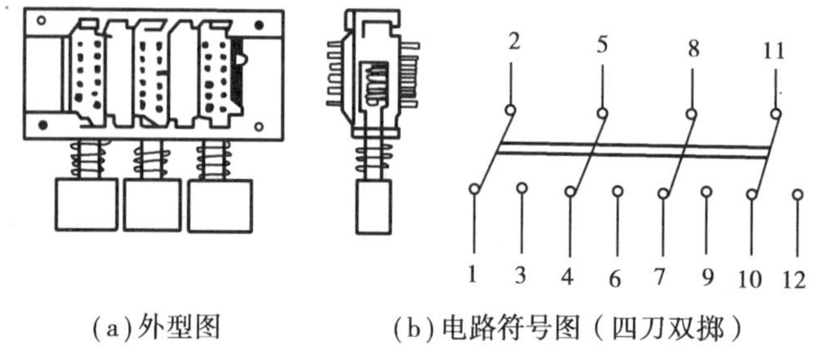

(a)外型图　　(b)电路符号图(四刀双掷)

图 3.21　琴键开关

(5)钮子开关

钮子开关见图 3.22 所示。在电子设备中是最常用的一种,它有大、中、小和超小型。有单刀、双刀和三刀等,触点有单掷、双掷,工作电流从 0.5 ~5 A 不等。

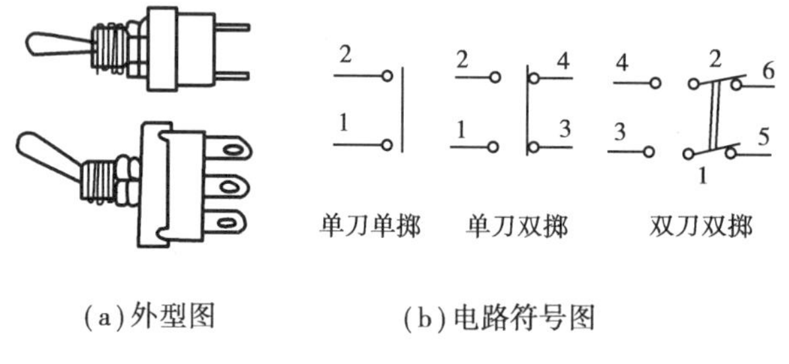

(a)外型图　　(b)电路符号图

图 3.22　钮子开关

(6)拨动开关

拨动开关见图 3.23 所示,它是水平滑动换位,切入式咬合接触。常用于计算机、收录机等电子产品中。

(7)拨码开关

常用的拨码开关有单刀十位(0 ~9)二刀二位(十、一)和 8421 码拨码开关三种,图 3.24 所示为电子设备中常用的较多的 8421 码拨码开关。这种拨码开关常用于有数字预置功能的电路中,图 3.25 所示为它的等效电路。A 为公共端,一般接高电平,当码盘拨到 0 ~9 中某一值时,盘内相应的开关闭合,输出了 8421BCD 码。例如,在图 3.24 中,码盘拨到 5,则相当于图 3.25 中的4,1

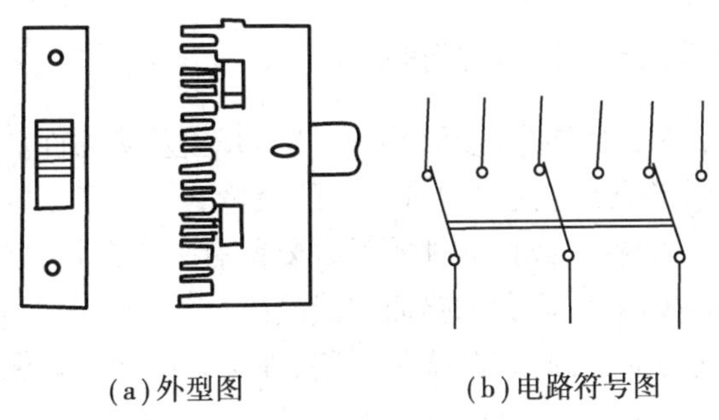

图 3.23　拨动开关

两个开关闭合时接触电阻小于 0.1 Ω,额定工作电压约 27 V,额定工作电流 50 mA。

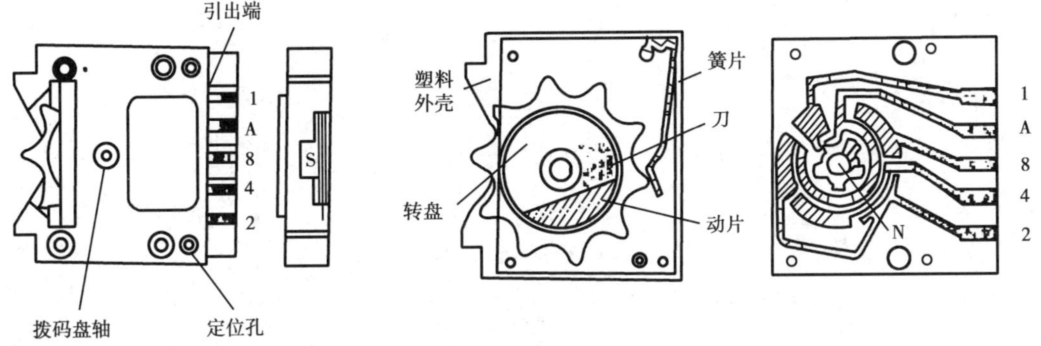

图 3.24　8421 码拨码开关外型及内部结构

(8)薄膜按键开关

薄膜按键开关又简称薄膜开关,它是近年来国际流行的一种集装饰与功能为一体化的新型开关。和传统的机械式开关相比,具有结构简单外形美观、密封性好、保新性强、性能稳定、寿命长(达 100 万次以上)等优点,目前被广泛用于各种微电脑控制的电子设备中。图 3.26 是一种薄膜开关的结构。

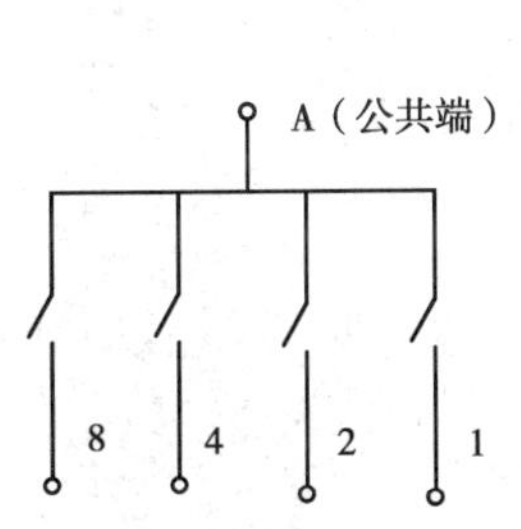

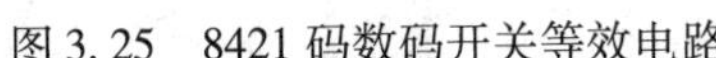

图 3.25　8421 码数码开关等效电路

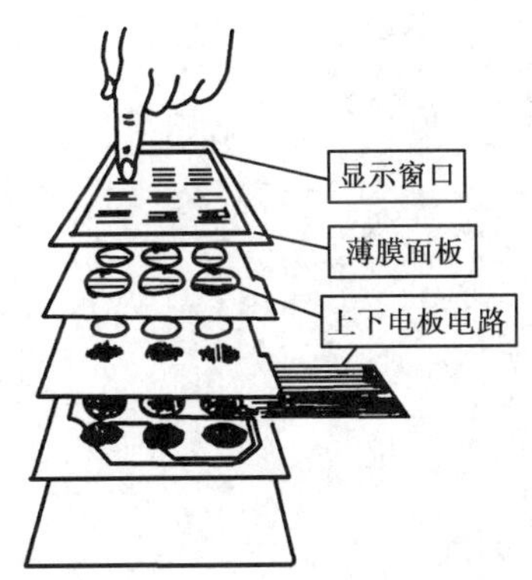

图 3.26　薄膜开关的结构图

薄膜开关按基材不同、可分为软性和硬性两种,按面板类型不同,可分为平面型和凹凸型;按操作感受又可分为触觉有感式和无感式。

薄膜开关工作电压一般在 36 V(DC)以下,工作电流一般在 100 mA 以下,开关只能瞬时接通且不能自锁。

3.8.3 选用开关及接插件应注意的问题

1)首先在根据使用条件和功能来选择合适类型的开关及接插件。

2)开关、接插件的额定电压、电流要留有一定的余量。

3)为了接触可靠,开关的触点或接插件的线数要留有一定余量,以便并联使用或备用。

4)尽量选用带定位的接插件,避免插错而造成故障。

5)触点的接线和焊接可靠,为防止断线和短路,焊接处应加套管保护。

第 4 章
焊接技术

任何电子产品,从几个零件构成的整流器到成百上千,到上万个零件组成的计算机硬件系统,都是由基本的电子元器件和功能构件,按电路工作原理,用一定的工艺方法连接而成。

打开一个电子产品,焊点少则几十几百,多则几万个。如果其中任何一个出现故障,都可能影响到整机的工作。要想从成千上万的焊点中找出失效的焊点,无疑是大海捞针。因此,每一个焊点的质量,都成为产品质量和可靠性的基本的、重要的环节。而一直以来,焊接技术也正是电子制造技术中一项非常重要的技术。

电子产品的故障很多,但是有人做过统计,电子产品的故障中除元器件原因外,绝大多数是由于焊接质量不佳而引起的,因而掌握熟练的焊接操作技能是必要的。

4.1 焊接工具

4.1.1 电烙铁

电烙铁是焊接电子元器件及接线的主要工具,选择合适的电烙铁,合理地使用它,是保证焊接质量的基础。

常见的电烙铁有三种:一是恒温式电烙铁,二是外热式电烙铁,三是内热式电烙铁。

(1)恒温式电烙铁

其特点是恒温装置在烙铁本体内,核心是装在烙铁头上的强磁体传感器,结构如图 4.1 所示。强磁体传感器有一个特性,能够在温度达到某一点(称为居里点,因磁体成分而异)时磁性消失。这一特征正好用来作为磁控开关来控制加热元件的通断,从而控制烙铁的温度。

(2)外热式电烙铁

外热式电烙铁是由烙铁头、烙铁芯、外壳、手柄等组成,由于烙铁头安装在烙铁芯里面,故称为外热式电烙铁,结构如图 4.2 所示。

外热式电烙铁的规格很多,常用的有 35 W,45 W,75 W,100 W 等,功率越大,烙铁头的温度也就越高。

烙铁芯是电烙铁的关键部件,它是将电热丝平行地绕制在一根空心瓷管上构成,中间用云母片绝缘，并引出两根导线与220 V交流电源连接，烙铁芯的结构如图4.3所示。

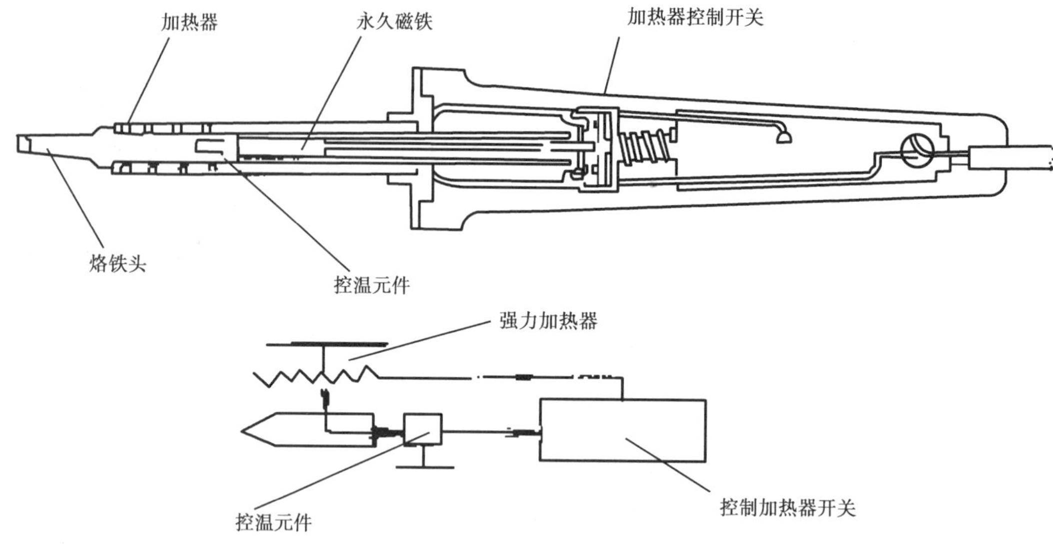

图4.1　恒温式电烙铁的内部结构

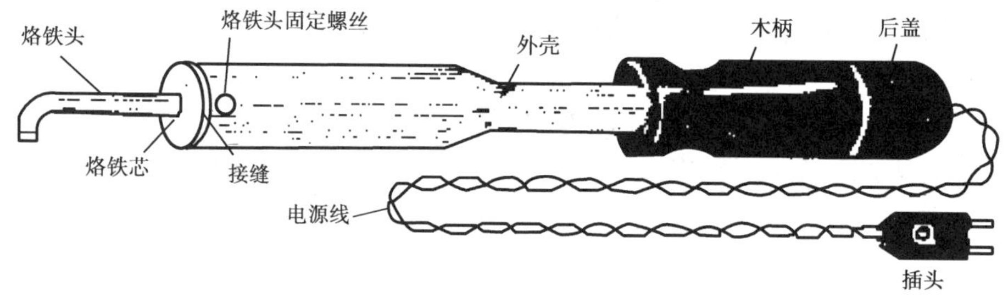

图4.2　外热式电烙铁

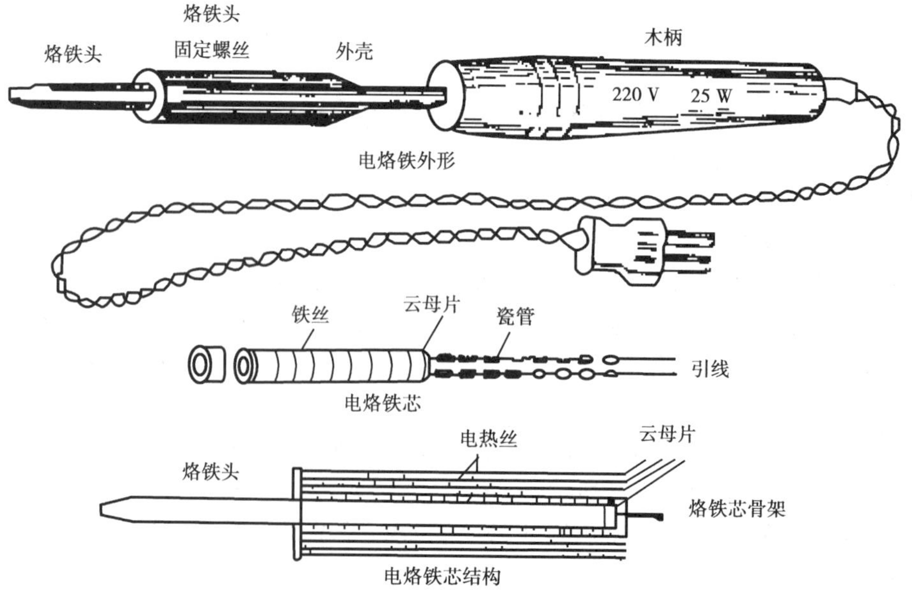

图4.3　烙铁芯的结构

(3)内热式电烙铁

内热式电烙铁是由铜头、芯子、弹簧夹、连接杆、塑料手柄组成，由于烙铁芯安装在烙铁头里面，因而发热快，热的利用率高。其结构如图4.4所示。

内热式电烙铁的特点是体积小、重量轻、发热快、效率高、使用起来很方便，所以得到了普遍的应用。

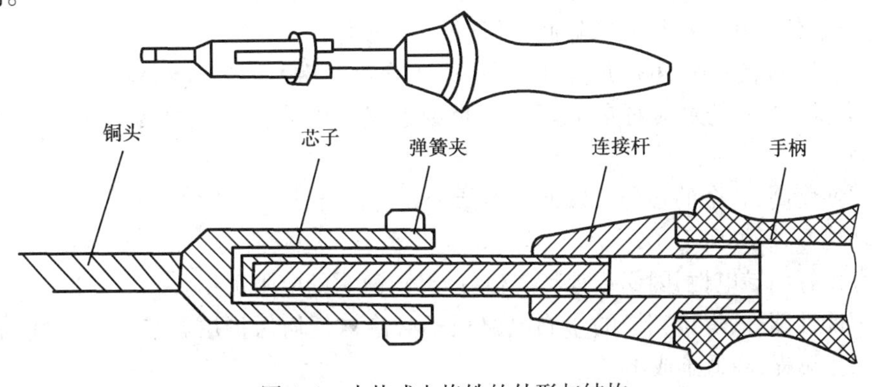

图4.4　内热式电烙铁的外形与结构

4.1.2　使用电烙铁的注意事项

(1)新烙铁在使用前的处理

一把新烙铁不能拿来就用，必须对烙铁头进行处理后才能正常使用，就是说在使用前先给烙铁头镀上一层焊锡。通俗叫“吃锡”，具体方法是首先用锉刀把烙铁头按需要锉成一定的形状，然后接上电源，当烙铁头的温度升至能熔锡时，将松香涂在烙铁头上，等松香冒白烟后再涂上一层焊锡，铜头表面就附上了一层光亮的锡，烙铁就能使用了。

(2)防止烙铁“烧死”

烙铁头经过一段时间的使用后，会发生表面凹凸不平，而且氧化层严重，所以它不粘锡，这就是人们常说的“烧死”了，也称为“不吃锡”。这时候必须重新镀上锡，方法与新烙铁上锡方法一样。

为延长烙铁头的寿命，必须注意以下几点：

1)经常用湿布，浸水海绵搽拭烙铁头，以保持烙铁头良好的挂锡，并可防止残留助焊剂对烙铁头的腐蚀。

2)进行焊接时，应采用松香酒精溶液。

3)焊接完毕时，烙铁头的残留焊锡应继续保留，以防止再次加热时出现氧化层。

4)不论是内热式或外热式烙铁，使用一段时间后，均需取下烙铁头，清除黑色氧化物，这种氧化物积存过多，不仅影响传热，还会因氧化物膨胀，使烙铁头很难取下。

4.2　焊料与助焊剂

4.2.1　焊料

焊料是指易熔的金属及其合金，它的作用是将被焊物连接在一起，焊料的熔点比被焊物的熔点低,而且要易于与被焊物连为一体。

焊料按其组成成分,可分为锡铅焊料、银焊料、铜焊料。锡铅焊料中,熔点在450°以上的称为硬焊料,熔点在450°以下的称为软焊料。为能使焊接质量得到保障,根据被焊物的不同,选用不同的焊料是很重要的。在电子产品装配中,一般都选用锡铅焊料,通常叫焊锡。

(1)焊锡具有以下优点

1)熔点低,使焊接时加热温度降低,可防止元件损坏。

2)熔点和凝固点一致,可使焊点快速凝固,不会因半融状态时间间隔长而造成焊点结晶疏松,强度降低,这一点尤其对自动焊接有重要意义。因为自动焊接传输中不可避免存在振动。

3)机械强度高,合金的各种机械强度均低于纯锡和铅。

4)流动性好,表面张力小,有利于提高焊接质量。

5)具有良好的导电性,因锡铅焊料属良好导体,故它的电阻很小。

6)抗腐蚀性能好,焊接完毕的印刷电路板不必涂抹任何保护层就能抵抗大气的腐蚀,从而减少了工艺流程,降低了成本。

由于锡铅焊料是由两种以上的金属按照不同比例组成的,因此,锡铅合金的性质,就要随着锡铅的配比变化而变化。

(2)常用的焊锡配比

表4.1 常用的焊锡配比

锡 60%	铅 40%	—	熔点 182 ℃
锡 50%	铅 32%	镉 18%	熔点 145 ℃
锡 35%	铅 42%	铋 23%	熔点 150 ℃

焊锡除铅和锡外,不可避免有其他微量金属。这些微量金属就是杂质,它们的含量超过一定限量就会对焊锡性能产生影响。

(3)杂质对焊锡性能的影响

表4.2 杂质对焊锡性能的影响

杂 质	对焊料的影响
铜	黏性增大,熔点上升,焊印制电路板时出现桥接和拉尖
锌	降低涵料的流动性,使焊料失去光泽,焊印制电路板时出现桥接和拉尖
铝	降低焊料的流动性,使焊料失去光泽,尤其是腐蚀性增强,症状很像锌
锑	抗拉强度增大,但变脆,电阻大,降低流动性,为增加硬度,有时可加进4%以下
铋	硬而脆,熔点下降,光泽变差,为增加耐寒性,需要时可加入微量
铁	量很小就饱和,熔点上升,难于焊接

4.2.2 助焊剂

助焊剂就是用于清除氧化膜的一种专用材料。

在进行焊接时,未能使被焊物与焊料焊接牢靠,就必须要求金属表面无氧化物和杂质,只有这样才能保证焊锡与被焊物的金属表面因固体结晶组织之间发生合金反应,即原子钻台的相互扩散。因此,在焊接开始之前,必须采取各种有效措施将氧化物和杂质除去,使焊锡和金属表面顺利融合。

(1)助焊剂的三大作用

1)氧化膜。其实质是助焊剂中的氯化物,酸类同氧化物发生还原反应,从而除去氧化物,反应后的生成物变成悬浮的渣,漂浮在焊料表面。

2)防止氧化。液态的焊锡及加热的焊件金属都容易与空气中的氧接触而氧化。助焊剂在氧化后,漂浮在焊料表面,形成隔离层,因而防止了焊接面的氧化。

3)减小表面张力,增加焊锡的流动性,有助于焊锡润湿焊件,使焊锡迅速流到焊接部位,缩短焊接时间,提高焊接质量。

(2)助焊剂的种类

1)无机系列助焊剂。主要成分是氯化锌或氯化氨以及其他的混合物。这种助焊剂最大的优点是具有很好的助焊作用,但是具有强烈的腐蚀性,如果对残留焊剂清洗不干净,就会造成被焊物的损坏,所以不能用于电子元件的焊接。

2)有机系列助焊剂。主要是由有机酸卤化物组成。它的特点是助焊性能好,可焊性高,不足之处是有一定的腐蚀性,而且热稳定性差,即一经加热,便迅速分解,然后留下无活性残留物。

3)树脂系列助焊剂。最常用的是在松香焊剂中加入活性剂,松香酒精焊剂是用无水乙醇配制成的乙醇溶液,它的优点是价廉,没有腐蚀性,绝缘性能好,焊接后清洗容易,并形成膜层覆盖焊点,使焊点不被氧化腐蚀。

4.3　焊接工艺

4.3.1　锡焊机理

锡焊必须将焊料、焊件同时加热到最佳焊接温度,然后不同金属表面相互浸润、扩散,最后形成多组织的结合层。初步了解锡焊这一基本原理后,有助于理解焊接工艺的各种要求,并能尽快掌握手工焊接方法。

(1)焊料对焊件的浸润

熔融焊料在金属表面形成均匀、平滑、连续并附着牢固的焊料层叫浸润,也叫润湿。浸润程度主要决定于焊件的清洁程度及焊料表面张力。在焊料的表面张力小,焊件表面无油污,并涂有助焊剂,在这种条件下,焊料的浸润性能较好。浸润性能好坏一般用润湿角 θ 表示:θ 即指焊料外圆在焊件表面交接点处的切线与焊件面的夹角。如图 4.5,$\theta>90°$焊料不润湿焊件;$\theta=90°$浸润性能不良;$\theta<90°$时,θ 角越小浸润性能越良好浸润作用同毛细作用紧密相连,光洁的金属表面,放大后有着许多微小的凸凹间隙,熔化成液态的焊料借助于毛细引力沿着间隙向焊件表面扩散,形成对焊件的浸润。可见只有焊料良好地润湿焊件才能实现焊料在焊件表面的扩散。

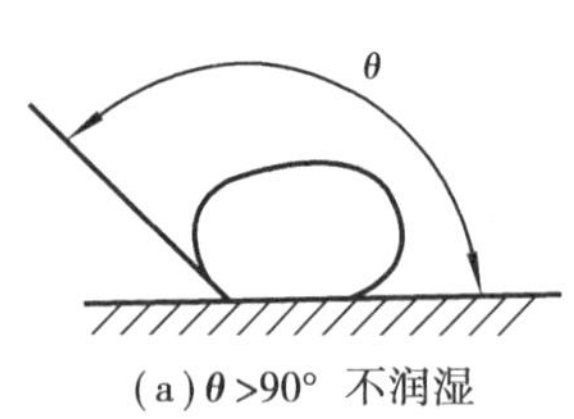

(a) θ >90° 不润湿

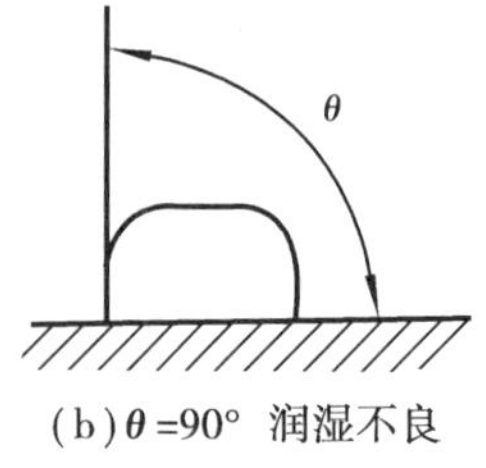

(b) θ =90° 润湿不良

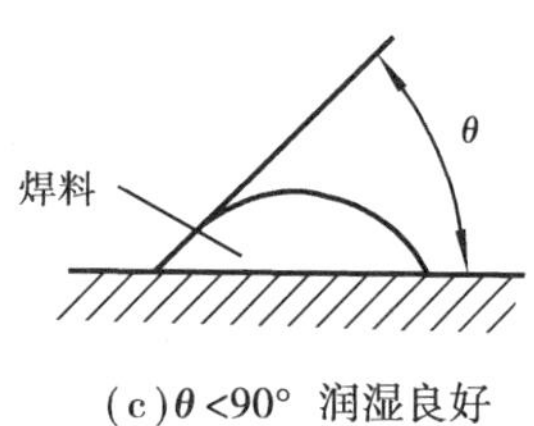

(c) θ <90° 润湿良好

图 4.5 润湿角分析

(2) 扩散

浸润是熔融焊料在被焊面上的扩散,伴随着这种表面扩散,并不仅限于表面,同时还发生液态和固态金属之间的相互扩散。如同水洒在海绵上而不是洒在玻璃板上。

粗略地理解,可以认为扩散是由于原子间的引力,而实际上两种金属之间的相互扩散,是一个复杂的物理-化学过程。例如用铅锡焊料焊接钢件,焊接过程中有表面扩散,也有晶界扩散和晶内扩散。Pb-Sn 焊料中 Pb 原子只参与表面扩散,不向内部扩散;而 Sn,Cu 原子相互扩散,这是不同金属性质决定的选择扩散。正是由于这种扩散作用,形成了焊料和焊件之间的牢固结合。

(3) 结合层

由于焊料和焊件金属彼此扩散,所以两者交界面形成多种组织的结构。仍以铅锡焊料焊接铜钟为例,在结合层中既有晶内扩散形成的共晶合金,又有两种金属生成的金属间的化合物,如 Cu_2Sn,Cu_6Sn_5等。

形成结合层是锡焊的关键,如果没有形成结合层,仅仅是焊料堆积在母材上,则成为虚焊。结合层的厚度因焊接温度,时间不同而异,一般在 3 ~ 10 μm 之间。

4.3.2 焊接前的准备

(1) 元器件引线加工成型

元器件在印刷板上的排列和安装方式有两种,一种是立式,另一种是卧式。元器件引线弯成的形状是根据焊盘孔的距离及装配上的不同而加工成型。引线的跨距应根据尺寸优选 2.5 的倍数。加工时,注意不要将引线齐根弯折,并用工具保护引线的根部,以免损坏元器件,表 4.3 列出了常用的几种引线成型尺寸的要求。

成型后的元器件,在焊接时尽量保持其排列整齐,同类元件要保持高度一致。各元器件的符号标志向上(卧式)或向外(立式),以便于检查,图 4.6 是几种成型图例。

(2) 镀锡

元器件引线一般都镀有一层薄的钎料,但时间一长,引线表面产生一层氧化膜,影响焊接。所以,除少数有良好银、金镀层的引线外,大部分元器件在焊接前都要重新镀锡。镀锡,实际上就是锡焊的核心,液态焊锡对被焊金属表面浸润,形成一层既不同于被焊金属又不同于焊锡的结合层。这一结合层将焊锡同待焊金属这两种性能、成分都不相同的材料牢固连接起来,如图 4.7 所示。而实际的焊接工作只不过是用焊锡浸润待焊零件的结合处,熔化焊锡并重新凝结的过程。

不良的镀层,未形成结合层,只是焊件表面“粘”了一层焊锡,这种镀层很容易脱落。

表4.3 元器件引线成型尺寸/mm

名 称	图 例	说 明
直角紧卧式	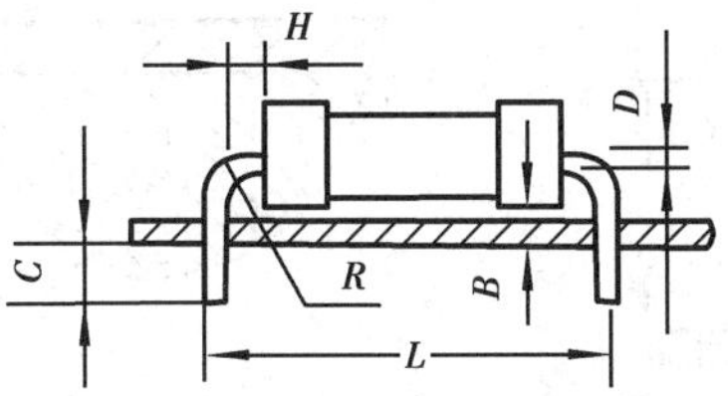	$H \geqslant 2$ $R \geqslant 2D$① $B \leqslant 0.5$ $L = 2.5n$② $C \geqslant 2$
折弯浮卧式	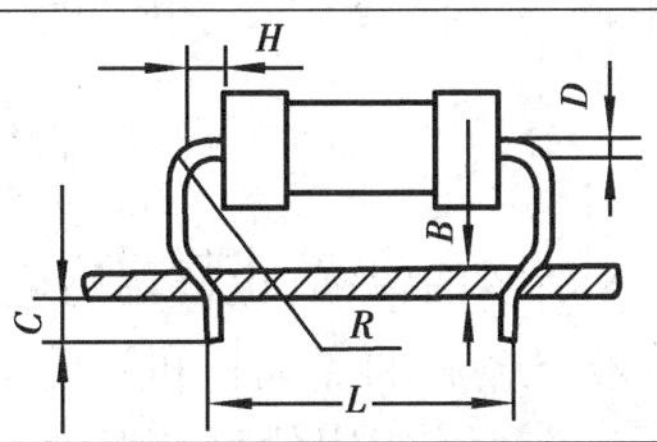	$H \geqslant 2$ $R \geqslant 2D$ $B \geqslant 4$ $L = 2.5n$ $C \geqslant 2$
垂直安装式	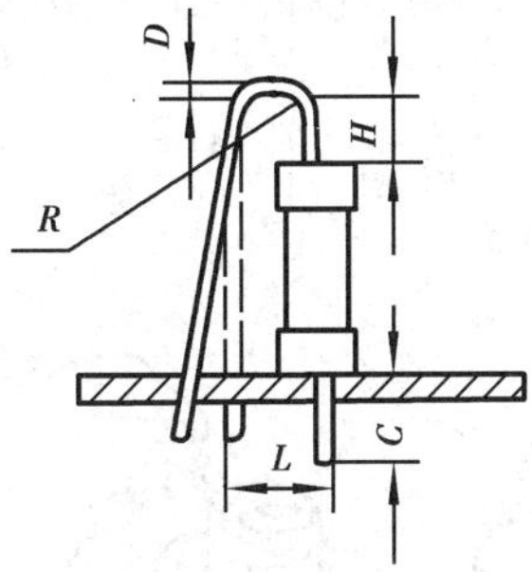	$H \geqslant 2$ $R \geqslant 2D$ $L = 2.5n$ $C \geqslant 2$
垂直浮式	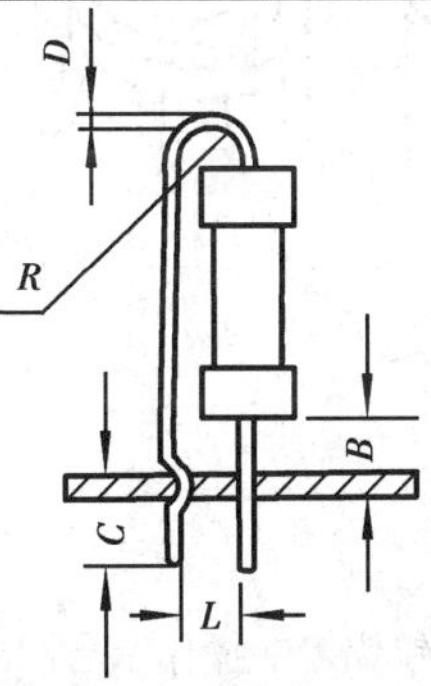	$H \geqslant 2$ $R \geqslant 2D$ $B \geqslant 2$ $L = 2.5n$ $C \geqslant 2$

注:①D为引线直径;②n为自然数

1)镀锡要点

A. 待镀面应清洁　有人以为反正锡焊时要用焊剂,不注意表面清洁。实际上焊元器件、焊片、导线等都可能在加工、存储的过程中带有不同的污物,轻则用酒精或丙酮擦洗,严重的腐蚀性污点只有用机械办法去除,包括刀刮或砂纸打磨,直到露出光亮金属为止。

B. 加热温度要足够　要使焊锡浸润良好,被焊金属表面温度应接近熔化时的焊锡温度才能形成良好的结合层。因此,应该根据焊件大小供给它足够的热量。但由于考虑到元器件承受温度不能太高,因此,必须掌握恰到好处的加热时间。

C. 要使用有效的焊剂　松香是广泛应用的焊剂,但松香经反复加热后就会失效,发黑的松香实际已不起什么作用,应及时更换。

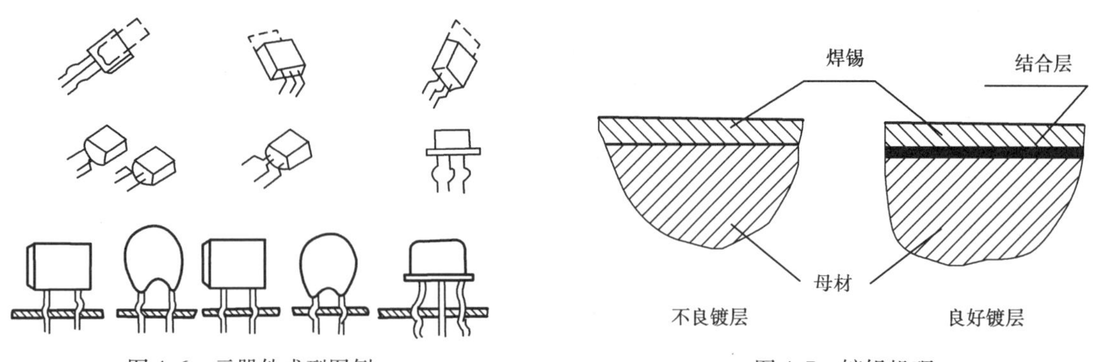

图 4.6　元器件成型图例

图 4.7　镀锡机理

2)小批量生产的镀锡

在小批量生产中,镀锡可用如图 4.8 所示的锡锅,也有用感应加热的办法做成专用锡锅。使用中要注意锡的温度不能太低,这从液态金属的流动性可判定。但也不能太高,否则,锡表面氧化较快。电炉电源可用调压器供电,以调节锡锅的最佳温度。使用过程中,要不断用铁片刮去锡表面的氧化层和杂质。

如果表面污物太多,要预先用机械办法除去。如果镀后立即使用,最后一步蘸松香水可免去,良好的镀层均匀发亮,没有颗粒及凹凸。

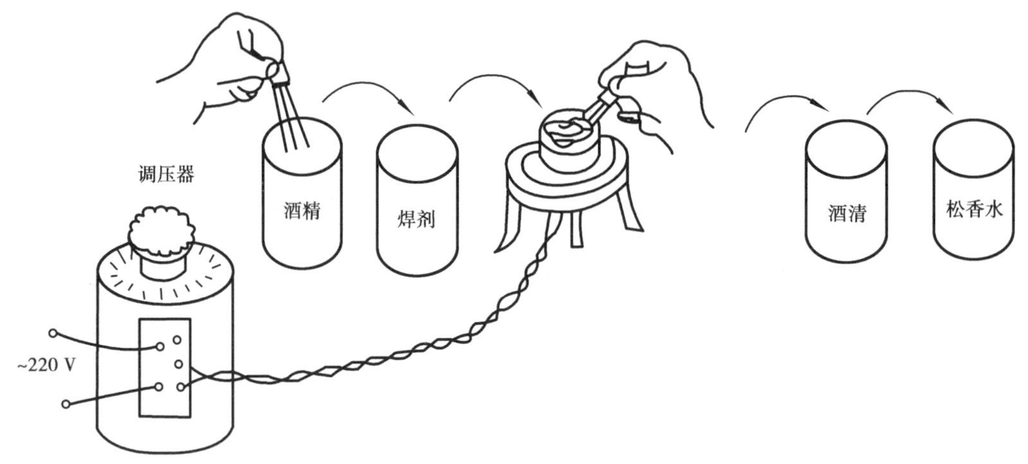

图 4.8　锡锅镀锡操作示意图

在大规模生产中,从元器件清洗到镀锡,这些工序都由自动生产线完成。中等规模的生产亦可使用搪锡机给元器件镀锡,还有一种用化学制剂去除氧化膜的办法,也是很有发展前途的措施。

值得庆幸的是,我国目前元器件可焊性研究不断取得新的成果。最新研究成功的锡体镀层能够在存储 15 个月后仍具有良好的可焊性。对此类元器件在规定期限完全可免去镀锡的工作。

3)多股导线镀锡

A. 剥导线头的绝缘皮时不要伤及线　剥导线头的绝缘皮最好用剥皮钳,根据导线直径选择合适的槽口,防止导线在钳口处损伤或有少数导线断掉,要保持多股导线内所有铜线完好无损。用其他工具(剪刀、斜嘴钳、自制工具等)剥绝缘皮时,更应注意上述问题。

B. 多股导线一定要很好地绞合在一起　剥开的导线一定要将其绞合在一起,否则在镀锡时就会散乱,容易造成电气故障。

为了保持导线清洁及焊锡容易浸润,绞合时,最好是手不要直接触及导线。可捏紧已剥断而没有剥落的绝缘皮进行绞合,绞合时旋转角一般约在30～40度,旋转方向应与原线芯旋转方向一致,如图4.9所示。绞合完成后,再将绝缘皮剥掉。

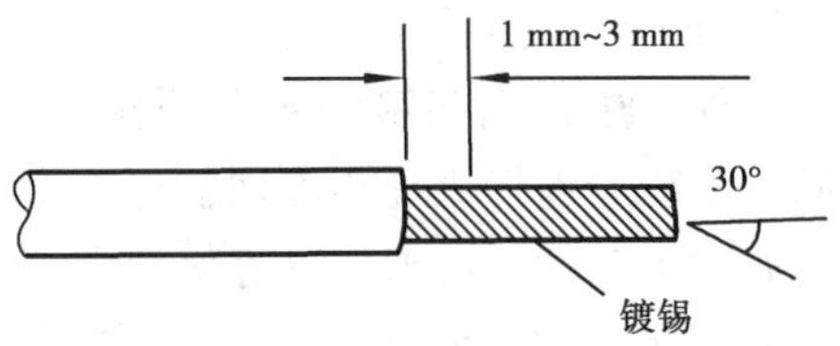

图4.9　多股导线镀锡

C. 涂焊剂镀锡要留有余地　通常镀锡前要将导线蘸松香水,有时也将导线放在有松香的木板上用烙铁给导线上一层焊剂,同时也镀上焊锡。要注意,不要让锡浸入到绝缘皮中,最好在绝缘皮前留1 mm～3 mm间隔使之没有锡,如图4.9所示,这样对穿套管是很有利的。同时也便于检查导线有无断股,以保证绝缘皮端部整齐。

4.3.3　手工烙铁焊接技术

(1)焊接操作姿势与卫生

焊剂加热挥发出的化学物质对人体是有害的,如果操作时鼻子距离烙铁头太近,则很容易将有害气体吸入。一般烙铁离开鼻子的距离应至少不小于30 cm,通常以40 cm时为宜。

电烙铁拿法有三种,如图4.10所示。反握法动作稳定,长时操作不易疲劳,适于大功率烙铁的操作。正握法适于中等功率烙铁或带弯头电烙铁的操作,一般在操作台上焊印制板等焊件时多采用握笔法。

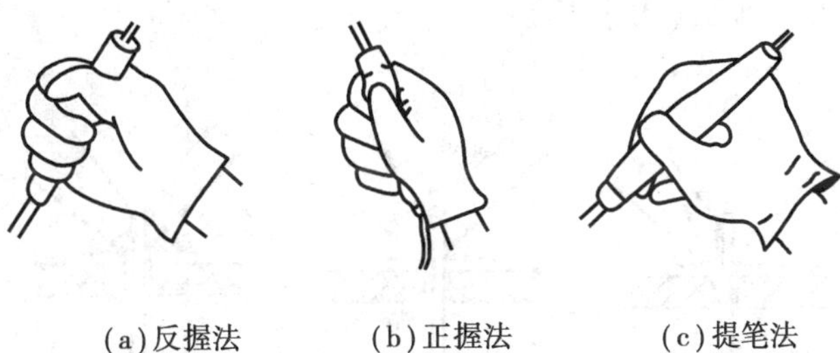

(a)反握法　(b)正握法　(c)提笔法

图4.10　电烙铁拿法

焊锡丝一般有两种拿法,如图4.11所示。由于焊丝成分中,铅占有一定比例,众所周知铅是对人体有害的重金属,因此操作时应戴手套或操作后洗手,避免食入。

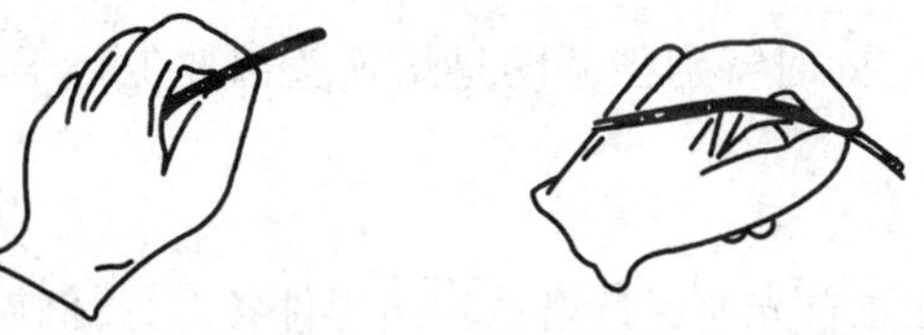

(a)连续锡焊时焊锡丝的拿法　(b)断续锡焊时焊锡丝的拿法

图4.11　焊锡丝的拿法

使用电烙铁要配置烙铁架,一般放置在工作台右前方,电烙铁用后一定要稳妥放于烙铁架上,并注意导线等不要碰到烙铁头。

(2)五步法训练

作为一种初学者掌握手工锡焊技术的训练方法,五步法是卓有成效的。

不少电子爱好者中通用一种焊接操作法，即先用烙铁头沾上一些焊锡，然后将烙铁放到焊点上停留等待加热后焊锡润湿焊件。

这种方法，是不正确的操作方法。虽然这样也可以将焊件焊起来，但却不能保证质量。从我们所了解的锡焊机理不难理解这一点。

如图 4.12 所示，当焊锡熔化到烙铁头上时，焊锡丝中的焊剂附在焊料表面，由于烙铁头温度一般都在 250 ~ 350 ℃以上，当烙铁放到焊点上之前，松香焊剂将不断挥发，而当烙铁放到焊点上时由于焊件温度低，加热还需一段时间，在此期间焊剂很可能挥发大半甚至完全挥发，因而在润湿过程中由于缺少焊剂而润湿不良。同时由于焊料和焊件温度差得多，结合层不容易形成，很难避免虚焊。更由于焊剂的保护作用丧失后焊料容易氧化，质量得不到保证就在所难免了。

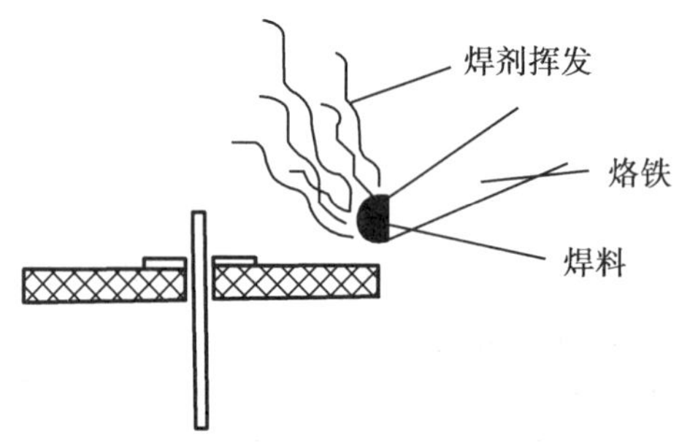

图 4.12　焊剂在烙铁上挥发

正确的方法应该是五步法(图 4.13)：

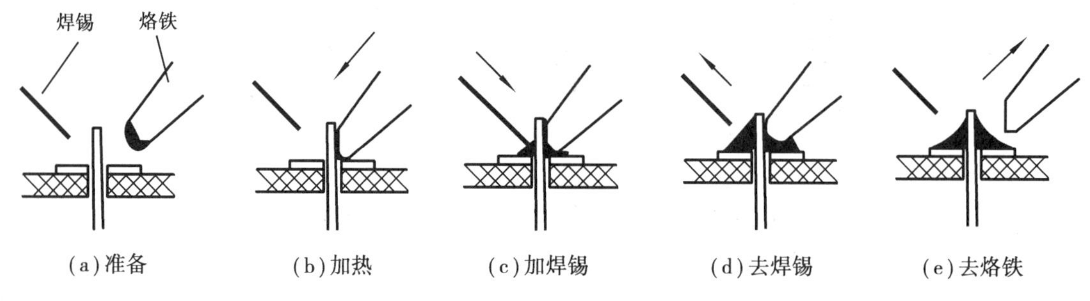

图 4.13　五步法

1)准备施焊

准备好焊锡丝和烙铁。此时特别强调的是烙铁头部要保持干净，即可以沾上焊锡(俗称吃锡)。

2)加热焊件

将烙铁接触焊接点，注意首先要保持烙铁加热焊件各部分，例如印制板上引线和焊盘都使之受热，其次要注意让烙铁头的扁平部分(较大部分)接触热容量较大的焊件，烙铁头的侧面或边缘部分接触热容量较小的焊件，以保持焊件均匀受热。

3)熔化焊料

当焊件加热到能熔化焊料的温度后将焊丝置于焊点，焊料开始熔化并润湿焊点。

4)移开焊锡

当熔化一定量的焊锡后将焊锡丝移开。

5）移开烙铁

当焊锡完全润湿焊点后移开烙铁，注意移开烙铁的方向应该是大致45°的方向。

上述过程，对一般焊点而言大约二、三秒。对于热容量较小的焊点，例如印制电路板上的小焊盘，有时用三步法概括操作方法，即将上述步骤2，3合为一步，4，5合为一步。实际上细微区分还是五步，所以五步法有普遍性，是掌握手工烙铁焊接的基本方法。特别是各步骤之间停留的时间，对保证焊接质量至关重要，只有通过实践才能逐步掌握。

（3）手工锡焊要点

以下几个要点是由锡焊机理引出并被实际经验证明具有普遍适用性。

1）掌握好加热时间

锡焊时可以采用不同的加热速度，例如烙铁头形状不良，用小烙铁焊接大焊件时不得不延长时间以满足锡料温度的要求。在大多数情况下延长加热时间对电子产品装配都是有害的，这是因为：

A. 焊点的结合层由于长时间加热而超过合适的厚度引起焊点性能劣化。

B. 印制板、塑料等材料受热过多会变形变质。

C. 元器件受热后性能变化甚至失效。

D. 焊点表面由于焊剂挥发，失去保护而氧化。

结论：在保证焊料润湿焊件的前提下，时间越短越好。

2）合适的温度

如果为了缩短加热时间而采用高温烙铁焊接小焊点，则会带来另一方面的问题：焊锡丝中的焊剂没有足够的时间在被焊面上漫流而过早挥发失效；焊料熔化速度过快影响焊剂作用的发挥；由于温度过高，虽加热时间短也造成过热现象。

结论：保持熔铁头在合理的温度范围。一般经验是烙铁头温度比焊料熔化温度高50 ℃较为适宜。

理想的状态是较低的温度下缩短加热时间，尽管这是矛盾的，但在实际操作中可以通过操作手法获得令人满意的解决方法。

3）烙铁头对焊点施力是有害的

烙铁头把热量传给焊点主要靠增加接触面积，用烙铁对焊点加力对加热是徒劳的。很多情况下会造成被焊件的损伤，例如电位器、开关、接插件的焊接点往往都是固定在塑料构件上，加力的结果容易造成元件失效。

（4）锡焊操作要领

1）焊件表面处理

手工烙铁焊接中遇到的焊件是各种各样的电子零件和导线，除非在规模生产条件下使用"保鲜期"内的电子元件，一般情况下遇到的焊件往往都需要进行表面清理工作，去除焊接面上的锈迹、油污、灰尘等影响焊接质量的杂质。手工操作中常用机械刮磨和酒精、丙酮擦洗等简单易行的方法。

2）预焊

预焊就是将要锡焊的元器件引线或导线的焊接部位预先用焊锡润湿，一般也称为镀锡、上锡、搪锡等。这个过程是为预焊准备的，因为其过程和机理都是锡焊的全过程——焊料润湿焊件表面，靠金属的扩散形成结合层后而使焊件表面"镀"上一层焊锡。

预焊并非锡焊不可缺少的操作，但对手工烙铁焊接特别是维修、调试、研制工作几乎可以说是必不可少的。图 4.14 表示元件引线预焊方法，预焊所要遵循的原则和操作方法同锡焊一样，导线的预焊有特殊要求，后面还要专门讨论。

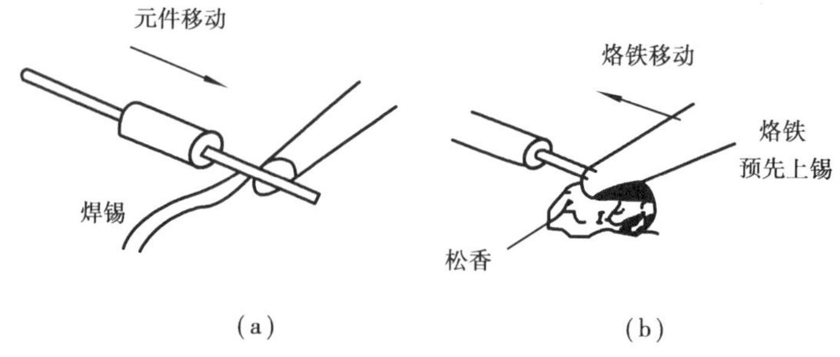

图 4.14　元器件引线预焊

3）不要用过量的焊剂

适量的焊剂是必不可缺的，但不要认为越多越好。过量的松香不仅造成焊后焊点周围需要清洗的工作量，而且延长了加热时间（松香熔化、挥发需要带走热量），降低工作效率；而当加热时间不足时又容易夹杂到焊锡中形成“夹渣”缺陷；对开关元件的焊接，过量的焊剂容易流到接触点处，从而造成接触不良。

合适的焊剂量应该是松香水仅能浸湿将要形成的焊点，不要让松香水透过印刷板流到元件面或插座孔里（如 IC 插座）。对使用松香芯来说，基本不需要再涂焊剂。

4）保持烙铁头的清洁

因为焊接时烙铁头长期处于高温状态，又接触焊剂等受热分解的物质，其表面很容易氧化而形成一层黑色杂质，这些杂质几乎形成隔热层，使烙铁头失去加热作用。因此要随时在烙铁架上蹭去杂质，用一块湿布或湿海绵随时擦烙铁头，也是常用的方法。

5）加热要靠焊锡桥

非流水线作业中，一次焊接的焊点形状是多种多样的，不可能不断换烙铁头。要提高烙铁头加热的效率，需要形成热量传递的焊锡桥。所谓焊锡桥，就是靠烙铁上保留少量焊锡作为加热时烙铁头与焊件之间传热的桥梁。显然由于金属液的导热效率远高于空气，而使焊件很快被加热到焊接温度（图 4.15）。应注意作为焊锡桥的锡保留量不可过多。

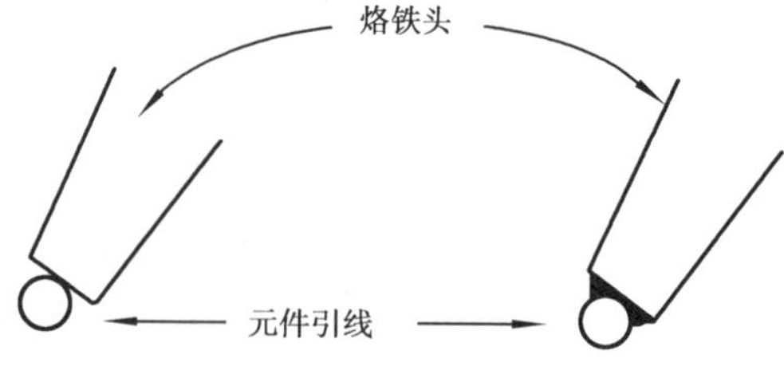

图 4.15　焊锡桥作用

6）焊锡量要合适

过量的焊锡不但毫无必要地消耗了较贵的锡，而且增加了焊接时间，相应降低了工作速度。更为严重的是在高密度的电路中，过量的锡容易造成不易觉察的短路。但是焊锡过少不能形成牢固的结合，降低焊点强度，特别是在板上焊导线时，焊锡不足往往造成导线脱落。

7)焊件要固定

在焊锡凝固之前不要使焊件移动或振动,特别是用镊子夹住焊件时一定要等焊锡凝固再移去镊子。这是因为焊锡凝固过程是结晶过程,根据结晶理论,在结晶期间受到外力(焊件移动)会改变结晶条件,导致晶体粗大,造成所谓"冷焊"。外观现象是表面无光泽呈豆渣状;焊点内部结构疏松,容易有气隙和裂缝,造成焊点强度降低,导电性能差。因此,在焊锡凝固前一定要保持焊件静止。实际操作时可以用各种适宜的方法将焊件固定或使用可靠的夹持措施。

8)烙铁撤离有讲究

烙铁撤离要及时,而且撤离时的角度和方向对焊点形成有一定关系,图4.16所示为不同撤离方向对焊料的影响。撤烙铁时轻轻旋转一下,可保持焊点适当的焊料,这需要在实际操作中体会。

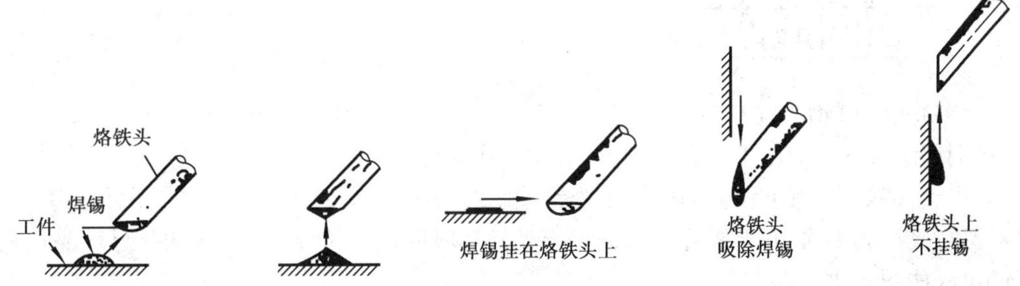

图4.16　烙铁撤离方向和焊锡量的关系

(5)拆焊

调试和维修中常常需更换一些元器件,如果方法不得当,就会破坏印制电路板,也会使换下而并没失效的元器件无法重新使用。

一般电阻、电容、晶体管等管脚不多,且每个引线能相对活动的元器件可用烙铁直接拆焊。如图4.17所示对将印制板竖起来夹住,一边用烙铁加热待拆元件的焊点,一边用镊子或尖嘴钳夹住元器件引线轻轻拉出。

重新焊接时,需先用锥子将焊孔在加热熔化焊锡的情况下扎通,需要指出的是,这种方法不宜在一个焊点上多次使用,因为印制导线和焊盘经反复加热后很容易脱落,造成印刷板损坏。在可能多次更换的情况下可用图4.18所示的方法。

当需要拆下多个焊点且引线较硬的元器件时,以上方法就不行了,例如,要拆下多线插座。一般有以下几种方法:

图4.17　一般元件拆焊方法

1)用合适的医用空心针头拆焊

将医用针头用钢锉挫平,作为拆焊的工具。具体的方法是:一边用烙铁熔化焊点,一边把针头套在被焊的元器件引线上,直至焊点熔化后,将针头迅速插入印制电路板的孔内,使元器件的引线脚与印制板的焊盘脱开,如图4.19所示。

2)用铜编织线进行拆焊

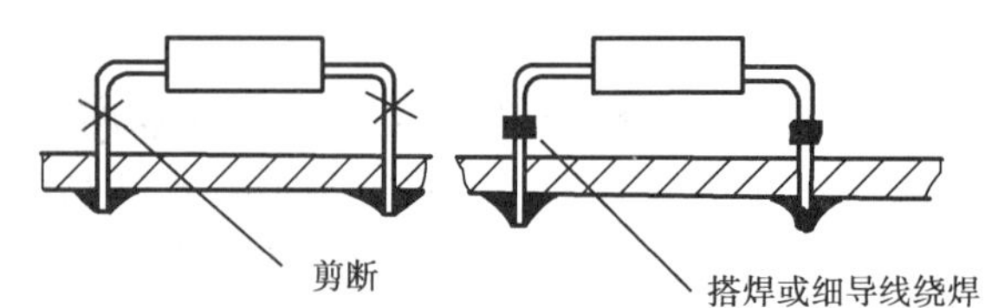

图 4.18　断线法更换元件

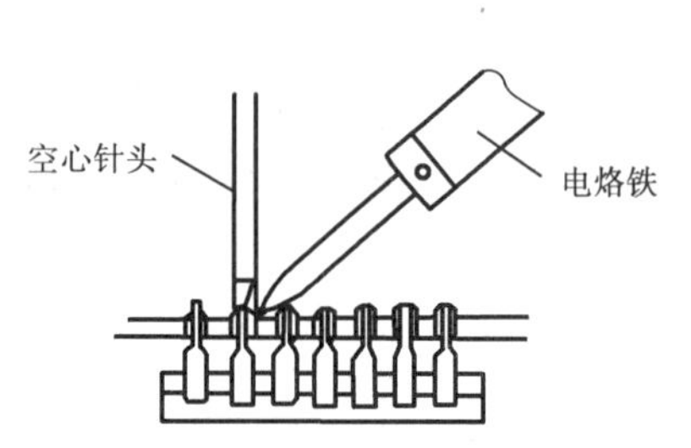

图 4.19　用医用空心针头拆焊

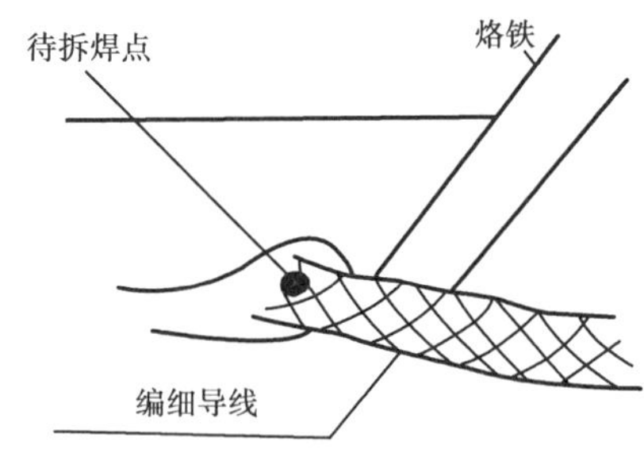

图 4.20　用吸焊材料拆焊

将铜编织线的部分吃上松香焊剂，然后放在将要拆焊的焊点上，再把电烙铁放在铜编织线上加热焊点，待焊点上的焊锡熔化后，就被铜编织线吸去，如焊点上的焊料一次没有被吸完，则可进行第二次、第三次，直至吸完。当编织线吸满焊料后，就不能再用，就需要把已吸满焊料的部分剪去，如图 4.20 所示。

3）用气囊吸锡器进行拆焊

将被拆的焊点加热，使焊料熔化，然后把吸锡器挤瘪，将吸嘴对准熔化的焊料，然后放松吸锡器，焊料就被吸进吸锡器内，如图 4.21 所示。

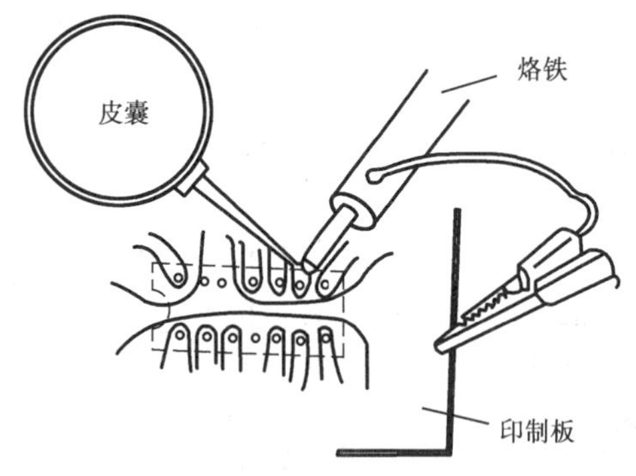

图 4.21　用气囊吸焊器拆焊

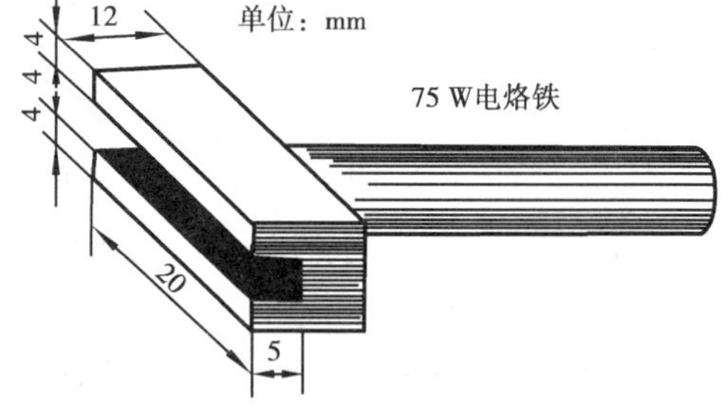

图 4.22　专用拆焊电烙铁头

4）采用专用拆焊电烙铁拆焊

如图 4.22 所示，它们都是专用拆焊电烙铁头，能一次完成多引线脚元器件的拆焊，而且不易损坏印制电路板及其周围的元器件。如集成电路、中频变压器等就可用专用拆焊烙铁拆焊。拆焊时也应注意加热时间不能过长，当焊料熔化时，应立即取下元器件，同时拿开专用烙铁，如加热时间略长，就会使焊盘脱落。

5）用吸锡电烙铁拆焊

吸锡电烙铁也是一种专用拆焊烙铁，它能在对焊点加热的同时，把锡吸入内腔，从而完成拆焊。

拆焊是一项细致的工作，不能马虎从事，否则将造成元器件的损坏和印制导线的断裂及焊盘的脱落等不应有的损失。为保证拆焊的顺利进行应注意以下两点：

第一，烙铁头加热被拆焊点时，焊料刚熔化，就应及时按垂直印制电路板的方向拔出元器件的引线，不管元器件的安装位置如何，是否容易取出，都不要强拉或扭转元器件，以避免损伤印制电路板和其他的元器件。

第二，当插装新元器件之前，必须把焊盘插线孔内的焊料清除干净，否则在插装新元器件引线时，将造成印制电路板的焊盘翘起。

清除焊盘插线孔内焊料的方法是：用合适的缝衣针或元器件的引线，从印制电路板的非焊盘面插入孔内，然后用电烙铁对准焊盘插线孔加热，待焊料熔化时，缝衣针便从孔中穿出，从而清除了孔内焊料。

4.3.4　电子线路手工焊接工艺

(1)印制电路板的焊接

印制电路板在焊接之前要仔细检查，看其有无断路、短路、孔金属化不良以及是否涂有助焊剂或阻焊剂等，检验步骤与要求可见第4章。大批量生产的印制板，出厂前，必须按检查标准与项目进行严格检测，所以，其质量要能保证。一般研制品或非正规投产的少量印制板，焊接前也必须仔细检查，否则在整机调试中，会带来很大麻烦。

焊接前，印制板上所有的元器件做好焊前准备工作(整形、镀锡、焊接时，一般工序应先焊较低的元件，后焊要求较高的和要求比较高的元件等。次序是：电阻—电容—二极管—三极管—其他元件等。但根据印制板上的元器件特点，有时也可先焊高的元件后焊低的元件(如晶体管收音机中所有元器件的高度不超过最高元件的高度，保证焊好元件的印制电路板元器件比较整齐，并占有最小的空间位置。不论哪种焊接工序，印制板上的元器件都要排列整齐，同类元器件要保持高度一致。

晶体管的装焊一般在其他元件焊好后进行，要特别注意：每个管子的焊接时间不要超过5～10 s，并使用钳子或镊子夹持管脚散热，防止烫坏管子。

涂过焊油或氯化锌的焊点，要用酒精擦洗干净，以免腐蚀；用松香作助焊剂的，需清理干净。

焊接结束后，须检查有无漏焊、虚焊现象。检查时，可用镊子将每个元件脚轻轻提一提，看是否摇动，若发现摇动，应重新焊好。

(2)集成电路的焊接

MOS电路特别是绝缘栅型，由于输入阻抗很高，稍不慎即可能使内部击穿而失败。双极型集成电路不像MOS集成电路那样娇气，但由于内部集成度高，通常管子隔离层都很薄，一旦受到过量的热也容易损坏，无论哪种电路，都不能承受高于200 ℃的温度，因此，焊接时必须非常小心。

集成电路的安装焊接有两种方式，一种是将集成块直接与印制板焊接；另一种是通过专用插座(IC座)在印制板上焊接，然后将直插式集成块插入。

在焊接集成电路时，应注意下列事项：

1)集成电路引线如果是镀金银处理的，不要用刀刮，只需用酒精擦洗或绘图橡皮擦干净就可以了。

2)对CMOS电路，如果事先已将各引线短路，焊前不要拿掉短路线。

3）焊接时间在保证浸润的前提下，尽可能短，每个焊点最好用 3 s 焊好，最多不能超过4 s，连续焊接时间不要超过 10 s。

4）使用烙铁最好是 20 W 内热式，接地线应保证接触良好。若无保护零线，最好采用烙铁断电用余热焊接，必要时还要采取人体接地的措施。

5）使用低熔点焊剂，一般不要高于 150 ℃。

6）工作台上如果铺有橡皮、塑料等易于积累静电的材料，电路片子及印制板等不宜放在台面上。

7）集成电路若不使用插座，直接焊到印制板上，安全焊接顺序为；地端—输出端—电源端—输入端。

8）焊接集成电路插座时，必须按集成块的引线排列图的每一个点。

4.3.5 焊点的质量检查

（1）外观检查

1）外形以焊接导线为中心，均匀，成裙形拉开。

2）焊接的连接面呈半弓形凹面，焊料与焊件交界处平滑，接触角尽可能小。

3）表面有光泽且平滑。

4）无裂纹、针孔、夹渣。

5）是否漏焊，焊料拉失，焊料引起导线间短路，导线及元器件绝缘的损伤，焊料飞溅等。

检查时，除目测外，还要用指触、镊子拨动、拉线等。检查有无导线断线，焊盘剥离等缺陷。

（2）通电检查

通电检查必是在外观检查及连接检查无误后才可进行的工作，也是检验电路性能的关键步骤。如果不经过严格的外观检查，通电检查不仅困难较多，而且有损坏设备仪器，造成安全事故的危险。

4.4 工业生产中电子产品焊接技术简介

手工焊接只适用于小批量生产和维修加工，而对生产批量很大，质量标准要求较高的电子产品就需要自动化的焊接系统。尤其是集成电路、超小型的元器件、复合电路的焊接，已成为自动化焊接的主要内容。

4.4.1 波峰焊

目前工业生产中使用较多的自动化焊接系统多为波峰焊机，它适用于大面积、大批量印制电路板的焊接。下面介绍波峰焊机的主要组成部分和工作过程。

（1）波峰焊机的组成

波峰焊机由传送装置、涂助焊剂装置、预热器、锡波喷嘴、锡缸、冷却风扇等组成。

1）生产焊料波的装置

焊料波的产生主要依靠喷嘴，喷嘴向外喷焊料的动力来源于机械泵或是电流和磁场产生的洛仑兹力。焊料从焊料槽向上打入一个装有作分流用挡板的喷射室，然后从喷嘴中喷出。

焊料到达其顶点后,又沿喷射室外边的斜面流回焊料槽中。如图4.23所示。

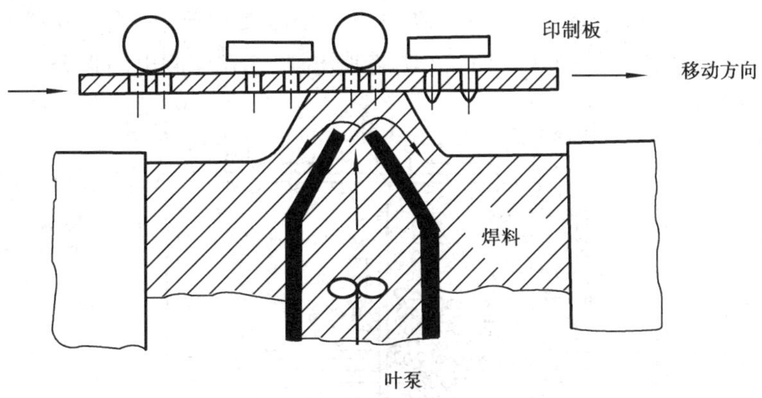

图4.23　波峰焊原理

由于波峰焊机的种类较多,其焊料波峰的形状也有所不同,常用的为单向波峰和双向波峰。焊料向一个方向流动且与印制板移动方向相反的称单向波峰,如图4.24(a)所示。焊料向两个方向流动的称为双向波峰,如图4.24(b)所示。

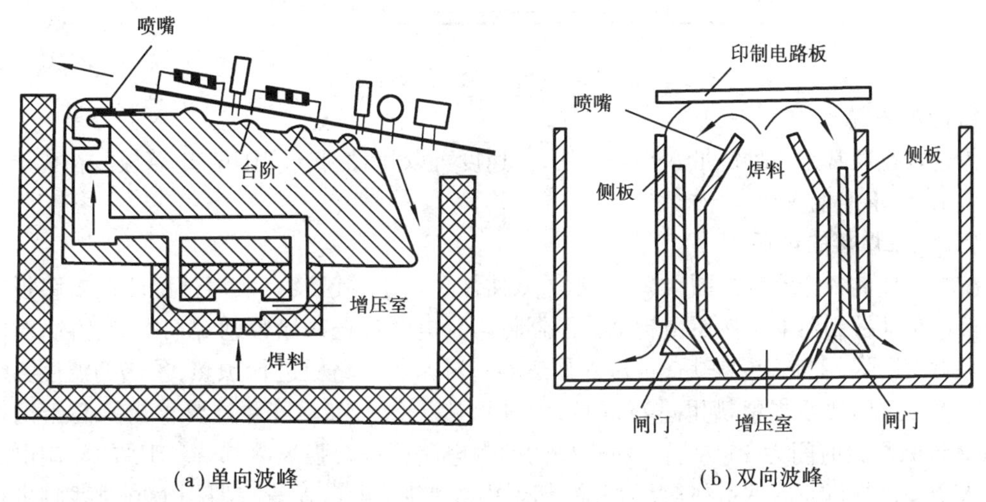

(a)单向波峰　　(b)双向波峰

图4.24　单向波峰及双向波峰

锡缸(焊料槽)由金属材料制成,这种金属不易被焊料所润湿,而且不溶解于焊料,锡缸的形状依机型的不同而有所不同。

2)预热装置

预热器可分为热风型与辐射型。热风型预热器,主要由加热器与鼓风机组成,当加热器产生热量时,鼓风机将其热量吹向印制电路板,使印制电路板达到预定的温度。辐射型主要是靠热板产生热量辐射,使印制板温度上升。

预热的作用是把焊剂加热到活化温度,将焊剂中的酸性活化剂分解,然后与氧化膜起反应,使印制板与焊件上的氧化膜清除。另一个作用是减少半导体管、集成电路由于受热冲击而损坏的可能性。同时还有使印制线路板减小经波峰焊后产生的变形,并能使焊点光滑发亮。

3)涂覆助焊剂的装置

在自动焊接中助焊剂的涂覆方法较多,如波峰式、发泡式、喷射式等,其中发泡式助焊剂得到了广泛的应用。发泡式助焊剂装置,主要采用800~1 000的沙滤芯作为泡沫发生器浸没在助焊剂缸内,并且不断地将压缩空气注入多孔瓷管,如图4.25所示。当空气进入焊接槽时,便形成很多的泡沫助焊剂,在压力的作用下,由喷嘴喷出,喷涂在印制电路板上。

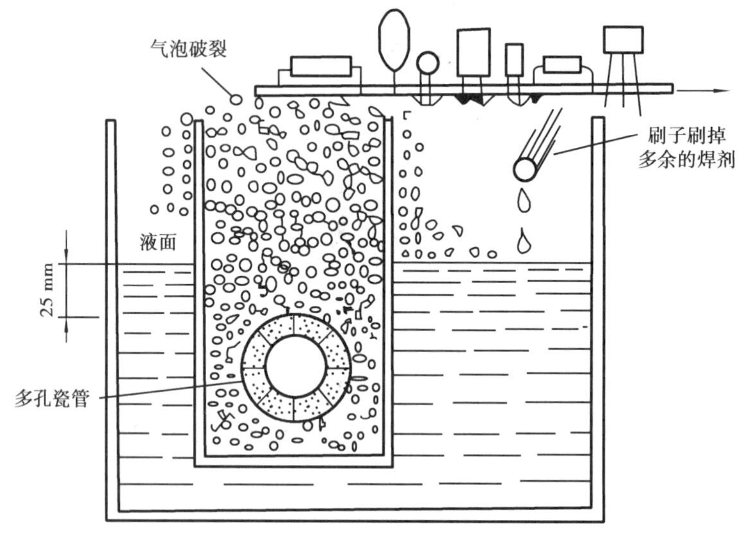

图4.25　发泡式涂覆焊剂装置

4)传送装置

传送装置通常是一种链带水平输送线,其速度可以随时调节,当印制电路板放在传送装置上时应平稳、不产生抖动。

(2)波峰焊接的过程

波峰焊接的工作流程如图4.26所示。从插件台送来的已装有元器件的印制电路板夹具送到接口自动控制器上。然后由自动控制器将印制电路板送入涂覆助焊剂的装置内,对印制电路板喷涂助焊剂,喷涂完毕后,再送入预热器。对印制电路板进行预热,预热的温度为60~80 ℃,然后送到波峰焊料槽里进行焊接,温度可达240~245 ℃,并且要求锡峰高于铜箔面1.5~2 mm,焊接时间为3 s左右。将焊好的印制电路板进行强风冷却,冷却后的印制电路板再送入切头机进行元器件引线脚的切除,切除引线脚后,再送入清除器用毛刷对残脚进行清

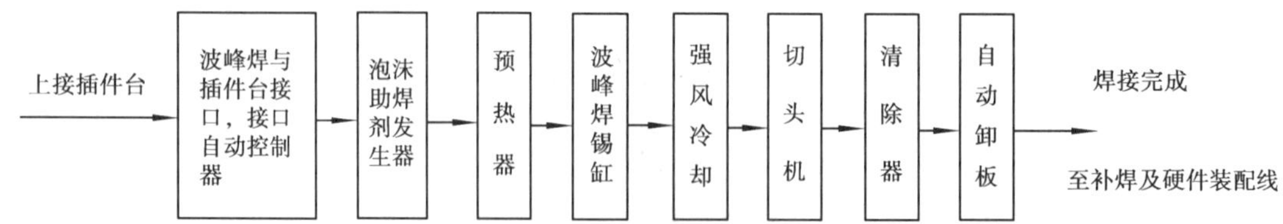

图4.26　波峰焊的流程

除,最后由自动卸板机装置把印制电路板送往硬件装配线。焊点以外不需焊接部分,可涂阻焊剂或用特制的阻焊板套在印刷板上。

4.4.2　高频加热焊

高频加热焊是利用高频感应电流,在变压器次级回路将被焊的金属进行加热焊接的方法。

高频加热焊装置是由与被焊件形状基本适应的感应线圈和高频电流发生器组成。

焊接的方法是:把感应线圈放在被焊件的焊接部位上,然后将垫圈形或圆环形焊料放入感应圈内,再给感应圈通以高频电流,此时焊件就会受电磁感应而被加热,当焊料达到熔点时就会熔化并扩散,待焊料全部熔化后,便可移开感应圈或焊件。

4.4.3 脉冲加热焊

这种焊接的方法是以脉冲电流的方式通过加热器在很短的时间内给焊点施加热量完成焊接的。

具体的方法是:在焊接前,利用电镀及其他方法,在被焊接的位置上加上焊料,然后进行极短时间的加热,一般以 1 s 左右为宜,在焊料加热的同时也需加压,从而完成焊接。

脉冲焊接适用于小型集成电路的焊接。如电子手表、照相机等高密度焊点的产品,即不易使用电烙铁和焊剂的产品。

脉冲焊接的特点是:产品的一致性好,不受操作人员熟练程度高低的影响,而且能准确地控制温度和时间,能在瞬间得到所需要的热量,可提高效率和实现自动化生产。

无论哪一种方法,焊接中各步的工艺规范都必须严格控制。例如,波峰焊中,焊接波峰的形状、高度、稳定性,焊锡的温度、化学成分的控制等,任何一项指标不合适都会影响焊接质量。

将自动焊接机、自动涂敷焊剂装置等机器联装起来,加上自动测量、显示等装置,就构成自动焊接系统。目前,我国较新的自动焊接系统已达到每小时可焊近 300 块制板,最小不产生桥接的线距为 0.25 mm。

4.4.4 再流焊

再流焊,又叫回流焊,是伴随微型化电子产品的出现而发展起来的一种新的锡焊技术。这种焊接技术是先将焊料加工成一定粒度的粉末,加上适当液态黏合剂,使之成为有一定流动性的糊状焊膏,用它将待焊元器件粘在印制板上,然后加热使焊膏有焊料熔化而再次流动,因而达到将元器件焊到印制板上的目的。采用再流焊技术将片状元器件焊到印制板上的工艺流程,如图 4.27 所示。

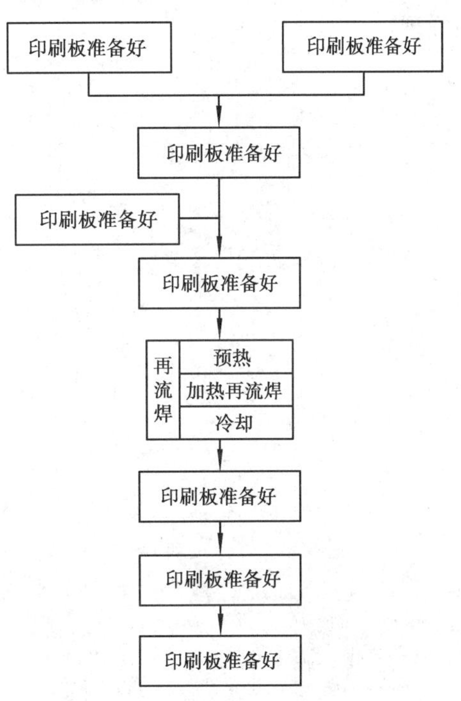

图 4.27 再流焊工艺流程示意图

工艺过程中,将糊状焊膏(由铅锡焊料、黏合剂、抗氧化剂组成)涂到印制板上,可用手工、半自动或自动丝网印刷机(同油印一样),将焊膏印到印制板上。同样可用手工或自动机械装置元件粘到印制板上。可在加热炉中,也可以用热风吹,还有使用玻璃纤维“皮带”热传导,将焊膏加热到再流焊。当然,加热的温度必须根据焊膏的熔化温度准确控制(一般铅锡合金焊膏熔点为 223 ℃),一般需要经过预热区、再流焊区和冷却区,再流焊区最高温度应使焊膏熔化,黏合剂和抗氧化剂氧化成烟排出。加热炉使用红外线的,也叫红外线再流焊,因这种焊接加热均匀且温度容易控制因而使用较多。

焊接完毕测试合格后，还要对印制板进行整形、清洗，最后烘干并涂敷防潮剂。

再流焊操作方法简单、焊接效率高、质量好、一致性好，而且仅元器件引线下有很薄的一层焊料，是一种适合自动化生产的微电子产品装配技术。

4.4.5 其他焊接方法

除上述几种焊接方法外，在微电子器件组装中，超声波焊、热超声金丝球焊、机械热脉冲焊都有各自的特点。新近发展起来的激光焊，能在几个毫秒时间内将焊点加热到熔化而实现焊接，热应力影响之小可同钎焊相比，是一种很有潜力的焊接方法。

随着微处理机技术的发展，在电子焊接中使用微机控制焊接设备也进入实用阶段，例如，微机控制电子束焊接已在我国研制成功。还有一种所谓的光焊技术，已用于 CMOS 集成电路的全自动生产线，其特点是用光敏导电胶代替焊料，将电路片子粘在印制板上，用紫外线固化焊接。

可以预见，随着电子工业的不断发展，传统的方法将不断完善，新的高效率的焊接方法不断涌现。

第5章 印制电路板

印制电路板产生于19世纪末,20世纪初。初期发展十分缓慢,直到1942年英国PAWL EIDER博士制造第一台印制电路整机——收音机开始,印制电路板始得到发展。由单面板向双面板、多层板、挠性板发展。到20世纪90年代,世界上已生产出超高密度印制板,生产水平达42层。我国在印制电路的研制方面,经过多年努力,已接近世界先进水平。

熟悉印制电路板知识,掌握PCB基本设计方法和工艺,了解生产过程是学习电子工艺技术的基本要求。

5.1 印制电路及印制电路板

5.1.1 基本概念

印制电路板是由印制电路加基板构成。

印制——采用某种方法,在一个表面上再现图形和符号的工艺,它包含通常意义的"印刷"。

印制线路——采用印制法在基板上制成的导电图形,包括印制导线、焊盘等。

印制元件——采用印制法在基板上制成的电路元件,如电感、电容等。

印制电路——采用印制法得到的电路,它包括印制线路和印制元件或由两者组合成的电路。

敷铜板——由绝缘基板和粘敷在上面的铜箔构成,是用减成法制造印制电路板的原料。

印制电路板——完成了印制电路或印制线路加工的板子。

它不包括安装在板上的元器件和进一步加工,简称印制板。

印制电路板组件——安装了元器件或其他部件的印制板部件。板上所有安装、焊接、涂覆均已完成,习惯上按其功能或用途称为"某某板"、"某某卡",例如计算机主板、声卡等。

5.1.2 印制电路板功能以及分类

(1)功能:主要有以下功能

1)提供分离元件,集成电路等各种元件固定,装配的机械支撑。

2)实现分离元件,集成电路等各种元器件之间的布线和电气连接或电绝缘,提供所需求的电气特性及特性阻抗等。

3)为自动锡焊提供阻焊图形,为元器件插装、检查、维修提供识别字符和图形。

(2)分类

1)单面板:只有一层铜箔,较简单,一般采用丝网漏洞法制成。

2)双面板:两面都有铜箔,两者之间用金属电镀方式(金属化孔)使之连接。可用丝网印刷或感光法。

3)多层板:一般有4,6,8,…层,这种板制造工艺复杂,且走线密度大,同时可实现电源(地)分别单独一层,可克服走线间的干扰,以感光法制作。

4)挠性板:是以软性绝缘材料为基材的印刷板。可折叠、弯曲、卷曲,还可以三度空间的立体排列。

5.1.3 使用印制板的优点

1)由于印制线路的一致性,减少了线路的差错和连接时间。

2)布线密度高,有利于电子设备小型化。

3)有利于产品设计的标准化。

4)有利于生产机械化、自动化,提高劳动生产率,降低造价。

5.1.4 印制电路制作工艺分类

(1)加成法工艺

在未覆铜箔的基材上,有选择淀积导电金属,覆设印刷电路有丝印电镀法粘贴法等。优点:线宽做到0.1 mm,有时可达50 mm,多用于厚膜集成板加工。

(2)减成法工艺

将需要的部分,用丝网印刷或其他办法将其覆盖,然后用腐蚀或其他办法将不需要的部分去掉。

蚀刻法:采用腐蚀减去不需要的铜箔,这是目前最主要的制造方法。

雕刻法:用机械加工方法除去不需要的铜箔,这是单件试制或业余条件下可快速制出印制板。

(3)多层布线法

利用在第一层基材上接一定的程序和图形设计,将布线层铜箔粘贴在基板上,然后再将另一层绝缘基材压合在上,再进行第二层、第三层的加工。

(4)挠性板加工

采用曲率半径大的基材,将导电铜箔压合在其中。

5.2 覆铜板的性能与选用

5.2.1 覆铜板的构成

覆铜板主要由三个部分构成。

1) 铜箔,纯度大于 99.8%,厚度 18 ~ 105 μm(常用 30 ~ 50 μm)的纯铜箔。
2) 树脂(粘合剂)常用酚醛树脂、环氧树脂和聚四氧乙烯等。
3) 增强材料,常用纸质和玻璃布。

5.2.2　常用覆铜板种类及规格

常用覆铜板种类及规格特性见表 5.1。

表 5.1　常用覆铜板的特点

名　称	标称厚度/mm	铜箔厚度/μm	特　点	应　用
酚醛纸基覆铜板	1.0,1.5,2.0,2.5,3.0,3.2,6.4	50 ~ 70	价格低,阻燃强度低,易吸水,不耐高温	中低档民用品如收音机、录音机等
环氧纸基覆铜板	1.0,1.5,2.0,2.5,3.0,3.2,6.4	35 ~ 70	价格高于酚醛纸板,机械强度、耐高温和潮湿性较好	工作环境好的仪器、仪表及中档以上的民用电器
环氧玻璃布层覆铜板	0.2,0.3,0.5,1.0,1.5,2.0,3.0,5.0,6.4	35 ~ 50	价格较高,性能优于环氧酚醛纸板,且基板透明	工业、军用设备、计算机等高档电器
聚四氯乙烯覆铜板	0.25,0.3,0.5,0.8,1.0,1.5,2.0	35 ~ 50	价格高,介电常数低,介质损耗低,耐高温,耐腐蚀	微波、高频、电器、航天航空、导弹、雷达等
聚酰亚胺柔性覆铜板	0.2,0.5,0.8,1.2,1.6,2.0	35	可挠性,重量轻	民用及工业电器计算机,仪器仪表等

5.2.3　外观要求

1) 铜箔和基板之间不应有气泡。
2) 不能有针孔、划痕、压坑、皱折、杂质。
3) 铜箔表面的氧化物和污物能被清洗掉。

5.2.4　机械性能要求

1) 抗剥强度,铜箔与基板之间的结合力取决于黏合剂及制造工艺。
2) 抗弯强度,覆铜板承受弯曲的能力,取决于基板材料和厚度。
3) 翘曲度,覆铜板的平度,取决于板材的厚度。
4) 耐焊性,覆铜板在焊接时(承受融态焊料高温)的抗剥的能力,取决于板材和黏合剂。

5.3　印制电路板上的干扰及抑制

干扰现象在整机调试和工作中经常出现,其原因是多方面的,除外界因素造成干扰外,印制板布线不合理,元器件安装位置不当等都可能造成干扰。这些干扰,在排版设计中应事先重视,则完全可以避免,否则,严重的会引起设计失败。今对印制板上常见的几种干扰及其抑制办法作简单的介绍。

(1)地线的共阻抗干扰及抑制

几乎所有电路都存在一个自身的接地点(不一定指真正的大地),电路中接地点在电位的概念中表示零电位,其他电位均相对于这一点而言。在第3章中对接地问题已有介绍,在印制板上的地线同样并不能保证是绝对零电位,而往往存在一定值,虽然电位可能很小,但由于电路的放大作用,可能产生较大的干扰。

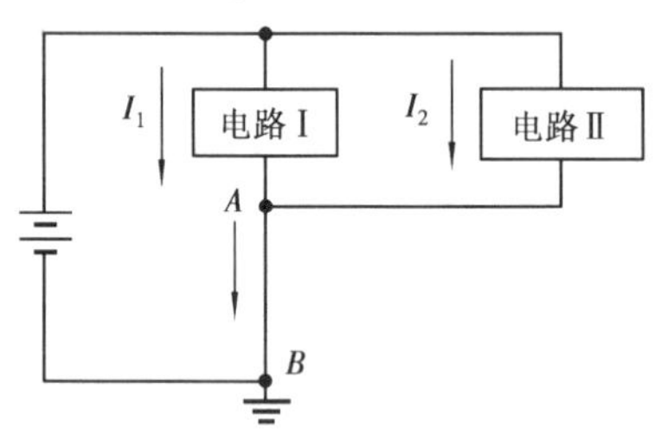

图5.1　地线产生干扰

如图5.1所示,电路Ⅰ与电路Ⅱ共用地线A-B段,在原理图中,A点与B点为同电位零,但在实际电路中,如果A点与B点之间有导线存在,就必然存在一定的阻抗。此阻抗当流经较大电流时或流经回路的电流频率较高时,都会造成不可忽视的干扰。由此可见,造成这类干扰的主要原因在于两个或两个以上的回路共用一段地线所造成的。

为克服地线共阻抗干扰,应尽量避免不同回路电流同时流经某一段共用地线,特别是高频和大电流回路中。在印制电路的地线布设中,首先考虑各级的内部接地,同级电路的几个接地点要尽量集中,称为一点接地,避免其他回路的交流信号窜入本级或本级中的交流信号窜入其他回路。

同级电路中的接地处理好后,要布好整个印制板上的地线,防止各级之间的干扰,下面介绍几种接地方式。

1)并联分路式　将印制板上几部分地线分别通过各自地线汇总到线路的总接地点,如图5.2(a)所示,这是理论上的接法。在实际设计中,印制电路的公共地线一般设在印制板的边缘,并较一般导线宽,各级电路就近并联接地。但如周围有强磁场,公共地线不能构成封闭回路,以免引起电磁感应。

2)大面积覆盖接地　在高频电路中,可采用扩大印制板的地线面,来减少地线中的感抗,同时,可对电场干扰起屏蔽作用。如图5.2(b)所示为一高频信号测试电路的印制板。

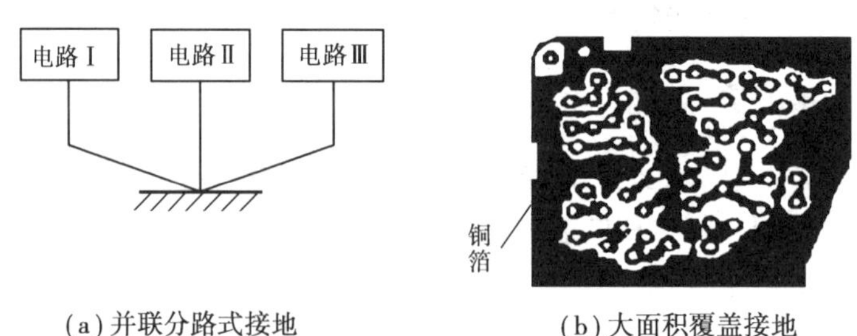

(a)并联分路式接地　　(b)大面积覆盖接地

图5.2　各种接地形式

3)地线的分线　在一块印制板上,如布设模拟地线和数字地线,则两种地线要分开,供电也要完全分开,以抑制相互干扰。

(2)电源干扰抑制

电子仪器的供电绝大多数是由于交流市电通过降压、整流、稳压后获得。电源的质量好坏直接影响整机的技术指标。而电源的质量除原理本身外,工艺布线和印制板设计不合理,都会产生干扰,特别是交流电源的干扰。如图5.3所示就是由于布线不合理,致使交直流回路彼此相连,造成交流信号对直流信号产生干扰,使电源质量下降的例子。

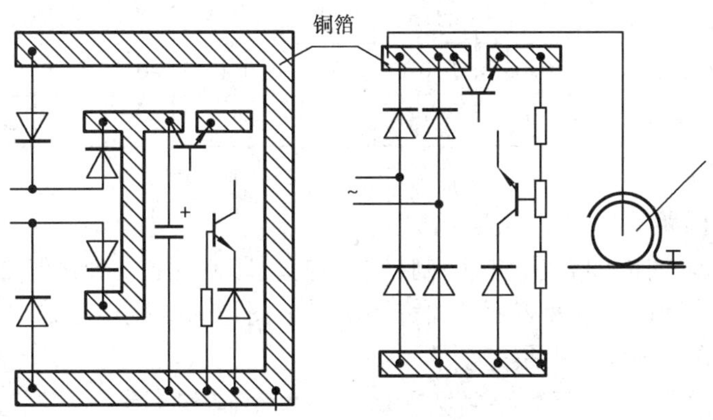

图5.3　电源布线不合理引起的干扰

直流电源的布线不合理,也会引起干扰。布线时,电流线不要走平行大环形线;电源线与信号线不要靠得太近,并避免平行。

(3)磁场干扰及对策

印制板的特点是元器件安装紧凑,连接密集,但如设计不当,会给整机带来分布参数造成干扰,元器件相互之间的磁场干扰等。

分布参数造成干扰主要由于印制导线间的寄生耦合而产生相互耦合的等效电感和电容。布设时,对不同回路的信号线尽量避免平行,双面板上的两面印制线尽量做到不平行布设。在必要的场合下,可通过采用屏蔽的办法来减少干扰。

元器件间的磁场干扰主要是由于扬声器、电磁铁、永磁式仪表、变压器、继电器等产生的恒磁场和交变磁场,对周围元件、印制导线产生干扰。布设时,尽量减少磁力线对印制导线的切割,两磁性元件相互垂直以减少相互耦合,对干扰源进行屏蔽。

(4)热干扰及抑制

由于发热元件的影响而造成温度敏感器件的工作特性变化以致整个电路电性能发生变化而产生的干扰。布设时,要找出发热元件与温度敏感元件,使热源处于较好的散热状态,使热源尽量不安装在印制板上。在必须安排在印制板上时,要配制足够的散热片,防止温升过高对周围元器件产生热传导或辐射。

5.4　印刷板电路设计的一般原则

5.4.1　印制电路设计要求

(1)印制导线宽度

印制导线的宽度由该导线工作电流决定。

印制导线是铜箔组成,尽管铜是一种良导体,但毕竟有一定电阻,且电阻随温度变化,同时流过一定强度的电流又会引起导线温度升高。印制导线宽度与最大工作电流的关系见表5.2。

表5.2　印制导线最大允许工作电流

导线宽度/mm	1	1.5	2	2.5	3	3.5	4
导线面积/mm^2	0.05	0.075	0.1	0.125	0.15	0.175	0.2
导线电流/A	1	1.5	2	2.5	3	3.5	4

(2)导电图形间距

相邻导电图形之间的间距(包括印制导线、焊盘、印制元件)由它们之间的电位差决定。印制板基板的种类,制造质量及表面涂覆都影响导电图形间的完全工作电压。表5.3给出的间距/电压参考值在一般设计中是完全的。

表5.3　印制导线间距最大允许工作电压

导线间距/mm	0.5	1	1.5	2	3
工作电压/V	100	200	300	500	700

(3)印制导线走向与形状

印制电路板布线,“走通”是最起码的要求,“走好”是经验和技巧的表现,图5.4是导线走向与形状的部分实例。实际设计是要根据具体电路条件的选择,但以下几条准则是各种条件均适用的。

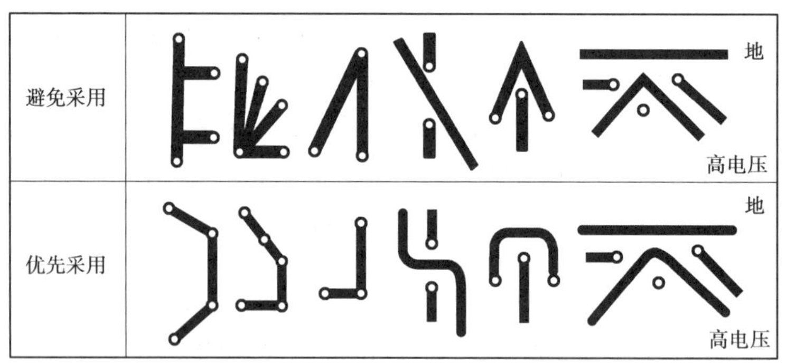

图5.4　导线的走向与形状规则

1)印制导线应尽量短,能走捷径就不要绕远。

2)走线平滑自然为佳,避免急拐弯和尖角。

3)公共地线应尽可能多地保留铜箔。

4)若布线密度低,可加粗导线,信号线间距适当加大。

5.4.2　焊盘与孔

(1)焊盘的形状(图5.5)

1)椭圆形:有一定抗剥度,较利于走线。常用于双列直插式器件或插座类元件。

2)方形:这种设计简单,精度要求低。元器件大且少时,印制导向简单多采用此法。

3)圆形:焊盘与穿线为同心圆,其外径一般为2~3倍孔径,比较常用。

4)岛形:这种焊盘利于元器件密集固定,可大量减少印制导线的长度和根数,抗剥度增加。

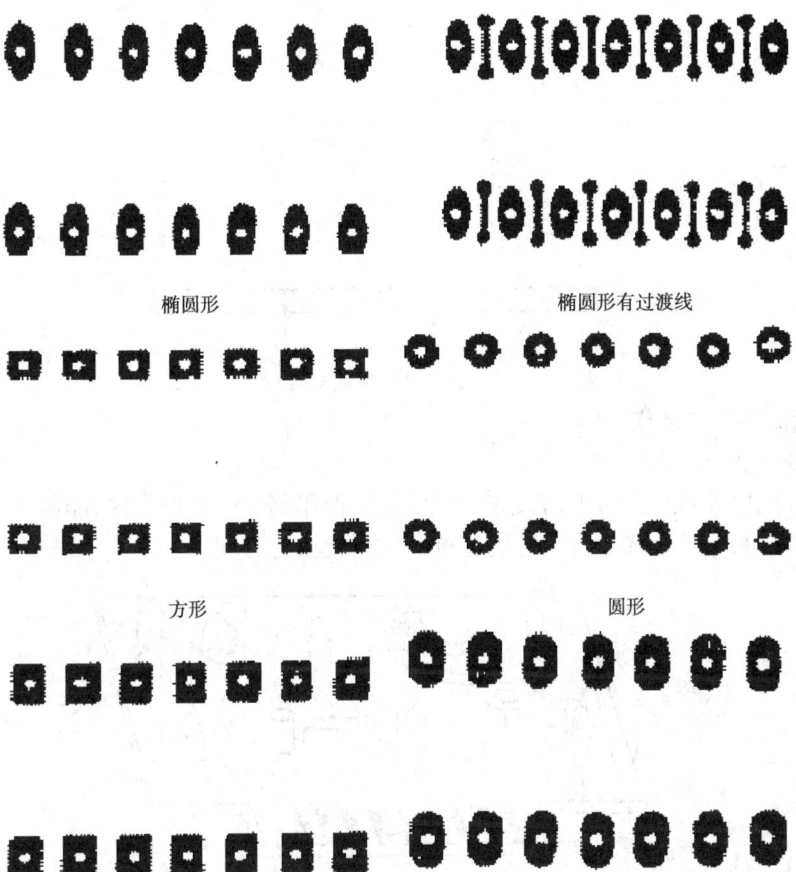

图5.5　焊盘种类

(2)焊盘的尺寸

钻孔直径(/mm)0.4, 0.5, 0.6, 0.8, 1.0, 1.3, 1.6, 2.0;

焊盘直径(/mm)1.3, 1.3, 1.5, 2.0, 2.5, 3.0, 3.5, 4.0。

(3)孔的要求

焊盘孔位一般必须在印制电路网络线的交点位置上;

焊盘孔径由元器件引线截面尺寸决定,孔径大小应大于引线0.15 mm。

5.4.3　元器件安装与布局

(1)安装方式:卧式与立式

1)卧式安装:如图5.6所示,适用于焊盘间距较远时安装。

2)立式安装:如图5.7所示,适用于焊盘间距较近时安装。

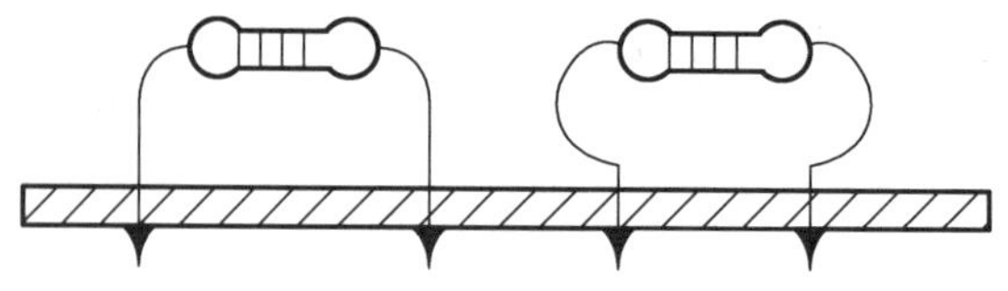

图 5.6　卧式安装

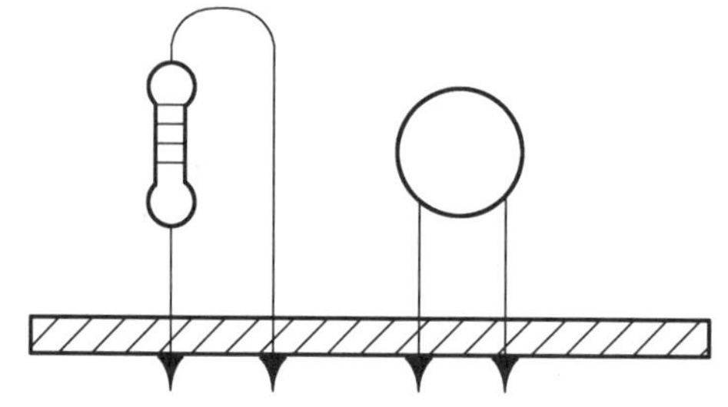

图 5.7　立式安装

(2)元器件排列格式

1)不规则排列(图 5.8)

此种方式以固定立式为主,看起来杂乱无章,但印制导线布设方便,印制导线短而少,可减少线路板的分布参数,抑制干扰,特别对抗高频干扰极为有利。

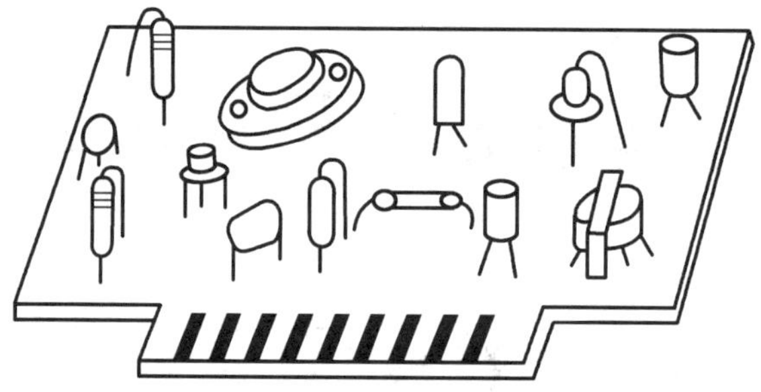

图 5.8　不规则排列

2)规则排列(图 5.9)

此种方式以卧式为主,排列规范、整齐,便于安装、调试、维修,但布线时受方向、位置的限制而变得复杂些。

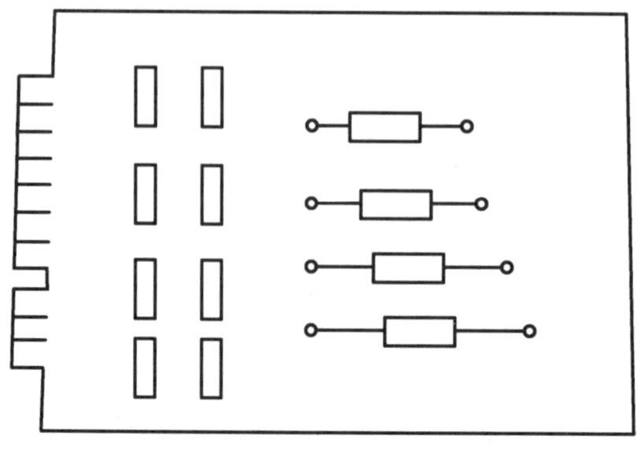

图 5.9　规则排列

(3)元器件布设原则(图 5.10、图 5.11)

1)元器件在整个板面疏密一致,布设均匀。

2)元器件不要占满板面,四周留边,便于固定。

3)元器件布设在板的一面,每个引脚单独占用一焊盘。

4)元器件布设不可上下交叉,相邻元器件之间保持间距。

5)元器件安装高度尽量短,以提高稳定性和防止相邻元件碰撞。

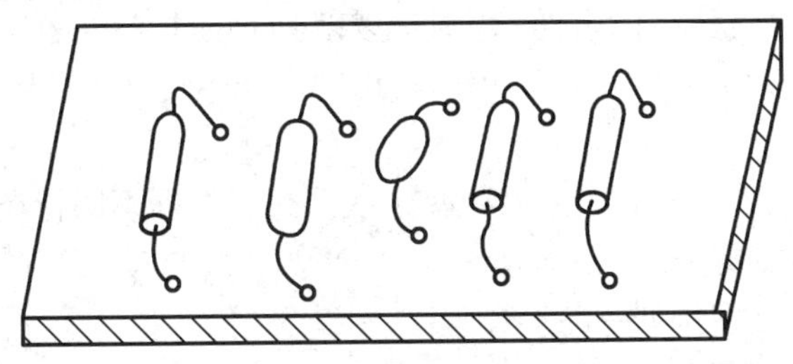

图 5.10　合理布设

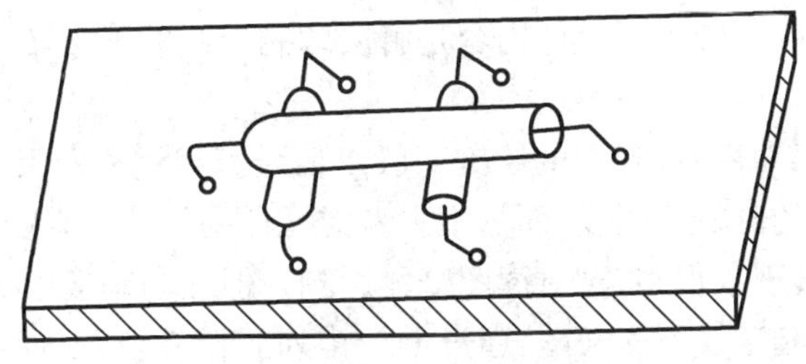

图 5.11　不合理布设

5.5　印制电路板的排版设计

排版设计不单纯是将元器件通过印制电路彼此按原理图联接起来,而是要采取一定的抗干扰措施,遵守一定的设计原则,按原理图合理的布局,使整机能够稳定可靠地工作。否则,原理方案将不能实现或整机技术指标下降。有些排版设计即使能够实现原理,满足技术指标,但元器件排列的疏密不匀,杂乱无章,不仅影响美观,也会对装配和维修带来不便。本节将介绍草图与照相底图设计格式与一般步骤。

5.5.1　草图设计

所谓草图,是指制作照相底图(也称黑白图)的依据。要求图中的焊盘位置、焊盘间距、焊盘间的相互连接、印制导线的走向及形状、整图外形尺寸等均应按印制板的实际尺寸(或按一定比例)绘制出来,以作为生产印制板的依据。绘制草图是设计印制板的关键和主要工作量,下面介绍设计草图的主要步骤。

(1)分析原理图

对原理设计思想以及整机应用等技术资料的分析程度,决定了在印制线路设计过程中的主动性。通过对原理的分析应达到如下目的:

1)找出线路中可能产生的干扰源,以及易受外界干扰的敏感器件。

2)熟悉原理图中出现的每个元器件,掌握每个元器件外形尺寸、封装形式、引线方式、管脚排列顺序、各管脚功能及其形状等,确定哪些元件因发热而需安装散热片并计算散热面积,确定哪些元件装在板上,哪些在板外等。

3)确定印制板种类:单面或双面。

单面:常用于分立元件电路,因为分立元件引线少,排列位置便于灵活变换。

双面:多用于集成电路较多的电路,特别是以双列直插封装式器件。因为器件引线间距小、数目多(少则 8 脚,多则 40 或更多),单面布设印制线不交叉十分困难,较复杂电路几乎无法实现。

4)确定元器件安装方式、排列方式及焊盘走线形式。根据不同特点常有如下对应关系:

元件卧式安装→规则排列→圆形焊盘;

元件立式安装→不规则排列→岛形焊盘。

(2)单面印制板的排版设计

通过对原理图分析,完成上述各项准备工作,即可开始排版。在排版设计中,除应注意处理好各类干扰及接地问题外,主要设计内容是解决印制导线的不交叉,这是排版设计中的主要工作量。

1)绘制单线不交叉草图:原理图的绘制一般以信号流经过程及反映元器件在图中的作用为原则,以便于对线路的分析与阅读,而从不去考虑元件的尺寸、形状以及引出线的排列顺序。因而原理图中走线交叉现象很多,这对读图毫无影响。但在印制板中交叉现象是不允许的,因此在排版中,首先要绘制单线不交叉图,通过重新排列元器件位置,使元器件在同一平面上彼此间的连线不交叉,如遇交叉,可通过重新排列元器件位置与方向来解决(如图 5.12)。总之,不应过早定死每个元器件的排列顺序和方向。在较复杂的电路中,有时完全不交叉是困难的,如为了解决两条导线不交叉而使一条拐弯抹角,变得很快,这在设计中应尽量避免。因为这不仅增加了印制线的密度,而且很可能因为线长而产生电路中的干扰。为此,可用“飞线”解决。“飞线”即在印制线的交叉处切断一根,从板的元件面用一短接线连接。这种现象只有在迫不得已的情况下偶然使用。如“飞线”过多,便会影响板的质量,不能算是成功之作。

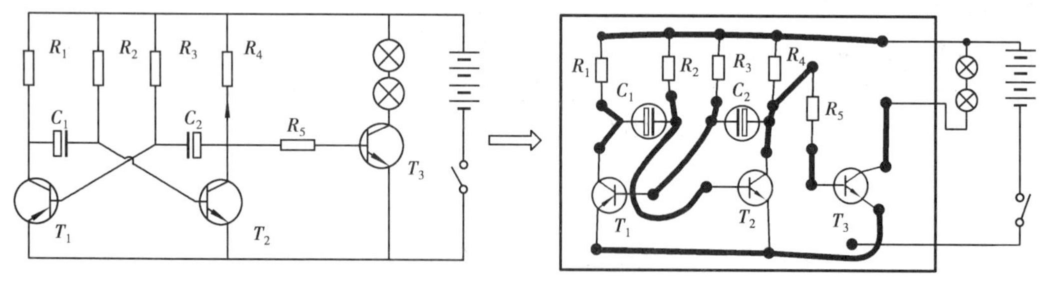

图 5.12 原理图与单线不交叉草图

2)不交叉草图基本完稿后,可着手绘制排版草图(用坐标纸)。排版草图要求元器件在板上的位置及尺寸大体固定,印制导线排定,并尽量做到短、少、疏。通常需几经反复,多次调整元器件位置或方向才能达到满意结果。

（3）正式排版草图的绘制

这是为制作照相底图而必须绘制的一张草图。这张草图要求：版面尺寸、焊盘位置、印制导线的连接与布设、板上各孔的尺寸及位置等均需与实际板相同并明确标出。同时应在图中注明线路板的各项技术要求。图的比例可根据印制板图形的密度和精度要求而决定，可按1∶1，2∶1，4∶1等不同比例。

草图具体绘制步骤（参考图5.13）如下：

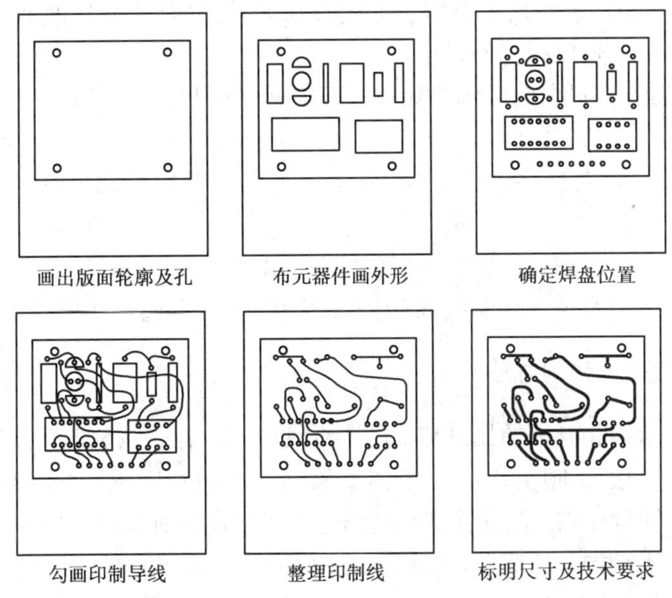

图5.13　草图绘制过程

1）按草图尺寸取方格纸或坐标纸（有一定余量）。

2）画出版面轮廓尺寸，并在轮廓下留出一定空间，用于图纸技术要求的说明。

3）版面内四周留出一定空白间距（一般5～10 mm）不设置焊盘与导线。绘制板上各工艺孔（包括印制板及板上各元器件的固定孔），工艺孔中心一般取在坐标网格交点上。

4）用铅笔先画出各元器件外形轮廓（应按单线不交叉草图上元器件的位置顺序画），注意应使各元器件轮廓尺寸与实物对应，元器件的间距要均匀一致。使用较多的小型元器件可不画出轮廓图，如电阻、小电容、小功率晶体管等，但要做到心中有数。

5）确定并标出各焊盘位置，有精度要求的焊盘要严格按尺寸标出，无尺寸要求的应尽量使元器件排列均匀、整齐（在规则排列中更应注意）。布置焊盘位置不要考虑焊盘间距是否整齐一致，而应根据元器件大小形状而定，最终应保证元器件装配后间距均匀、整齐、疏密适中。

6）为简便起见，勾画印制导线，只需用细线标明导线走向及路径即可，不需按印制导线的实际宽度画出，但应考虑线间距离。

7）将铅笔绘制的草图反复核对无误后，用绘图笔重描焊点及印制导钱，描后擦掉元件实物轮廓图，使草图清晰明了。

8）标明焊盘尺寸及线宽，注明印制板的技术要求。

技术要求内容：

焊盘外径、内径、线宽、焊盘间距及公差；

板料及板厚,板的外形尺寸及公差;

板面镀层要求(指镀金、银、铅锡合金等);

板面助焊剂、阻焊剂的使用;

其他具体要求。

(4)双面印制板排版草图设计与绘制

双面板除与上述单面板设计绘制过程相同外,还应考虑以下几点:

1)元器件布在一面(A面),主要印制导线布在无元件面(B面),两面印制线尽量避免平行布设,应力求相互垂直,以减少干扰;

2)两面印制线最好分别布在两面,如在一面绘制,应用两种颜色以示区别,并注明分别在哪一面;

3)两面对应的焊盘要严格一一对应,方法可通过扎针穿孔法,将一面焊盘中心引到另一面;

4)在绘制元件面导线时,注意避开元件外壳、屏蔽罩等;

5)两面彼此间需要相连的印制线,需用金属化孔实现(金属化孔见第五节)。

5.5.2 照相底图的绘制方法

照相底图是用来照相制板的比例精确的图纸,也叫黑白图,它是依据预先设计的布线草图绘制而成的。制作一块标准印制板,一般需要绘制三种照相底图:制作导电图形的底图(见图5.14),制作印制板表面阻焊层的底图,制作标志印制板上所装连元器件的位置及名称等文字符号的底图。对于结构比较简单、装连的元件数量较少的印制板或者元器件有规则排列的印制板,有时文字符号底图可以和导电图形底图合并,与导电图形一起蚀刻在印制板上。

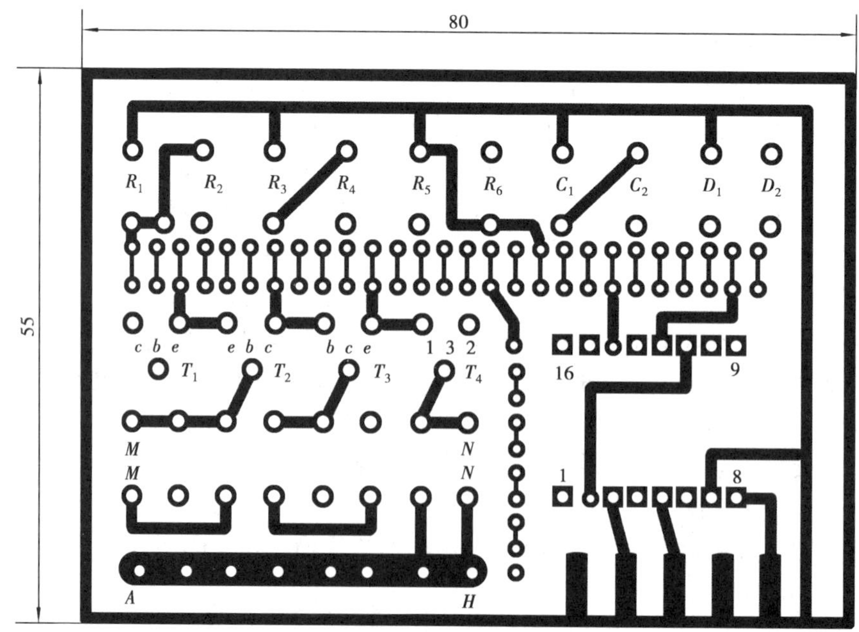

图5.14 照相底图

(1)绘制照相底图的要求

1)为了绘制方便,一般照相底图的尺寸及比例与布线草图相同,对高精度和高密度的印制板照相底图的比例,要适当扩大,以保证印制电路板的精度;

2)焊盘的大小、位置、间距、插头尺寸、印制导线宽度、元器件安装尺寸等,均应按草图所标尺寸绘制;

3)版面清洁,焊盘、导线应光滑,不应有毛刺;

4)焊盘之间、导线之间、导线与焊盘之间的最小距离不应小于草圈中注明的安全距离;

5)注明印制板的技术要求(参照草图的技术要求)。

(2)绘制照相底图的方法

1)手工绘图:手工绘图就是用墨汁在白铜板纸上绘制照相底图,其方法简单、绘制灵活。在新产品研制或小批量试制中,常用这种方法。目前,也有些印制板厂仍用手工绘制或修理有缺陷的底图。手工绘制的主要缺点是:导线宽度不均匀,图形位置偏大,效率低。

2)贴图:利用专制的图形符号和胶带,在贴图纸或聚酯薄膜上,依据布线草图贴出印制板的照相底图。贴图需在透射式灯光台上进行,并用专制的贴图材料。常用的贴图材料有以下几种:

①贴图纸:印有浅蓝色标准网格线的绘图纸或网格聚酯薄膜。网格的间距有1,2.5,2.54 mm(0.1英寸)等规格。

②贴图胶带:目前,专用的贴图胶带是以聚氯乙烯薄膜、聚酯薄膜和纸为基材的压敏性胶粘带。根据导线宽度的要求,胶带有各种规格,并有黑、红、蓝三种。

③贴图符号:是一种用贴图胶带经过冲制而成的贴图符号,它粘附在聚酯基片上。使用时,用刻刀的刀尖从基片上剥下来,转贴到底图上,用得最多的是连接盘符号。黑色的连接盘图形的中心有一个小圆孔或透明孔,以便在贴图时小孔的中心对准网格线的交点,使定位准确。

④贴图字符:字符图形是印制板上安装元器件的位置、名称、极性等的文字与符号。这些文字与符号可按印制板的放大比例,用中文黑体字印出,然后贴在印制板字符图或印制导线图的合适的位置。

下面简单介绍目前广泛应用的在聚酯薄膜上的贴图方法。按照布线草图的要求,先贴定位标记、外形轮廓角标记、插头等,然后贴连接盘符号。按盘的不同规格,先贴全部连接盘图形,再贴导线图形,最后贴缩小标记及印制板的名称、代号、厂标等。

上述过程仅仅完成了一面底图的贴图,如果是双面印制板,可以在贴完第一面图形并经过缩小照相制版后,除去该面上全部导线图形及标记符号,用原来的连接盘图形,在背面贴第二面导线图形及标记符号。这种方法要分两次缩小照相制版后,所以照相原版尺寸精度得不到保证。目前,广泛应用的贴图方法是,利用具有公共连接盘模板贴图,贴法同上,用这种方法可使照相原版尺寸精度比较高。

5.6　印制电路板的加工制作

电子工业的发展，特别是微电子技术的飞速发展，使集成电路的应用日益广泛，随之而来，对印制板的制造工艺和精度也不断提出新要求。印制板种类从单双面板发展到多层板和挠性板，印制的线条也越来越细，目前不少厂家都可制造线宽在 0.2～0.3 mm 的高密度印制板。但应用最广泛的还是单双面印制板，本节将重点介绍这类板的制造工艺。

5.6.1　制作过程中的基本环节

印制板的制造工艺发展很快，不同类型和不同要求的印制板采取不同工艺，但在不同工艺流程中，下面的 7 个基本环节是必需的。

(1) 绘制照相底图

照相底图的绘制方法上节已介绍，这里不再赘述。绘制照相底图是印制板生产厂家的第一道工序，大多数的底图是由设计者绘制的。生产厂家为了保证印制板加工质量，要对这些底图进行检查、修改，不符合要求的需要重新绘制。

(2) 照相制版

用绘好的底图照相制版，版面尺寸应通过调整相机焦距准确达到印制板尺寸，相版要求反差大、无砂眼。制版过程与普通照相大体相同，整个过程为：软片剪裁→曝光→显影→定影→水洗→干燥→修版，整个过程不再详述。需要指出的是，照相前应检查核对底图的正确性，特别是长时间放置的底图，曝光前应确保焦距准确，保证尺寸精度。相版干燥后需修版，对相版上的砂眼进行修补，对不需要的搭接与小岛用刀刮掉。

制作双面板的相版应保持反正面两次照相的焦距一致，确保两面图形尺寸的吻合。

(3) 图形转移

把相版上的印制电路图形转移到覆铜板上，称图形转移。方法有：丝网漏印、光化学法等。

1) 丝网漏印：见图 5.15，与油印机类似，在丝网上粘附一层擦膜或胶膜，然后按技术要求将印制电路图制成镂空图形（相当于油印中蜡纸上的字），漏印时只需将覆铜板在底板上定位，将印制料倒在固定丝网的框内，用橡皮板刮压印料，使丝网与覆铜板直接接触，即可在覆铜板上形成由印料组成的图形。漏印后需烘干、修版。

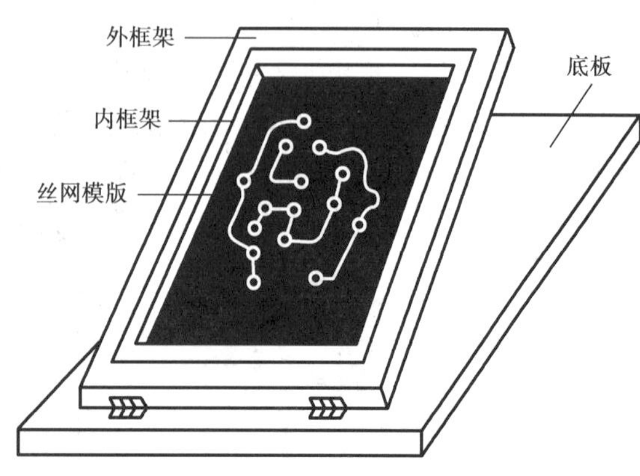

图 5.15　丝网漏印

2) 直接感光法（光化学法之一）：覆铜板表面处理→上胶→曝光→显影→固膜→修版。

表面处理：用有机溶剂去除表面有机物如油脂等；用酸去除氧化层，通过表面处理使铜板表面与胶有牢固的结合。

上胶：在覆铜板表面粘上一层可以感光的材料（感光胶）。液体感光胶上胶方法可分离心式甩胶、滚胶、漫胶、喷胶等，无论是采用哪种方法,都应使胶层厚度均匀,否则会影响曝光效果。

曝光(晒版):将照相底版置于上胶后的覆铜板上,光线通过相版,使感光胶发生化学反应,引起胶膜理化性能的变化。曝光时,应注意相版与覆铜板的定位,特别是双面印制板,定位更要严格,否则两面图形将不能吻合。

显影:曝光后的板漫入显影液中,未感光部分溶解、脱落,感光部分留下。显影后再将板浸入染色溶液中,将感光部分染色,显示出印制板图形,以便于检查线路是否完整,为下步修版提供方便。

固膜:显影后的感光胶并不牢固,易脱落,需使之固化。即将染色后的板浸入固膜液中,停留一定时间后,水洗并烘干,干后再置于烘箱中烘固,使感光膜进一步强化。

修版:固膜后的板应在蚀刻前进行修版,以便将粘连部分、毛刺、断线部分、砂眼等修正,修补用材料必须耐腐蚀。

3)光敏干膜法:这也是一种光化学法,但感光材料不是液体感光体,而是一种薄膜类物质。这种材料由聚酯薄膜、感光胶膜、聚乙烯薄膜三层材料组成,感光胶膜夹在中间,如图5.16。

膜使用方法如下:

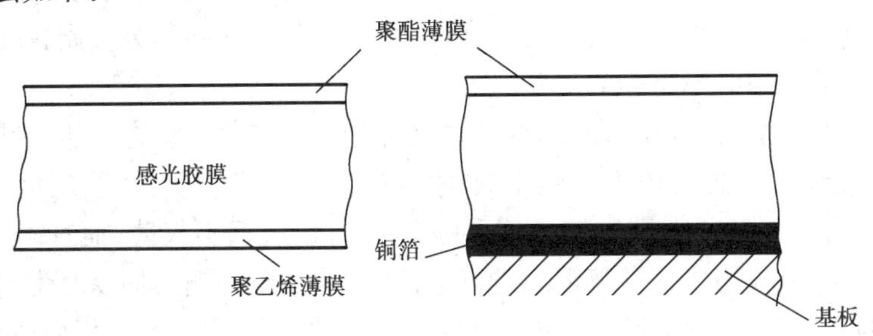

图5.16　干膜构成

覆铜板表面处理:清除表面油污,使干膜牢固贴在板上。

贴膜:揭掉聚乙烯保护膜,把胶膜面贴在覆铜板上,一般使用液筒式贴膜机。

曝光:将相版按定位孔位置准确置于贴膜后的覆铜板上进行曝光,曝光时应控制光源强弱、时间、温度。

显影:曝光后,显影前先揭去聚酯薄膜,再浸入显影液中,显影后去除表面残胶。显影时也要控制显影液的浓度、温度及时间。

(4)蚀刻

蚀刻在生产线上也称烂板。它是利用化学方法去除板上不需要的铜箔,留下组成图形的焊盘、印制导线及符号等。常用的蚀刻溶液有酸性氯化铜、碱性氯化铜、三氯化铁等。

酸性氯化铜蚀刻液是以氯化铜和盐酸为主要成分的蚀刻液,呈酸性,对人的皮肤和衣服都有强腐蚀性;它的优点是成本低,易再生,在连续再生情况下,具有恒定的蚀刻速度,回收铜容易和污染少。它主要用于单面板、孔掩蔽的双面板以及多层及内层的蚀刻。

碱性氯化铜蚀刻液是以氯化铜、氢氧化铵、碳酸铵为主要成分的蚀刻液。对电镀铅锡合金抗蚀层具有很好的适应性,不腐蚀铅锡合金,而且蚀刻铜的速度也很快。目前,这种溶液广泛用于电镀铅锡合金的双面板和多层板的蚀刻加工。

三氯化铁($FeCl_3$)蚀刻液和网印抗蚀料、光致抗蚀膜与电镀金抗蚀层配合使用,能够得到满意的蚀刻效果。但不能用它来蚀刻具有电镀铅锡合金和电镀锡图形的印制板。这种蚀刻液虽然溶铜能力较高、成本低、货源方便、蚀刻速度快，但蚀刻速度下降迅速，再生和回收铜困难，不易清洗，易产生沉淀，三废污染环境严重，因此不易采用。但对于实验室中的少量加工印制板还是比较方便的。

蚀刻方式有以下四种：

1）浸入式：将板浸入蚀刻液中，用排笔轻轻刷扫即可。本方法简单易行，但效率低，侧腐严重，常用于数量少的手工操作。

2）泡沫式：以压缩空气为动力，将蚀刻液吹成泡沫，对板进行腐蚀，此方法工效高，质量好，适于小批量生产。

3）泼溅式：利用离心力作用将蚀刻液泼溅到印制板上，达到蚀刻目的。本方法生产率高，但只适用单面板。

4）喷淋式：用塑料泵将蚀刻液送到喷头，喷成雾状微粒，并高速喷淋到覆铜板上，板由传送带运送，可进行连续蚀刻。此方法是目前蚀刻方式中较先进的技术。

（5）金属化孔

双面印制板两面的导线或焊盘要连通时，可通过金属化孔实现。即把铜沉积在贯通两面导线或焊盘的孔壁上，使原来非金属的孔壁金属化，金属化了的孔称为金属化孔。在双面和多层印制电路中，这是一道必不可少的工序。

孔金属化是利用化学镀技术，即氧化-还原反应产生金属镀层。基本步骤是：先使孔壁上沉淀一层催化剂金属（如钯），作为在化学镀铜沉淀的结晶核心，然后浸入化学镀铜溶液中。化学镀铜可使印制板表面和孔壁上产生一层很薄的铜，这层铜不仅薄，而且附着力差，一擦即掉，因而只能起到导电作用。化学镀铜后进行电镀铜，使孔壁的铜层加厚并附着牢固。

孔金属化的方法很多，它与整个双面板的制作工艺相关。大体上有板面电镀法、图形电镀法、反镀潘膜法、堵孔法、漆膜法等。但无论采用哪种方法，在孔金属化过程中，都需下列各环节：钻孔、孔壁处理、化学沉铜、电镀铜加厚。

金属化孔的质量对双面印制板是至关重要的，在整机中，许多故障原因出自金属化孔。因此对金属化孔的检验应予重视，检验内容一般包括如下诸方面：

1）外观：孔壁金属层完整、光滑、无空穴、无堵塞；

2）电性能：金属化孔镀层与焊盘的短路与断路检测，孔与线间的孔线电阻值；

3）环境例行试验后（高低温冲击、浸锡冲击等），孔的电阻变化率不得超过5%～10%；

4）机械强度（拉脱强度）：即孔壁与焊盘的结合力应超过一定值；

5）金相剖析试验：检查孔壁的镀层质量、厚度与均匀性，以及镀层与铜箔间的结合质量等。

（6）金属涂覆

为提高印制电路的导电性、可焊性、耐磨性、装饰性，延长印制板的使用寿命，提高电气的可靠性，在印制板的铜箔上涂覆一层金属便可达到目的。金属镀层的材料可为：金、银、锡、铅锡合金等。

涂覆方法可用电镀或化学镀两种。

电镀法可使镀层致密、牢固、厚度均匀可控，但设备复杂、成本高，一般用于要求高的印制板和镀层，如插头部分镀金等。

化学镀虽设备简单、操作方便、成本低,但镀层厚度有限,且牢固性差,因而只适用于改善可焊性的表面涂覆,如板面镀银等。

印制板的可焊性镀层传统方式是浸银。但由于银层发生硫化而发黑,降低了可焊性和外观质量。为改善工艺,目前较多采用浸锡和镀铅锡合金的方法,特别是把铅锡合金镀层经热熔处理后更能显示优越性。热熔处理后使铅锚合金与基层铜箔之间获得一个铜锡合金过渡界面,这大大增强了界面间结合的可靠性,因而经热熔后的铅锡合金印制板具有可焊性好、抗腐蚀性好、长时间放置不变色等优点。目前,在高密度印制电路中,大部分采用铅锡合金热熔板。

(7)涂助焊剂与阻焊剂

印制板经表面金属涂覆后,根据不同需要可进行助焊或阻焊处理。

通常,在镀银表面上喷涂助焊剂(松香水),既可保护银层不氧化,又可提高可焊性。

在高密度铅锡合金板上,为使板面得到保护,确保焊接的准确性,可在板面上加阻焊剂(膜),使焊盘裸露,其余部位均在阻焊层下。高密度印制板和采用自动焊工艺的印制板为避免桥接,保证焊接质量,均需涂覆阻焊膜。阻焊印料分热固化型和光固化型两种。色泽为深绿和浅绿色,光固化型使用较广泛。

印制板加工除以上介绍的基本环节外,根据设计要求,还有其他加工工艺,如印字符。为了装焊方便,印制板上印有表示各元器件的位置、名称等的文字及符号。这种符号一般采用丝网漏印,固化方式与阻焊膜相似。印料色泽有白、黑、黄、蓝等多种。

5.6.2 印制板的生产工艺

印制板的生产过程虽需上述各环节,但不同印制板具有不同工艺流程。

(1)单面印制板的生产流程

生产流程为:覆铜板下料→表面去锈处理→上胶→曝光→显影→固膜→修版→蚀刻→去保护膜→钻孔→成形→表面涂覆→助焊剂→检验。

单面板工艺简单,质量易于保证。但在进行焊接前,应再度进行检验,检验内容如下:

1)印制导线、焊盘、文字与符号是否清晰,有无毛刺,是否桥接或断路;

2)镀层是否牢固、光亮,是否喷涂助焊剂;

3)焊盘孔是否按尺寸加工,有无漏打或打偏;

4)板面及板上各加工尺寸是否准确,特别是印制板插头部分;

5)板厚及板面平直度是否合乎要求等。

(2)双面印制板的生产流程

双面板与单面板生产的主要区别在于增加了孔金属化工艺,即实现了两面印制电路的电气连接。由于孔金属化工艺很多,相应双面板的制作工艺也有多种方法。概括分类可有先电镀后腐蚀和先腐蚀后电镀两大类。先电镀的有板面电镀法、图形电镀法、反镀捧膜法、先腐蚀的有堵孔法和漆膜法。以下就常用的图形电镀法工艺作简单介绍。

图形电镀法工艺是较为先进的制作工艺,特别是在生产高精度、高密度的双面板中更能显示出优越性。主要工艺是:下料→钻孔→化学沉铜→电镀铜加厚(不到预定厚度)→贴干膜→图形转移(曝光、显影)→二次电镀加厚→镀铅锡合金→去保护膜→腐蚀→镀金(插头部分)→成型→热烙→印制阻焊剂与文字符号→检验。

双面印制板的检验内容包括单面板和金属化孔的各项检验要求。

(3)多层印制板的生产流程

多层印制板是由几个双面板压粘而成的一种立体布线的印制电路。由钻孔和孔金属化将层间线路连接起来,能适应高精度、高密度的电子组件的装配需要。

多层印制板的生产过程比较复杂,各层精度要求高。其步骤如下(图5.17)。

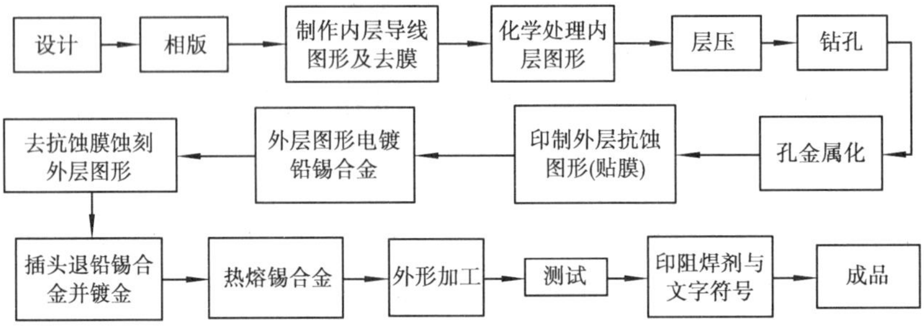

图5.17　多层印制板的生产流程

5.6.3　手工自制印制板

在样机尚未定型的试制阶段或在课程设计中,经常需要制作一二块印板,若按上述工艺步骤进行,不仅周期长,而且很不经济,因此掌握手工自制印制板的方法很有必要。手工自制印制板的方法有漆图法、图法、铜箔粘贴等。下面介绍漆图法,此方法简单易行,其制作过程为:

下料→拓图→打孔→描漆图→腐蚀→去漆膜→清洗→涂助焊剂。各步简单说明如下:

1)下料:按实际设计尺寸剪裁覆铜板(剪床、锯均可),去四周毛刺。

2)拓图:用复写纸将已设计的印制板布线草图拓在覆铜板的铜筒面上。印制导线用单线,焊盘以小圆点表示。拓制双面板时,板与草围应有3个以上(孔距尽量大)的定位孔,以保证两面板中所有焊盘孔的精度。

3)打孔:拓后检查焊盘与导线是否有遗漏,查后在板上打样冲眼,以样冲眼定位钻焊盘孔。钻孔时注意钻床转速应取高速,钻头应刃磨锋利,进刀不宜过快,以免将铜箔挤出毛刺,并注意保持导线图形清晰。钻焊盘孔也可放在最后进行。

4)描漆图:用稀稠适宜的调和漆将图形及焊盘描好。描图时应先描焊盘,方法可用比焊盘外径稍细的硬导线或木棍蘸漆点画,漆要蘸得适中,比画线用的漆稍稠,点时注意与孔同心,大小尽量均匀。焊盘描完后可描印制导线图形。工具可用鸭嘴笔与直尺,注意直尺不要与板接触,可将两端垫高,以免将未干的图形蹭坏。

5)腐蚀:腐蚀前检查图形质量,修整线条焊盘。腐蚀液一般用三氯化铁水溶液,浓度在28%~42%之间。溶液温度不宜过高,以防将漆膜泡掉。将板全部浸入溶液后,用排笔轻轻刷扫,刷扫时不要用力过猛,防止漆膜刮掉,待完全腐蚀后,取出用水冲洗。

6)去漆膜:用热水浸泡后即可将漆膜剥掉,未擦净处可用稀料清洗。

7)清洗:穰膜去净后,用碎布蘸去污粉反复在板面上擦拭,去掉铜箔氧化膜,露出铜的光亮本色。为使板面美观,擦拭时应固定顺某一方向,这样可使反光方向一致,看起来更加美观。擦后,用水冲洗、晾干。

8)涂助焊剂:冲洗晾干后应立即涂助焊剂(可用已配好的松香酒精溶液)。涂助焊剂后,便可使板面得到保护,并能提高可焊性。

第6章 电子技术文件及识图

6.1 标准及标准化

6.1.1 标准的概念

标准定义:对重复性事物和概念所做的统一规定。它以科学技术和实践经验的综合成果为基础,经有关方面协商一致,由主管机构批准,以特定的形式发布,作为共同遵守的准则和依据。

标准化定义:在经济、技术、科学及管理等社会活动中,对重复性事物和概念,通过制定、发布和实践标准,从而达到统一,以获得最佳秩序和社会效益的全部活动。

标准化是组织现代化生产的手段、是科学管理的基础、是提高产品质量的保证、是发展横向联合的纽带、是发展外向经济出口创汇的必须。企业的各类人员,应了解、熟练乃至掌握相应的标准。作为一个设计和生产电子产品的工程技术人员更不能例外。

6.1.2 分类

标准的种类繁多,仅涉及电子产品的标准就有上千种之多。按标准的属性可分为技术标准、经济标准和管理标准三种;按标准大级别(层次)分为:国际标准、国家标准、行业标准、地方标准、企业标准。

(1)国际标准

由(ISO)国际标准化机构和国际电工委员会(IEC)所制定的标准,以及 ISO 认可的 22 个国际组织所制定的标准。

如:ISO 于 1987 年颁布的 ISO 9000

(2)国家标准

国家标准是对全国经济、技术发展有重大意义而必须在全国范围内统一的标准,是由国家标准化主管机构批准、发布,在全国范围内统一的标准。

国家标准主要包括：基本原材料、材料标准；关系到广大人民生活，量大面广、跨部门生产的重要工农业产品标准；有关人民健康、安全和环境保护的标准；有关互换、配合、通用技术语言等方面的重要基础；通用零件、部件、元件、器件、配件和工具、量具的标准；通用的试验和检验方法标准等。

(3)行业标准

行业标准指当没有国家标准而又需要在全国某个行业范围内统一的技术要求，并由国务院有关行政主管部门制定经国务院标准化行政主管部门备案的标准。这一标准可以消除以往各部门对同一对象分别制定不同标准的混乱现象，提高标准的统一协调程度，有利于技术经济的协调发展。

在公布相应的国家标准后，该行业标准即行废除。

(4)地方标准

地方标准是当没有国家和行业标准而又需要在省、自治区、直辖市范围内统一的工业产品的安全、卫生要求，并由省、自治区、直辖市标准化行政主管部门和国务院有关部门备案的标准。

在公布了国家或行业标准后，该项地方标准即行废止。

(5)企业标准

根据“标准化法”的规定，企业生产的产品在没有国家标准和行业标准的情况下，应当制定企业标准，作为组织生产的依据，企业的产品标准须报当地政府标准化行政主管部门和有关部门备案。已经有了国家标准或者行业标准的，国家鼓励企业制定严于国家标准或者行业标准的企业标准，在企业内部执行。

6.1.3 ISO 9000

1987 年“ISO 9000 质量管理和质量保证系列标准”。

- 至今已有超过 60 个国家采用，并转化为本国的国家标准。
- 我国 1992 年“等同”采用 ISO 9000 并颁布 GB/T 19000。
- GB/T 19000(GB/T 19001-GB/T 19004)与 ISO 9000(ISO 9001-ISO 9004)一一对应。
- 名称：质量管理和质量保证标准-选择和使用指南。
- 阐述了三个问题：

1)五个术语的定义和关系(质量方针/质量管理/质量体系/质量控制/质量保证)。

2)合同环境与非合同环境。

3)其他 4 个标准分为两种类型：

质量管理(GB/T 19004)：质量管理和质量体系要素-指南。

质量保证(GB/T 19001，GB/T 19002，GB/T 19003)，并分别对这两种标准的使用进行说明。

- GB/T 19001—质量体系—设计/开发、生产、安装和服务的质量保证模式。
- GB/T 19002—质量体系—生产和安装的质量保证模式。
- GB/T 19003—质量体系—最终检验和试验的质量保证模式。

GB/T 19004 目的是为了让企业进行质量管理、建立质量体系是提供指导，其使用条件是合同环境或非合同环境。

• 内容:GB/T 19004 基本包括了 3 个质量保证标准的全部内容,并且还包括更多内容。

• 性质:GB/T 19004 只具有推荐性,指导企业进行质量管理,建立质量体系,而且 3 个质量保证标准则有不同。

表达方式: GB/T 19004 完全是指导性的口气,而质量保证标准是合同口气。

使用:企业进行质量管理、建立质量体系时,应使用 GB/T 19004 标准,不应从 3 个质量保证标准中选用;而供需双方签订质量保证协议或在质量认证中作为检查质量体系的依据时,应使用 3 个质量保证中适用的一个,不应使用 GB/T 19004。

6.2 电子技术文件

6.2.1 电子技术文件

(1)分类

1)按领域:专业制造、普通应用。

专业制造:专业从事电子产品规模生产的领域。

普通应用:除专业制造以外的所有应用电子技术的领域,包括学生电子实验设计、业余电子科技活动、企业技术改革等。

2)从应用上:

工程性图表:说明性图表。

工程性图表:为产品的设计、生产而用的,具有明显的"工程"属性。

特点是严格"循规蹈矩",不允许灵活,并且是企业的技术资产,除产品说明书外一般不对外公布。

说明性图表:用于非生产目的,例如技术交流、技术说明、教学、培训等方面。

特点一:随着电子科学技术的发展,不断出现新的元器件、组件,因此不断有新的名词、符号和代号出现。

特点二:集成电路、大规模集成电路、超大规模集成电路,以及微组装混合电路等高度集成化的技术,使一片电路具有成千上万个分立器件的电路功能,传统的象形符号已不足以表达其结构及功能,象征符号大量采用。

特点三:除部分图具有机械工程图(如机壳图、印制板机械加工图等)特点外,大部分电子技术图以表达元器件、部件及电路各部分之间相互连接关系为主,它们在空间的实际距离和位置则是次要的,这一点同其他工程图有很大区别。

特点四:电子技术图在不误解的前提下追求计量简化。

特点五:说明性图表有较大灵活性。可根据需要将框图、原理图、功能图表及实物图穿插应用,也可在图中表明元器件型号、规格等具体参数。

(2)技术文件与标准

产品技术文件包括设计文件、工艺文件和研究实验文件等,是产品从设计、制造到检验、储运,从销售服务到使用维修全过程的基本依据。

特点:严格的标准、标准化是产品技术文件的基本要求。标准化的依据是关于电气制图和电气图形符号的国家标准。

电气制图 GB 6988. X—86　共 7 项

电气图形符号标准 GB 4728. X—8X　共 13 项

电气设备用图形符号 GB 5465. X—85　共 2 项

相关标准 GB 5094—85　共 5 项

严谨的格式:按国家标准,工程技术图具有严谨的格式,包括图样编号、图幅、图栏、图幅分区等。其中图幅、图栏等采用与机械图兼容的格式,便于技术文件存档和成册。

严明的管理:产品技术文件由企业技术管理部门进行管理,涉及文件的审核、签署、更改、保密等方面,都由企业规章制度约束和规范。

6.2.2　设计文件与工艺文件

(1)产品分级及文件分类

1——成套设备

2,3, 4——整件

5, 6——部件

7, 8——零件

(2)设计文件的组成

1)设计文件须完整成套

包括的内容如表 6.1 所示。

表 6.1　电子设备设计文件

序号	文件名称	文件简号	产　品		产品的组成部分		
			成套设备	整机	整件	部件	零件
			1 级	2,3,4 级	2,3,4 级	5,6 级	7,8 级
1	产品标准	—	●	●	—	—	—
2	零件图	—	—	—	—	—	●
3	装配图	—	—	●	●	●	—
4	外形图	WX	—	○	○	○	○
5	安装图	AZ	○	○	—	—	—
6	总布置图	BL	○	—	—	—	—
7	频率搬移图	PL	○	○	—	—	—
8	方框图	FL	○	○	○	—	—
9	信息处理流程图	XL	○	○	○	—	—
10	逻辑图	LJL	—	○	○	—	—
11	电原理图	DL	○	○	○	—	—
12	接线图	JL	—	○	○	○	—
13	线缆接线图	LL	○	○	—	—	—
14	机械原理图	YL	○	○	○	○	—

续表

序 号	文件名称	文件简号	产　品		产品的组成部分		
			成套设备	整机	整件	部件	零件
			1 级	2,3,4 级	2,3,4 级	5,6 级	7,8 级
15	机械传动图	CL	○	○	○	○	—
16	其他图	T	○	○	○	○	—
17	技术条件	JT	—	—	○	○	○
18	技术说明书	JS	●	●	○	—	—
19	说明	S	○	○	○	○	—
20	表格	B	○	○	○	○	—
21	明细表	MX	●	●	●	—	—
22	整件汇总表	ZH	○	○	—	—	—
23	备福建及工具汇总表	BH	○	○	—	—	—
24	成套运用文件清单	YQ	○	○	—	—	—
25	其他文件	W	○	○	○	○	—

注:表中“●”表示必须编制的文件;“○”表示这些文件的编制,应根据产品的性质、生产和使用的需要而定。

表中“其他图”(T)、“说明”(S)、“表格”(B)和“其他文件”(W)四个简号的右下角,允许加脚注,脚注可以使用数字或字母。浇铸序号是应从本身开始算起,例如:S,S_1,S_2 等。

2)设计文件按十进制分类编号

即将设计文件按规定的技术特征(功能、结构、材料、用途、工艺)分为10类,每级分10型,每型分10种。在特征标记前,冠以汉语拼音字母表示企业区分代号,在特征标记后标出三位数字表示登记号,最后是文件简号。

(3)工艺文件

工艺文件是具体知道和规定生产过程的技术文件。它是企业实施产品生产、产品经济核算、质量控制和生产者加工产品的技术依据。

工艺工作内容:

1)产品试制阶段

设计方案讨论、审查产品工艺性、拟定工艺方案和工艺路线、编制工艺文件和工艺初审、处理生产技术问题、工装设计和实验制造、关键工艺试验、工艺最终评审、修改工艺文件。

2)产品定型阶段

设计文件的工艺性审定、编制工艺规程、编制定型工艺文件、工艺文件编号归档。

工艺文件分类:

①工艺管理文件

②工艺规程(图6.1)

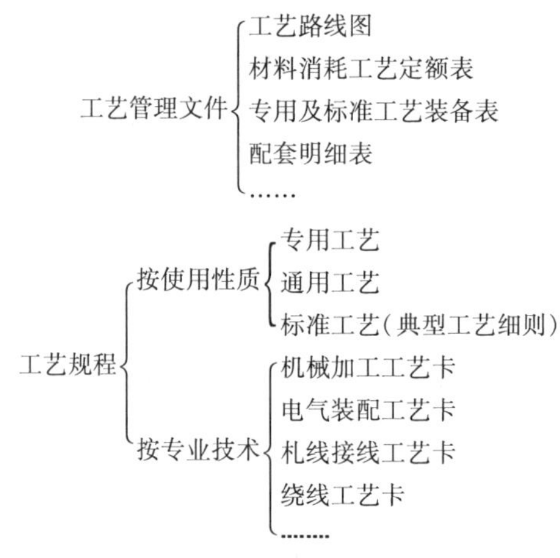

图 6.1 工艺文件种类

(4)工艺文件内容

工艺文件的内容应包括的内容,如表 6.2 所示。

表 6.2 工艺文件内容

序 号	工艺文件名称
1	工艺总方案
2	工艺路线图
3	工艺装备明细表
4	非标准仪器、仪表、设备明细表
5	材料消耗工艺定额明细表
6	辅助材料定额表
7	外协见明细表
8	关键、重要零、部件明细表
9	关键工序明细表
10	生产说明书
11	各类工艺过程卡片
12	各类工艺卡片
13	各类工序卡片
14	各类典型工艺(工序)卡片
15	毛坯下料卡片
16	检验卡片
17	产品工艺性分析报告
18	专题技术总结报告
19	工艺评审结论
20	工艺定型总结报告
21	专用工艺装备设计文件
22	非标准设备设计文件
23	工艺文件目录

6.2.3　原理图

(1)系统图

系统图习惯称方框图,是一种使用非常广泛的说明性图形,它用简单的“方框”代表一组元器件、一个部件或一个功能块。用它们之间的联想表达信号通过电路的途径或电路的动作顺序,具有简单明确,一目了然的特点。绘制方框图,一定要在方框内注明该方框所代表电路的内容或功能,方框之间的连线一般应带箭头表示信号流向。

(2)电路图

电路图也称点原理图、电子线路图,是表示电路工作原理的。它使用何种图形符号,按照一定的规则,表达元器件之间的连接及电路各部分的功能。它不表达电路中各元器件的形状或尺寸,也不反映这些元器件的安装、固定情况。因而一些辅助元件如紧固件、接插件、焊片、支架等组成实际仪器不可少的东西在电路图中都不必画出。

1)电路图中的连线

①实线

在电路中元器件之间的电气连接,是通过图形符号之间的实线表达的。为使条理清楚,表达无误,应注意以下特点:

A. 连线尽可能画成水平或垂直线,斜线不代表新的含义。在说明性电路图中有时为了表达某种工艺思路特意画成斜线表示电路接地点位置和强调一点接地。

B. 相互平行线条之间距离不小于1.6 mm;较长线应按功能分组画,组间应留两倍线间距离。

C. 一般不要从一点上引出多于三根的连线。

D. 线条粗细如果没有说明,不代表电路连接的变化。

E. 连线可以任意延长和缩短。

②虚线

在电路图中虚线一般是作为一种辅助线,没有实际电气连接的意义,有以下几种辅助表达作用。

A. 表示元件中的机械连接作用,如图6.2所示。

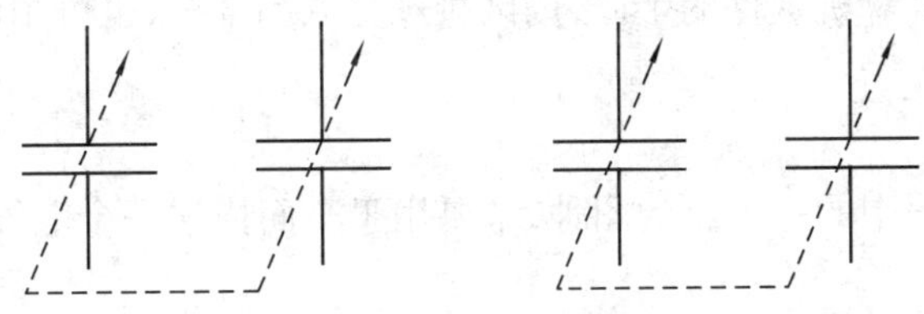

图6.2　四联可变电容器

B. 表示封装在一起的元器件。

C. 表示屏蔽,如图6.3所示。

D. 表示其他作用。如表示一个负载电路分隔成几个单元电路,印制电路板分板,常用点划线表示,也可用虚线,一般都需附加说明。

2)电路图中的省略与简化

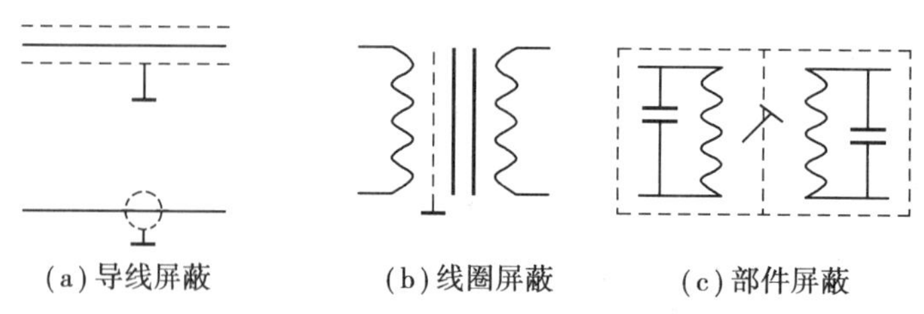

图 6.3　屏蔽的种类

比较复杂的电路中,如果将所有的连线和接点都画出,则图形过于密集,线条多反而不容易看清楚。因此,人们习惯用一些简单画法来表示一些复杂电路,并在此过程中形成了一些简化图形。

①线的中断

某些在图中离得较远的两个元器件之间的连线,可以不画到最终去处,而用中断的办法表示,如图 6.4 所示。

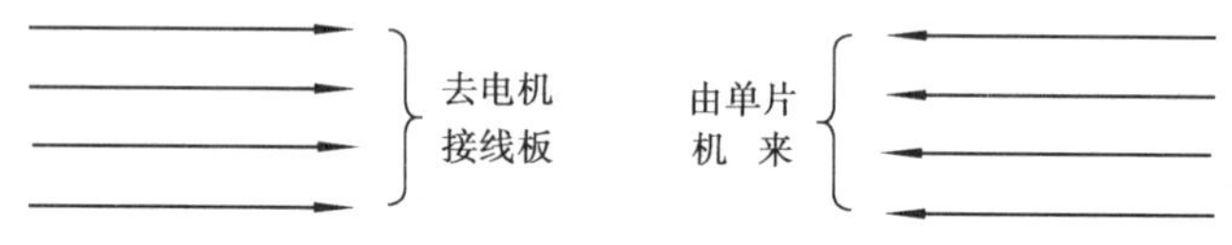

图 6.4　线的中断

②用单线表示多线

成组的平行线可用单线表示,线的交汇点用一短斜线表示,并用数字标出代表的线数。

③电源线省略

④同种元器件图形简化

⑤功能化简化

3)电路图的绘制

①流程图如图 6.5

流程图的全称是信息处理流程图,它用一组规定的图形符号表示信息的各个处理步骤,用一组流程线把这些图形连接起来表示各个步骤的执行次序。

流程图主要用于计算机软件的生产,调试遗迹交流和维护,也可用语其他信息处理过程的说明和表达。

②功能图

功能图表是电气图中的一个新的图种,主要用于全面描述一个电气控制系统的控制过程、作用和状态。

与电路图的区别:主要描述原则和方法,不提供具体技术方法。

与系统图的区别:系统图主要表达系统的组成和结构,而功能图则表述系统的工作过程。

采用图形符号和文字说明相结合的办法,主要是因为系统工作过程往往比较复杂,而且往往一个步骤中有多种选择,完全用文字表述难以完整准确,完全采用图形则需要规定大量图形符号,有些过程用图形很难描述清楚,而采用少量符号加文字说明方式,则可图文并茂。

作用:为系统的进一步设计提供框架和纲领、技术交流和教学、培训。

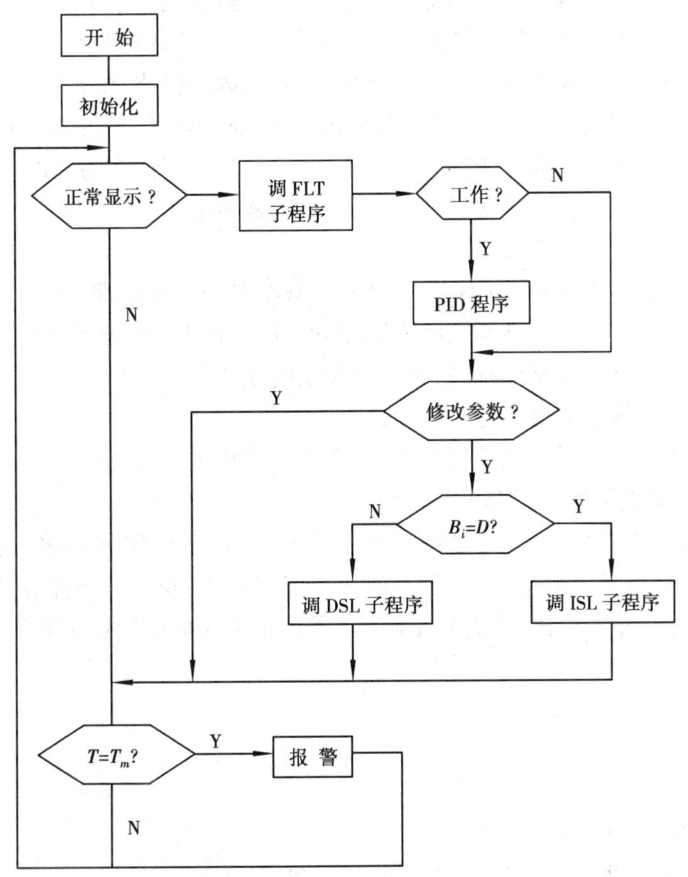

图6.5　信息处理流程图

6.2.4　工艺图

(1) 实物装配图

实物装配图是工艺图中最简单的图，它以实际元器件形状及其相对位置为基础画出产品装配关系。

特点：由于采用实物画法，装配时不易出错。

用途：一般用于教学说明或为初学着入门制作说明，某些局部实物图在产品装配时仍有使用。

(2) 印制板图

电子工艺设计中最重要的一种图，特别需要强调是某些元器件的安装尺寸。应在送出加工时强调安装尺寸，必要时注明公差，类似机械图。

(3) 印制板装配图

印制板装配图是供焊接安装工人加工制作印制板的工艺图。这种图有两类，一类是将印制板上导线图按板图画出，然后在安装位置加上元器件。

绘制这种安装图时要注意：

1)元器件可以用标准符号,也可以用实物示意图,也可混合使用。

2)有极性的元器件,如电解电容极性,晶体管极性一定要标记清楚。

3)同类元件可以直接标参数、型号,也可标代号,另附表列出代号内容。

4)特别需说明的工艺要求,例如焊点大小、焊料种类、焊后保护处理等要求应加以注明。

另一类印制板装配图不画出印制导线的图形,只是将元器件作为正面,画出元器件外形及位置,知道装配焊接。但这类电路图大多是以集成电路为主。

绘制这种安装图时要注意:

1)元器件全部用实物表示,但不必画出细节,只绘制外形轮廓即可。

2)有极性或方向定位的元件要按时实际排列时所处位置标出极性和安装位置。

3)集成电路要画出管脚顺序标志,且大小和实物成比例。

4)一般在每个元件上标出代号。

5)某些规律性较强的器件如数码管等,也可采用简化表示方法。

(4)元器件明细表及整件汇总表

对非生产图纸,我们可将元器件型号、规格等标在电原理图中并加适当说明即可。而对生产图纸来说,就需要另附供采购及计划人员用的元器件明细表。必须注意的是因为使用这个表的人对设计者思路并不了解,他们只是照单采购,所以明细表应尽量详细。详细的明细表应包括:

1)元件;

2)规格;

3)数量;

4)有无代用型号、规格;

5)备注:例如是否指定生产厂家,是否有样品等,如表6.3。

一般来说,元器件明细表还不能包括整个仪器的全部材料,因此除明细表外还应给出整机汇总表。它包括:

1)机壳、底板、面板。

2)机械加工件、外购部件。

3)标准件。

4)导线、绝缘材料等。

5)备件及工具等。

6)技术文件。

7)包装材料,包括内外包装、填料等。

表6.3

序号	名称	型号规格	位号	数量	备注
1	电阻	RJ1—0.25—5k6 ±5%	R1,R5,R9	3	
2	电容	CL21—160 V—47n	C5,C6	2	
3	三极管	3DG12B	V3,V4,V5	3	可用9013代替
4	集成电路	MAX 4012	A1	1	MAXIM公司

6.2.5　电子技术文件计算机处理系统

电子技术文件计算机处理主要有以下两方面的内容:计算机绘图和工程图设计、处理与管理系统。前者适用于各种需要电子技术图的应用,包括数学、培训及电子科技活动,而后者主要用于大中型企业对工程图纸、文字、图表资料进行综合处理。

计算机绘制电子技术图即通常所说的电子 CAD 或电子图板,主要由硬件平台和相应软件两部分组成。虽然随着计算机技术的飞速发展,各种 CAD 软件层出不穷,性能越来越高,功能越来越强,但系统基本架构是一致的,如图 6.6 所示。

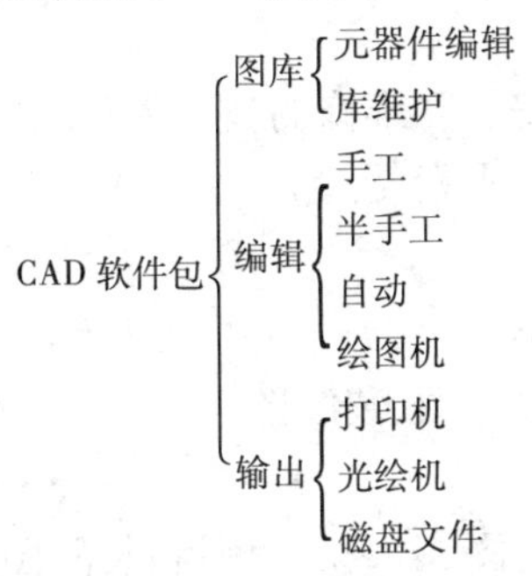

图 6.6　CAD 系统的基本框架

绘图软件中核心部分是图形编辑模块。软件功能越强,其自动化、智能化程度就越高,绘图效率也越高。这里所说的自动化、智能化主要指的是由电原理图到印制板图时自动布局与布线。目前应用较普遍的软件在布局时一般手工干预还是不能避免,而布线的自动化已自动完善。

单纯用计算机取代图板只是应用的初级阶段,不仅专用软件,现在有些通用软件如 Word 中具有绘制流程图的功能。进一步的应用是将绘图和设计试验结合起来,现在已有多种用于电路试验的软件,输入原理图后不必实际搭电路,即可进行性能、功能试验,使产品开发速度大大加快。

未来发展趋势是人们仅仅输入设计思想和必要的规则,其他工作都由计算机去完成。在达到这个目标之前,充分利用计算机资源,提高电子技术工作效率和质量,仍然是目前工程技术人员的努力方向。

工程图处理与管理系统也称无纸技术档案库。实际它所包含的不仅仅是档案库,其结构如图 6.7 所示。

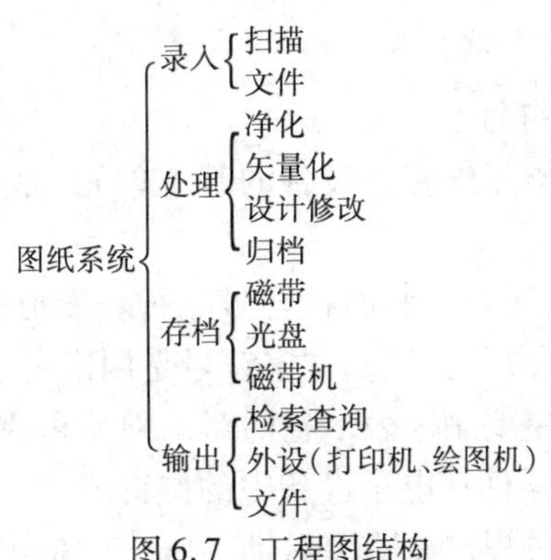

图 6.7　工程图结构

现代高容量硬盘及光盘存储使容量几乎无限,数据库及网络技术使各种图纸的检索和查阅十分便利;技术文件的分类及查阅者的权限设置以及修改、备份等对计算机更是轻而易举。现在已经有许多大中型企业使用计算机管理系统对资料、信息甚至各个部门进行管理,也有很多微型系统进入小型企业或教学、科研部门,甚至电子技术人员的工作室。

6.3 电器识图常识

识图常识:

图纸是从事工程设计、制造、安装和维修的技术人员之间的通用语言。具备一定识图能力是每个工程技术人员所应具备的基本素质。

6.3.1 电器工程图的种类

电器工程图有:方框图、电路原理图、装配图。

(1)电路图的种类

在实践中常用的电路图有方框图、电路原理图和装配图三种。此三种电路图所展示的信息不同,却有着紧密的内在联系,即从不同的侧面来描述同一个电子设备。

(2)方框图

方框图是用分割图来表示设备系统的一种方法,它表明了设备组成部分、各部分之间的关系及信号的流程和演变过程。

方框图只描述了一个电子设备或复杂电路的框架,具体采用的电路类型和形式、元器件及参数、各电路间的连接情况需要用电路原理图来表示。

(3)电路原理图

电路原理图是用电路图符号有机连接的整体图,是有关技术人员不可缺少的资料。有了电路原理图,就能更详细、具体地分析电子设备的工作原理。

(4)装配图

装配图是电路原理图具体实现的表现形式,是无线电装置或设备安装、调试和维修人员的必要资料。装配图一目了然地表明了元器件的实物形状、安装位置和电路的实际走线方式等。

6.3.2 识图要求与方法

(1)识图要求

1)熟悉每个元器件的电路符号

无线电元器件是组成各种电子线路及设备的基本单元,熟悉无线电元器件的电路符号是识读无线电电路图的基本要求。

电路符号包括图形符号、文字符号和回路符号三种。图形符号通常用于电路图或其他文件以表示一个元器件或概念的图形、标记。文字符号是用来表示电器设备、装置和元器件种类和功能的字母代码。回路标号主要用来表示各回路的种类和特征等。

2)根据图纸迅速查找到元器件在电子设备中的位置

这是一个由理论到实践的过程。电路图提供了电子设备组成和工作原理的理论依据,根据电路图迅速、准确地判断出有关电路在整机结构中的部位，乃至查找到元器件的实际位置是识图电路的主要目的之一。

对于电子产品的维修人员来说，达到此项要求尤为重要。在维修时，通常首先根据故障现象，参阅电路原理图分析出可能产生故障的部位；然后准确迅速地查找到相关部位，对有关元器件进行必要的测试；最后确认产生故障的真正原因并设法予以排除。

3）能够看懂方框图

如前所述，方框图勾画出了电子设备组成和工作原理的大致轮廓。能够看懂方框图，是掌握整个电子设备工作原理和工作特点的基础。

对于具体电子设备及电路的识别方法，一般是由简单到复杂、由整体到局部逐步摸索规律。因此，要了解和掌握具体设备的电路原理必须读懂方框图。

4）具有一定的识别能力

一个电子设备通常是由许许多多元器件组成的单元电路所构成的。在读图过程中，还要求具有对单元电路、元器件的识别能力。即确认各单元电路的性质、功能及组成元器件。比如：在电视机电路中有若干个放大电路，在读图时必须区分清高频放大器、中频放大器、视频放大器、功率放大器等不同类型和功能的放大器，同时还必须搞清每个单元放大器由哪些元器件组成。识别能力还体现在对元器件的实物识别等方面。

（2）识图方法

我们知道，任何一个电子设备，无论其电路复杂程度如何，都是由单元电路组成的。在对电源电路进行分析时，要认准“两头”（即输入端和输出端），进而分析两端口信号的演变、阻抗特性，从而达到弄清电路作用、用途的目的。

各种功能的单元电路都有它的基本组成形式，而各单元电路的不同组合，构成了不同类型的整机电路。在了解各单元电路信号变换作用的基础上，再来分析整机电路的信号流程，就能对整机电路的工作过程有个全面的了解。

（3）化繁为简、器件为主

我们的识图对象是较复杂电子产品的电路原理图。要一下子读懂有成百上千个元器件组成的复杂电路确有困难，只要我们遵循化繁为简、由表及里、逐级分析的识图原则，读懂、走通电路就变得容易了。

化繁为简，即为将复杂电路看成是由主要元器件组成的简单基本电路。而基本电路的核心又是各种电子元器件，如放大器中的三极管、检波器中的二极管都是对电路工作原理起主要作用的器件。所以在分析电路时要注意把握器件为主的要领。

（4）找到电源和地线

每个电子设备都少不了电源，每个电子电路的工作都需要有电源来提供能量。在识图时找到电源，不仅能了解各电子电路的供电情况，而且还能以此为线索对电路进行静态分析。

对于检修来说，通常应了解电路中各点工作电压的情况，分析时要紧紧抓住地线，并以此作为测量各点工作电压的基准。

（5）功能开关、走通回路

许多电子设备中都有控制其实现多种功能的功能开关。功能开关的切换可使电子设备工作于不同的状态，在其内部形成不同的工作回路。因此，读图时必须弄清功能开关在不同位置时的电路特点、工作情况。

识图能力的培养,不是一朝之功所能达到的。在熟练掌握基本识图知识的基础上必须勤于学习、勇于实践,摸索出行之有效的识图方法。

6.3.3 根据整机画电路图

在家用电子产品的维修过程中,时常会碰到没有任何技术资料的情况。特别是产品的电原理图,作为维修工作中的主要技术依据,其重要性是可想而知的。这就要求维修人员必须具备一定的绘图能力,即根据实际家用电子产品整机,画出相应的电原理图。

从产品实物到电原理图,绘图通常要经过以下几个步骤。

(1)确认产品的类型和型号

首先必须确认产品的类型,这是绘制电路原理图的重要前提。目前,家用电子产品种类繁多、外形各异、结构复杂,必须经过认真观察来确认是何类电子产品,并尽可能确认其型号,这就给后续工作带来方便。

(2)描绘安装接线图

根据电子产品整机结构,描绘各种元器件、零部件之间接线图的过程应注意以下几点:

1)根据各元器件的实物外形,确认其类型,切不可张冠李戴。

2)认真、细致地摸清整机结构中复杂导线的走向。不管整机中的导线多么繁杂,但均可分为三类:电源线、地线、信号线。因此,我们可以分门别类地描绘各导线的连接情况。

(3)根据安装接线图画出电路原理图

为了更明确地表明电路原理和元器件间的控制关系,还必须在接线图的基础上画出其电原理图。对于所画的电路原理图要尽量做到规范,即电路中的元器件用标准的电符号来替代;信号流程以水平方向从左至右,基本单元电路的各元器件相对集中。

第7章 整机工艺设计与生产

电子工业的飞速发展,使电子产品在各行各业的应用日益广泛,已经渗透到每个家庭。当然,电子产品的内容十分丰富,既包括应用于工业的较大型设备、仪器,又包括人们日常生活中的各类家用电器。它们的应用领域不同,复杂程度各异,线路原理更是千差万别。但是,产品整机的工艺结构设计和生产过程,都有一些共同之处。本章将简要介绍一般电子产品的整机工艺设计与和生产过程,以使大家了解整机工艺设计的基本原则和应该注意的问题。

7.1 整机工艺设计

产品的方案原理确定后,整机的工艺设计是十分重要的,因为工艺设计是将设计图纸实现为产品的可靠保障,它是与原设计相辅相成的。特别是近年来,集成电路的广泛使用和各类元器件质量的不断提高,使得整机工艺的优劣对整机性能的影响更为突出。合理设计应达到如下目的:

1)实现原设计的各项功能,达到各项技术指标;

2)在允许环境条件下,保证产品运行的可靠性;

3)操作方便、外形美观、体积小、重量轻;

4)批量生产中装配简单、互换性强、调试维修方便;

5)整机及零部件标准化设计;

6)成本低。

整机工艺设计就是要根据产品的功能、技术要求、使用环境等因素,确定整机的总体方案,以达到上述目的。总体方案的内容应包括:

1)结构设计;

2)环境防护设计;

3)外观及装潢设计。

以下简要介绍各种设计中的具体内容及原则。

7.1.1 结构设计

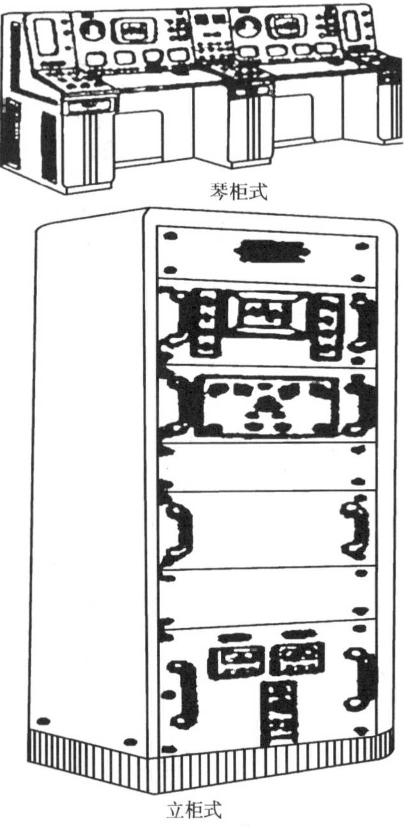

图 7.1 机柜形式

将电子零部件和机械零部件通过一定结构组成一台整机,才能有效地实现其功能。所谓结构,包括外部结构和内部结构两部分,外部结构指机柜、机箱、机架、底座、面板、底板等。内部结构指零部件的布局、安装、相互连接等。欲达到合理的结构设计,必须对整机的原理方案、使用条件与环境,整机的功能与技术指标及元器件(材料)等十分熟悉,因此整机工艺设计前必须首先了解上述各项内容,然后进行下述内容的设计。

(1)机柜、机箱的选用

整机的使用方式和组成零部件的体积与数量,决定了机柜、机箱形式的选用。一般有立式、台式、便携式三种。

1)立式　常见有立柜式和琴柜式两种,如图 7.1 所示。

图 7.1 中的两种柜式均用于较大型设备,立柜式便于走动或站立操作,通常用于某些机械设备的控制柜或不需经常操作的设备,如电源配电柜、电加工机床电器柜。琴柜式适合于操作人员坐姿操作,适用于需要经常或频繁操作与采读数据的大型设备,如中心控制台、实验台等。

2)台式　大量电子产品采用台式,如各类电源、信号源、测量仪器、实验仪器、微型计算机等,这类产品置于工作台上进行操作使用。台式产品除根据使用情况设计成具有一定特点的外形机箱外,还可采用标准机箱,如图 7.2 所示。

标准机箱加工简单、通用性强、经济实用,而且侧板、上下盖板均可方便地拆除,在整机安装调试中都十分方便。这种机箱是系列化产品,可供设计者选用。

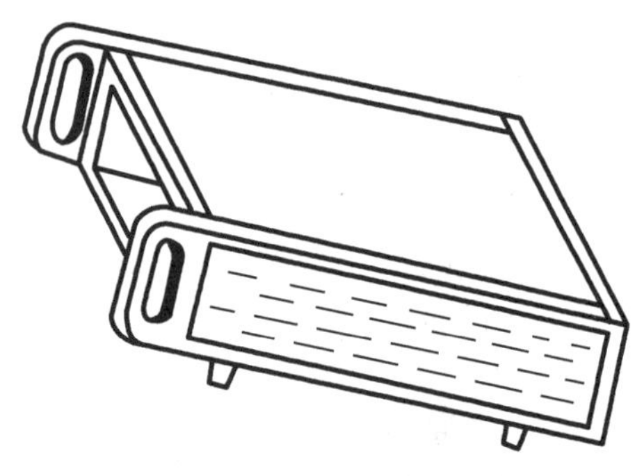
图 7.2 铝型材标准机箱

除上述铝型材标准机箱外,由于工程塑料的发展,目前塑料机壳也在广泛采用,如微型计算机、电视机等。这类机箱适合于大批量生产的产品,机箱的造型、尺寸、结构完全根据产品的功能设计,它们的优点是外观与造型美观、结构简单、互换性强、重量轻、造价低。

3)便携式　元器件体积小、数量少的产品,可将其设计成便携式,这种形式种类繁多,结合产品特点可设计成各种式样,如图 7.3 所示。

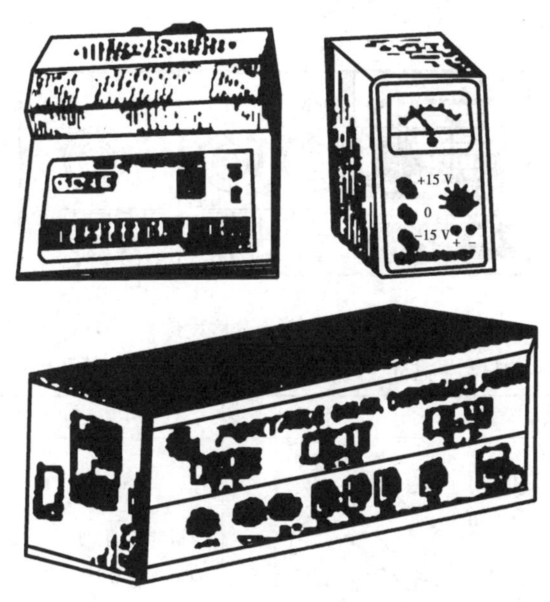

图7.3　几种便携式机箱

(2)面板设计

任何产品几乎都需固定板，通过面板可标注出该仪器的名称，反映出该仪器的主要性能，并可通过面板安装固定开关、控制元件、显示和指示装置，实现对整机的操作与控制，此外，还可通过面板达到对整机的装饰作用。

面板分为前面板和后面板。通常，把经常需要操作的开关、按钮、旋钮、指示灯、显示装置等安装布置在前面板；把不常操作的元件如电源插座、保险与其他设备连接的输入输出信号插座等装在后面板。在面板设计中应注意下述各点：

1)表头、显示器、度盘等无论是站姿或坐姿操作都应使面板垂直操作者的视线，并使指示器位置落在操作者的水平视线区，不要使操作者读测时仰视或俯视，以免造成读数误差。在柜式面板的设计中更要注意这一点。

2)表头、显示器的排列应保持水平，并按采读和操作顺序从左到右顺序排列。

3)不需随时间和同时采读的表头及显示器应尽可能合并，通过开头转换实现一表多用，这不仅使面板宽松清晰，便于采读，而且能降低成本。

4)指示和显示器件的安装位置应和与之相关的开关、旋钮等操作元件上下对应，复杂面板上的相关内容可通过不同颜色区或用线条围成小区，便于操作，给使用者带来方便，如图5.4所示。

5)选用指示灯应尽量选用同种型号，以便于更换，并应降压使用，以提高使用寿命。指示灯颜色与指示内容，可参照国际标准化组织根据各种颜色对人们心理的影响，规定了四种安全色供选用。

红色：表示禁止、停止或报警、危险等；

蓝色：表示指令和必须遵守的规定；

黄色：表示警告、注意；

绿色：表示安全状态、通行、低压等。

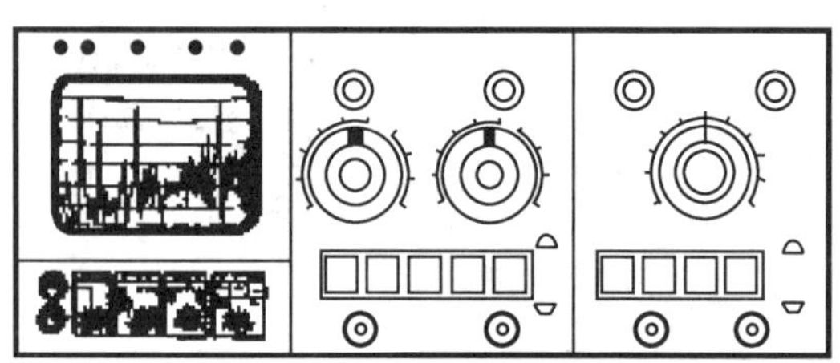

图 7.4　面板分区设计

6)度盘标数的写法应根据度盘是否转动而区别,如图 7.5 所示。

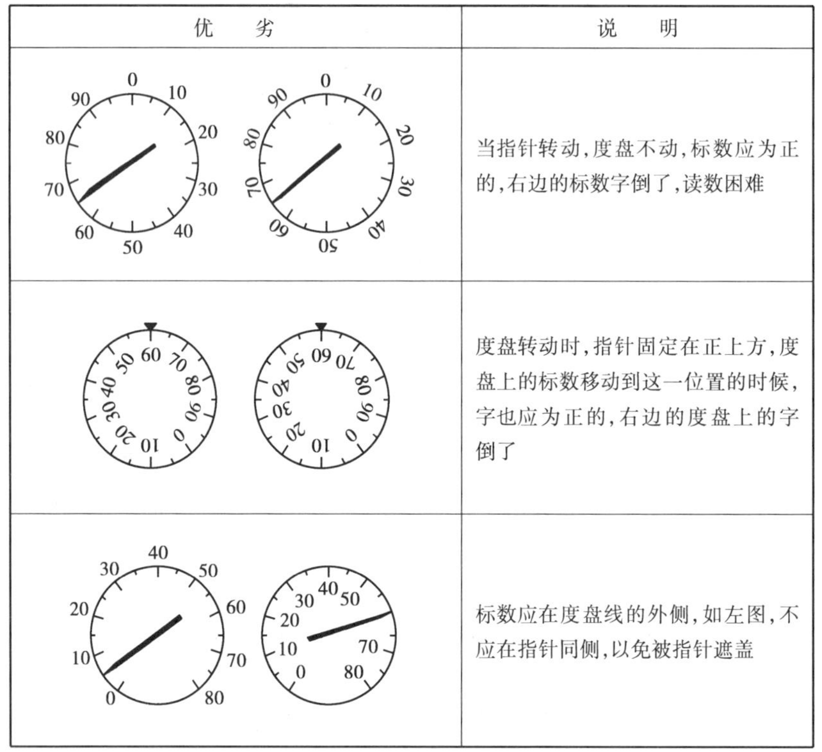

优　劣	说　明
	当指针转动,度盘不动,标数应为正的,右边的标数字倒了,读数困难
	度盘转动时,指针固定在正上方,度盘上的标数移动到这一位置的时候,字也应为正的,右边的度盘上的字倒了
	标数应在度盘线的外侧,如左图,不应在指针同侧,以免被指针遮盖

图 7.5　度盘标数方案的比较

7)开关等控制元件应安装在表头、显示器的下方,并易于操作。

8)不需经常调整的电位器,轴端不要露出面板,可通过面板小孔进行调节;需要旋转调节的元件,如电位器、波段开关,应在面板上加工定位孔,防止调节时元件转动。

9)面板上所有元件的功能应用文字、符号标明,文字符号内容应准确、明了、字迹要清晰,颜色与面板颜色应有高反差,位置布在相应元件下方。

10)面板元件布置应均匀、和谐、整齐、美观。

11)面板颜色应与机箱颜色配合协调。

(3)内部结构与连接

产品内部结构设计对整机的性能指标、装配、调试、维修及运行的可靠性都会产生直接影响,设计中要考虑如下因素:

1)便于整机装配、调试、维修。较复杂的产品可根据原理功能分成若干部件,每个部件为一独立单元，整机装配前均可单独装配与调试，适合于批量生产，维修时可通过更换单元及时排除故障。

2）零部件的布局与固定：零部件的布局要保证整机重心尽量低，并尽量落在底层中心位置；彼此需要相互连接的部件应尽量靠近，避免走线过长和往反走线，避免元器件间的电磁干扰；易损零件应布在更换方便的位置；零部件固定应满足防振要求；印制板通过插座连接时应有导轨，导轨长度不应小于印制板的 2/3，插入后应有紧固措施。

3）零部件连接方式：常用方式有插接式、压接式、焊接式三种，可根据电流大小、装配、维修方便等因素来选择。

7.1.2　环境防护设计

环境防护设计是双向的，一方面是产品的可靠运行必须适应和克服周围环境对它的影响；而另一方面又要考虑到产品对所处环境的影响，环境防护设计就是要使产品达到这一目的。这里只对前一方面较普遍的现象进行介绍，该设计包括：余热的排除，对电场磁场干扰的抑制，防振动措施以及防潮、防腐、防寒措施等。而产品对环境的影响，则可根据产品的不同情况，按国家有关标准规定来进行设计，这一部分专业性较强，这里就不介绍了。

（1）散热设计

任何电子元器件受热后参数都要发生变化，这给整机性能带来不良影响，温度超出一定范围，还将造成元器件损坏，使整机出现故障。散热设计就是要分析热源及环境，针对不同情况采取相应措施，以便排出热量，控制温升，达到产品稳定运行的目的。

根据热学原理，热的传导有对流、传导、辐射三种形式。散热设计就是要根据不同产品特点采用多种形式，加速三种传导散热。具体措施有：

1）通风孔：在机壳的底板、顶板、侧板上开通风孔，可使机内空气对流。为提高对流散热作用，应使进风孔尽量低，出风孔尽量高，孔形灵活掌握。

还可以采用强迫风冷。这是一种常用的整机散热方式，对发热元件多、温升高的较大型设备、装置，常采用强迫风冷。

2）散热片半导体器件特别是功率器件，运行中都将产生热量，如不进行散热，就会影响器件性能，为使器件温升限制在额定范围内，可用散热片。散热片的种类很多，选用时应根据器件的功耗、封装形式确定。

3）散热表面涂黑处理：辐射是热传导的方式之一，实验表明：内外表面全部涂黑的密封金属壳与内外浅色光亮而在两侧开通风孔的金属壳相比，前者的散热效果比后者要好。可见，在机内外涂上黑颜色有利于散热，我们使用的散热片都应涂黑处理。

（2）屏蔽设计

半导体器件的广泛使用和微电子技术的飞速发展，使整机体积日趋小型化。由此，机内零部件间的各类干扰也会增加，同时也将受到外界各种场的干扰。为使整机正常工作，采用屏蔽来抑制各类干扰是行之有效的方法。屏蔽可分三种：电屏蔽、磁屏蔽、电磁屏蔽。

1）电屏蔽　两个系统之间由于分布电容的存在，通过耦合可产生静电干扰。用良好接地的金属外壳或金属板将两系统隔离，是抑制静电干扰的有效方法。金属材料以导电良好的铜、铝为宜。

2）磁屏蔽　用屏蔽罩对低频交变磁场及恒定磁场产生干扰的抑制作用，叫磁屏蔽。屏蔽罩应选用高导磁率的金属材料,如钢、铁、镍合金等。铜、铝材料对磁屏蔽的效果极低。屏蔽罩的作用是把磁力线限制在屏蔽体内,防止扩散到被屏蔽的空间之外。

3)电磁屏蔽　对高频磁场也就是对辐射磁场的抑制作用称为电磁屏蔽。完全封闭的金属壳即可起到良好的电磁屏蔽效果。但封闭的金属壳不利散热,外壳存在通风孔使电磁屏蔽的效果变差,为解决这一矛盾,可在通风孔处另加金属网。

4)屏蔽线　机内外微弱信号或高频信号在传输过程中也需进行屏蔽,方法可用屏蔽线。使用屏蔽线时,应使屏蔽层良好接地。

(3)防潮、防腐设计

1)防潮措施　湿度如同温度一样,对元器件的性能将产生影响,湿度越大对绝缘性能和介电参数影响越大。防潮措施可采用密封、除覆或浸渍防潮涂料、灌封等,使零部件与潮湿环境隔离,起到防潮效果。

2)防腐措施　防腐主要针对一些金属件,如机壳、底板、面板和机内其他金属件,具体方法可对金属进行化学处理或油漆涂覆。

①发黑　不需导电的金属件(螺钉等)可进行发黑处理,使金属表面生成一层黑色氧化膜。为提高抗蚀能力,常在发黑处理后再涂一层油。

②铝氧化　铝虽能在空气中自行氧化,但由于膜薄、孔隙式,因而不能有效起到防腐效果。利用阳极氧化法可使其表面生成一层几十到几百微米的氧化膜,氧化时还可添加颜料,使表面带有各种颜色,这不仅抗蚀而且可起装饰作用。

③镀锌　铁制底板、铁框架或其他金属件还可进行电镀处理,一般采用镀锌工艺,虽比发黑处理成本高,但镀层牢固、抗蚀性好、导电性能好。

④镀铬　对钢及铜等金属件进行电镀处理,除有镀锈的效果外,还具有装饰作用,但成本更高一些。

⑤大面积防腐　可对金属机柜、机箱表面喷漆。油漆种类很多,涂覆工艺也有多种。

除喷漆外,在金属板上喷涂塑料是近几年推出的一种新工艺。喷塑工艺的推广使金属表面更加美观,装饰性更强。由于塑料的独特性能,使得喷塑处理后的金属板更具抗蚀能力。

(4)防振设计

1)机柜、机箱结构合理、坚固、具有足够机械强度;结构设计中尽量避免采用悬臂式、抽屉式结构;如必须采用,运输中应拆成部件运输或采用固定装置。

2)任何接插件都应采取紧固措施,插后锁紧;印制板插座因无锁紧装置,插后必须另加紧固装置,如压板等。

3)重量超过一定范围的元器件(一般定为 10 g)不能只靠其管脚焊接固定,应另加紧固装置,如压板、卡箍、卡。

4)合理选用螺钉、螺母等紧固件,正确进行装配。

5)机内零部件合理布局,尽量降低整机重心。

6)整机应安装橡皮垫角,机内易碎、易损件应加捕振垫,不要刚性联接。

7)靠螺纹紧固的元件如电位器、波段开关等,固定时应加弹簧垫或齿形垫圈并固紧。

8)灵敏度高的表头,如微安表,装箱运输前应将两输入端短接,振动中对表针可起阻尼作用(在开箱验收或使用说明书中必须明确注明)。

9)产品出厂包装必须采用足够的减振材料,不准使产品外壳与包装箱硬性接触,产品包装结构应进行试验。

(5)防寒设计

对在寒冷地区长期用于室外工作的仪器(特别是电子计算机类仪器),应选用具有低温特性好的元器件。必要时,可在仪器内加一定型式的加热装置,来提高仪器内部的温度,确保仪器在低温下正常工作。

7.1.3　外观及装潢设计

在科学技术高速发展的当今,产品的市场竞争也越来越激烈。随着产品逐渐商品化,产品的外观及装潢也越来越引起各企业的重视,企业在重视产品的内在质量的前提下,越来越重视产品的造型及外观质量。作为使用者,对于产品也不仅仅只满足其功能的需要,而且在产品的外观造型及表面装潢上也要满足其要求,使得使用者感到方便、舒适。

产品的外形设计必须在满足技术要求下求得尽量美观。所谓美观也是比较而言,不同时代、不同应用场合对美学的要求也不同。产品外观设计中企图找到一种满足美学要求的现成方案是很不现实的,正如不能把室内的某种布局或装饰推荐作为标准一样。但造型与外观设计中应考虑如下因素:

1)技术上合理,经济上合算;

2)外形简单,表意明白,功能突出;

3)局部设计应与整体设计风格统一;

4)外形尺寸比例适宜,避免过分扁平、瘦长、高耸的形状;

5)注意色彩与明暗,一般产品面板与机身的颜色应深浅区分,以使面板突出,操作时注意力集中。

产品的外观与装潢很难使所有人满意,但成功的设计应得到多数人的赞赏。

7.2　产品的生产过程

电子工业飞速发展,特别是计算机技术的大量应用及元器件的大规模集成化,使得电子产品不断更新换代,产品竞争日益激烈。只有不断推出新产品并保持产品的优良质量和尽可能高的可靠性,才能使企业具有较强的生命力,并不断向前发展。为此,各企业不仅对产品生产必须推行全面质量管理并采用可靠性技术,而且还要不断地开发新产品。各生产厂家为保证产品质量,都有相应的机构和措施,这里不赘述。下面主要介绍产品生产过程中的几个阶段。

这里提到的生产过程并非单纯指产品定型后的批量制造过程,而是指产品从开发到售出的全过程。一般说来,这个全过程应包括设计、试制、批量制造三个主要阶段,每个阶段中又可分为若干个层次,下面作简单介绍。

7.2.1　设计

设计阶段要分几个层次进行,首先要验证产品的性能和产品的先进性、经济性以及质量水平等,这是一个理论联系实际的阶段。这个阶段也叫"预研阶段",主要完成内容如下:

1)收集国内外同类产品的技术情报和样品、样本进行分析,以国标(GB)、部颁标准和IEC

文件来作为产品的技术条件的基础。

2）明确新产品的重要技术研究部分。

3）提出新产品的总体质量、结构特征、技术指标、可靠性指标、成本要求及生产能力和所需技术设备等。

4）对原理方案进行试验。

5）采用计算机模拟设计，确定最佳的结构设计方案。

在预研和试验的基础上进行样机设计，设计内容见第一节。

7.2.2 试制

试制阶段应进行样机试制、产品定型设计和小批量试制三个内容。依据第一阶段的样机设计资料进行样机试制，实现产品预期的性能指标。样机试制可分若干轮，每轮 1 ~2 台，逐步完善。样机完成后，要进行技术指标的全面测试和质量分析。当样机全面达到设计指标后，即可召开产品设计定型会（鉴定会）。同时要制订产品生产工艺，完善全套工艺技术资料，进行小批量试制等。

7.2.3 批量制造

开发产品总希望达到批量制造的目的，制造批量越大，越容易降低成本，越能提高经济效益。批量制造过程中，应根据全套工艺技术资料进行生产组织工作。包括原材料供应，零部件的外协加工、工具设备准备、场地布置、组织装配、调试生产流水线，进行各类人员的技术培训，设置各工序工种的原量检验，制订包装运输的规定及试验，开展宣传与销售工作，组织售后服务与维修等一系列生产组织工作。

7.2.4 产品生产过程中的质量管理

产品质量是衡量产品适用性的一种度量，它包含产品的性能、寿命、可靠性、安全性、经济性等多方面内容。产品质量的优劣决定了产品的销路，甚至决定了一个企业的命运。

为了向用户提供满意的产品和服务，提高产品和企业的竞争能力，世界各国都在积极推行全面质量管理（Total Quality Control），简称 TQC 。全面质量管理不单纯限于产品质量，而涉及与之有关的工序质量（人、材料、设备、工艺、环境）和工作质量（组织、管理、技术），以及影响产品质量的各种直接或间接工作，TQC 要贯穿于产品生产的全过程（从方案调研到产品售出的各阶段）；TQC 要动员企业的全员参加（包括干部、技术人员、操作工人等全体职工）。全面质量管理已形成一门完整的科学，在我国各企业中正在大力推行。在全面质量管理中，应着重于生产过程中各阶段的质量管理，以保证产品的生命力。

第8章

电子产品生产线及产品的环境试验

8.1　电子产品生产线

生产线是最适合生产电子产品的工艺装备。生产线的设计、制造水平直接影响到产品的质量及企业的经济效益。高水平的生产线为企业参与市场竞争奠定了坚实的基础,成为各大产业集团争相投资的设施。提高生产线的设计水平已经成为有关专家和工程技术人员研究的新领域。针对不同电子产品的特点,利用生产线组织生产,更是电子工艺工作者的基本能力。

8.1.1　生产线的总体设计

(1)生产线的总体设计是一项系统工程设计

生产线系统一般是由插件线、调试线、组装线等若干条功能各异、相对独立的生产线以及焊接机、提升机、包装机等自动化专用机械组成的。每条生产线又是由机械系统、电控系统、气动系统、工具工装系统、仪器仪表系统等分系统组成。每个分系统又可分为几个子系统,如机械系统由线体单元、动力装置、传输装置、张紧装置等组成;电控系统由动力供电、控制电路、可编程控制器等硬件及相应的软件所组成。因此,生产线的建设是一项系统工程。

建设生产线系统,不仅要按照产品的工艺要求及其相应的约束条件,合理安排生产过程的不同阶段、环节、工序,使其在时间、空间上平衡衔接、紧密配合,构成一个协调的整体,生产出社会需要的产品,同时还应该满足有关可靠性、维修性、安全性、可行性等的一系列目标。这是一项技术性、综合性很强的创造性工作,需要进行总体的协调、综合的优化和有条不紊的组织管理,才能完成这项工作。运用系统工程的原理和方法,对于合理规划、设计和管理生产线系统建设的全过程,是十分必要的。

设计是工程活动的核心。生产线的设计工作绝不等同于设计某些零件或部件,而是设计由硬件、软件和人员等要素组成的,能完成特定功能作用的现代工程系统。所以,生产线的设计是一项系统工程设计,设计的过程就是实施系统工程的主要过程。

工程系统设计一般可以分成三个阶段,即方案设计阶段、初步设计阶段和详细设计阶段。

这三个阶段的任务见图8.1所示。通常,方案设计阶段和初步设计阶段又合称为总体设计阶段。

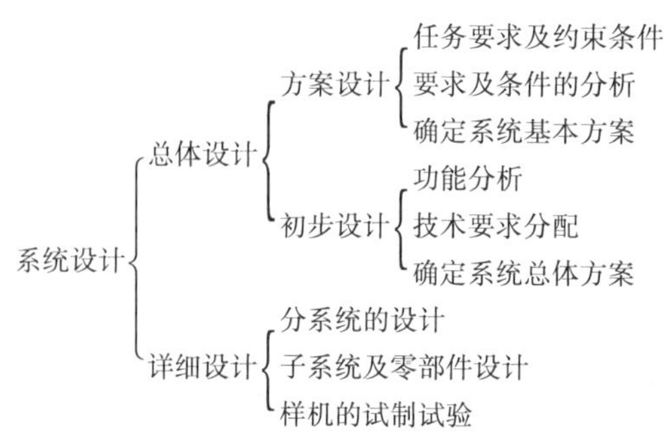

图 8.1　工程系统设计各阶段的任务

整个设计过程要分解为彼此相互衔接的一系列程序和步骤，每个步骤的设计工作都要根据一定的信息或数据输入，进行某项特定内容的设计，得到不同的输出结果；再对结果进行评定，以便核实该结果是否满足要求；若不能满足，则应当进行修改。这种迭代改进的过程要一直进行下去，直到得出满意的结果为止，生产线系统的设计工作应该遵循这一规律。

(2)生产线总体设计过程的研究

生产线系统是一个机电一体化系统。由于现代工程技术的复杂性和外部条件的频繁变化，用传统方法及个人经验已经很难完成工程系统的设计任务。运用系统工程的方法进行生产线的设计，具有研究方法上整体化和技术应用上综合化的特点，无疑是提高生产线设计水平的有效途径。

生产线设计的关键在于总体设计。总体设计合理，即使局部结构设计或某台设备、仪器有问题，总可以在使用过程中逐步改进和完善。若总体设计不合理，将会长期影响企业的生产和管理，甚至影响到厂房设计和动力设计的合理性，从而造成难以挽回的人力、物力和财力的损失。所以，总体设计的结果从质的方面决定了生产线设计的固有水平，是生产线设计中最重要的环节。

在生产线系统总体设计的过程中，最本质的工作是分析与综合。分析是把整个系统分解为若干个便于处理的单元，按照一定的逻辑推理顺序，得到对系统全面的描述；综合则是经过多目标决策和多方案优选，按照一定条件确定整个系统各个单元的最佳组合。

以下应用系统工程方法，对电子产品装连生产线的总体设计过程进行具体分析。

(3)生产线方案设计阶段的工作

在这一阶段，以某种社会需求提出的任务要求和相应的约束条件作为系统的输入，而输出是经过处理后的系统技术性能参数和基本方案。在方案设计阶段，重点工作是对影响生产线方案设计的诸因素之间的关系加以详尽的分析权衡，并按照一定的逻辑推理顺序综合出最优的方案。

1)明确任务要求和约束条件

电子产品生产线的任务要求是工程建设方针、产品大纲、产品流程等，约束条件是投资总额、环境、能源条件等。不同的生产线系统，其任务要求和约束条件的具体内容各不相同。

2)分析任务要求和约束条件

①工程建设方针

电子产品生产线的工程建设方针，依据工程规模、投资总额、建设周期、自动化程度及企业的长远规划等要素确定。

工程规模:通常用电子产品的年产量来衡量生产线的工程规模。确定工程规模的时候,要依据产品的市场情况、投资数量、元器件供应、建筑面积、动力容量、技术力量等因素确定。

投资总额:它是总体设计中考虑的首要因素,并对其他因素起到制约的作用,要“量财办事”。事实上,对于当前国内电子产品生产线的建设来说,投资不足往往是最大的问题。

建设周期:目前,在我国投产一条大型电视机生产线,若产品畅销,一般使用半年就可以从该线所产生的利润中收回全部投资。所以,要分析影响建设周期的各种因素,力争缩短时间。

自动化程度:自动化程度标志着生产线的水平。自动化程度高,不仅可以节省人力,而且是提高产量、保证质量的重要途径。自动化程度要受到投资总额和建设周期的约束。

长远规划:从适应产品发展的角度出发,要求生产线的适应能力越广越好,但不适当地扩大适应能力,又会造成经济上的浪费、生产周期的延长和技术上的困难。在设计的时候,要把当前需要、市场预测以及企业的发展方向结合起来统筹考虑。

②产品大纲

根据产品的品种及产量确定产品大纲。

产品品种:包括产品的型号、尺寸和规格。选择合适的对象产品,是保证生产线实用性和先进性的重要环节。如果产品的工艺落后且不具有普遍性和代表性,设计出来的生产线就不可能具有先进性和适用性。产品尺寸决定了生产线的基础设计尺寸。

产品产量:年产量、日产量、班制、有效工作时间等,是计算生产节拍的依据。

③产品流程

产品流程包括工艺流程和材料流程。

工艺流程:生产线服务于产品工艺,它首先要满足产品的工艺要求,并在这个前提下扩大适应能力,增加通用性。生产线的设计者应该详细了解产品的工艺过程,并绘制产品的工艺流程图,以它作为设计主要工作线的依据。

材料流程:这是设计成套部件供给线、成品入库线等辅助输送线的依据。

④环境条件

建设生产线的环境条件,不仅包括厂房条件(面积、形状和厂房所在的地理位置)。还要考虑生产过程可能出现的对环境的污染及其治理。

厂房条件:这是限制产品产量的重要因素。为有效地利用厂房面积,不仅要合理布置生产线,同时考虑厂房的形状。例如,窄长的厂房适合于布置直线或平行排列的线体,短而宽的厂房适合于布置环状绕行的线体,多层厂房适合于布置垂直升降、立体排列的线体等。另外,厂房地板、天花板结构、楼板的承载能力、各种预埋管线的位置、电梯位置、尺寸、吨位等也直接影响生产线的安装。厂房内的水源、厕所、更衣室等设施与生产作业人员有关,这些都是在设计生产线时必须考虑的因素。电子装连生产线对厂房的地理位置没有特殊要求,可以建设在人口稠密的城市街区。但若昼夜连续开工,夜深人静之际,空气压缩机和排风机所产生的噪声也会导致“扰民”问题。

环境污染及其治理:对于建设电子装连生产线来说,可能产生的工业污染较小,但也必须注意焊接过程产生的废气排放、清洗设备产生的废水回收。

⑤能源条件

建设生产线的能源条件是指市政水、电供应及生产线所需的动力条件。在当前城市供电及用水都很紧张的情况下,申请电力及供水的增容都需要一定的过程和手续。

动力条件:生产线的动力主要包括电力及压缩空气,应该对所需电量、气量进行估算,考虑供电、供气的实际条件。如果根据生产线系统的工艺方案新建厂房,则必须提出一整套与之相应的土建和动力规划。

3)确定系统的初步方案

通过对任务要求及约束条件的分析,最终应当把任务要求用一组可以量化的技术术语或具体的工艺要求表示出来。以生产线的节拍时间、高度、宽度等基本设计尺寸及产品工艺流程图、材料流程图等来确定生产线系统的功能目标。对满足功能目标的若干个可行性方案,进行性能、费用、进度等方面的权衡研究,从中找出最优的基本方案,确认生产线系统的基本组成。图8.2表示了某计算机厂生产线系统的基本方案,它是由四条流水作业线和五台自动化专用的机械构成的。

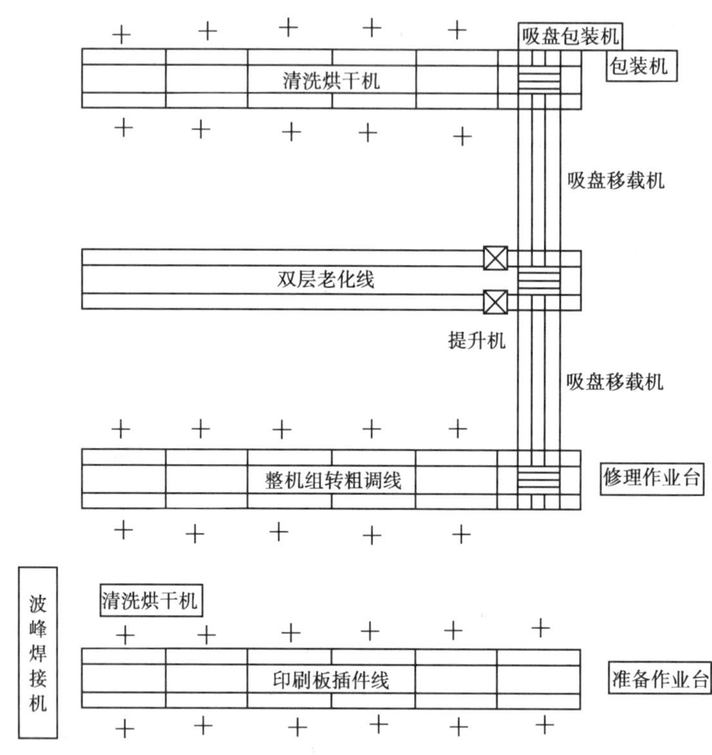

图8.2　某计算机厂生产线系统的基本方案

(4)生产线初步设计阶段的工作

在这一阶段,以功能流程图形式表示的生产线系统的基本方案和技术参数作为系统的输入,把可供施工使用的生产线系统的平面布置图以及各条线、各台专用机械的技术要求作为系统的输出。工作的重点内容,是对提出的设计准则和功能要求加以进一步的修订和补充,并针对使用方案进行各项设计参数的权衡研究,使继续进行详细设计的方案更加具体、完整、精确。

1)功能分析

①分析各线的功能

生产线的功能与它所完成的工艺内容密切相关,为完成工艺内容所采取的不同工艺顺序与方法,将直接影响生产线的布局。

插件线与插件、焊接工艺：在插件、焊接、元件切腿及成形的工艺安排上，有长插、短插两种形式。长插的工艺是先插件、后切腿、再焊接；短插的工艺是工件预成形后再插件、焊接。短插因成形的元器件带有定位弯及张紧弯，能够保证焊接质量，具备不需要切腿设备、便于和自动插件机配合的优点。

调试线与调试工艺：此工序在生产线设计中是难点，原因是调试时间长、节拍难以控制。目前电子产品的调试方法可以分为两种：一种是单板调试法，属于下线操作，皮带线仅起传输作用，作业人员在线两侧布置的调试桌上工作，这种调试线的适应性强、投资少，但调试速度慢；另一种为机芯调试法，属于上线操作，此种方式占地面积少，调试速度快，但设备复杂、投资大。

老化线与老化工艺：电子产品老化的时间、温度和方式，受品种、元器件质量、工艺设备能力等因素的影响。国内外不同厂家的特点各异，相差很大。老化工艺直接影响生产线的布局。百分之百产品的高温老化是大流水生产的障碍，它给生产线的布局和安全防火带来很多困难，并增加了占地面积和建设资金。

②分析各线、专机与系统功能之间的关系

组成生产线系统的每台专用机械都应该有一个统一的节拍。生产线的节拍有三种不同的方式，即完全自由节拍、强制节拍及相对自由节拍。这三种节拍方式有各自不同的操作方式和特点，要根据对象产品、投产数量、人员素质、生产条件等因素选取。由于相对自由节拍既有一定的强制性，又有一定的机动余地，它消除了作业人员的紧张情绪，有利于提高产品产量及质量，是近年来生产线上应用较多的一种节拍形式。不同的节拍方式，决定了生产线传输系统的不同结构。

2）技术要求分配

①确定标准时间、工位数量及线长

用测定法、计算法、经验法及统计法等方法，科学地确定完成一台整机或一道工序所需要的标准时间，再根据标准时间和节拍来计算工位数量；同时，根据产品的长度和储备长度，决定工位间距，工位数量和工位间距决定线长。生产线的实际长度大于计算长度，这是因为备用位及动力装置、张紧装置等也要占用一定的空间。

②确定生产线的传输形式

为了保证总体方案在结构上实施的可行性，必须根据每条线的工艺使用要求、节拍方式、资数量来确定生产线的传输形式。例如，插件线的种类繁多，就其造价来说，可以分为三挡：手推无动力和简单链传动型为低挡插件线；微型滚轮链和直板链传动型为中挡插件线；多动力研磨链传动型和自带料盒的插件线为高挡插件线。要设计出既符合使用要求，在结构上又容易实现的总体方案，必须积累大量典型结构，了解各种结构在技术上的难易程度及造价高低，以便设计时选用。

③确定专机和空间位置

根据分配给每台专用机械的技术参数，对元器件成形机、自动焊接机、自动外包装机等设备进行选型配置，对提升机、移载机、自动内包装机等设备按照技术要求进行设计。所有专用机械必须和线体在空间和时间上相互协调衔接，构成一个统一的整体。

④电力分配、气路分配

电力分配包括厂房配电和生产线电路设计两部分。厂房配电，是按照设计要求把动力电送到生产线主配电盘上;生产线电路设计,主要是确定控制电路、线体照明电路、仪器稳压电在单机设备的供电电路,以及编制可编程序控制器的相应软件程序。

气路分配包括厂房布气及生产线气路设计两部分。厂房布气,是按照设计要求把压缩空气从空压站输送到生产线入口的室内外空气管路系统;生产线气路设计,是确定线体内部及各种单机设备的气路系统。

在生产线的总体设计中,还应该考虑到技术力量、工人素质、管理水平、环境保护、防火防盗、时料供应、仓库条件、起重运输、加工安装等种种型素的影响,在此不作进步的讨论。

3)系统综合,提出总体方案

通过分析影响总体方案的各种因素,为了在一定条件下实现产品节奏性生产的整体功能,还要经过系统综合,确定总体方案。综合的过程,是权衡分析和优化的过程。这一阶段的综合,应该集中在更为合用的系统配置方式的选择以及实现系统方案的技术途径的选择上。综合的结果,是以生产线系统平面布置图来描述确定的系统和各组成单元的性质、配置和结构形式。某厂生产线系统平面布置简图如图 8.3 所示。

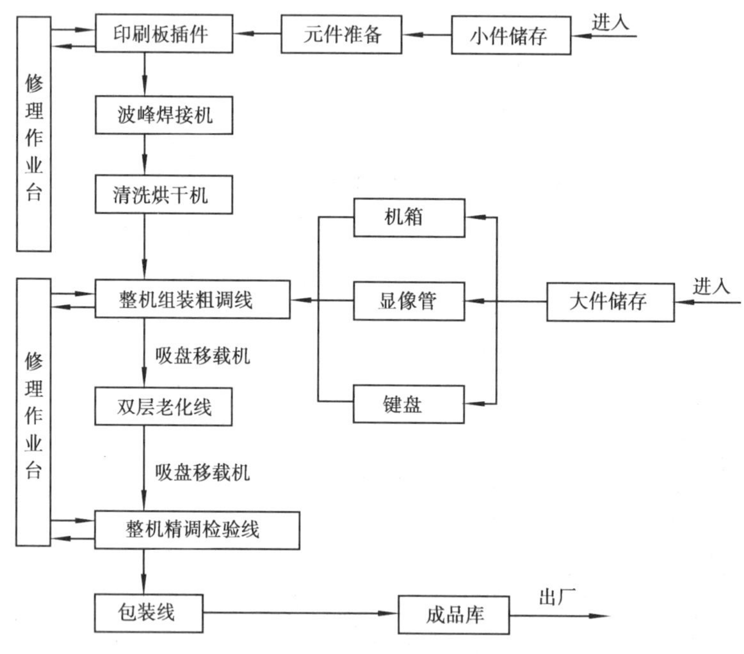

图 8.3　生产线系统平面布置简图

8.1.2　电子产品生产工艺过程举例

电子产品的生产可以分为两种类型,一种是单一品种、大批量的类型,另一种是多品种、小批量的类型。显然,对于后者来说,就不适宜采用高效率的自动生产线和固定工位的流水作业。所以,问题的关键在于怎样针对具体产品,有序地组织和管理生产过程。在这里,以某厂生产电视机的整机装配流程为例,介绍电子产品生产的工艺过程。列出的各步生产工序,有些是简单劳动,有些则需要一定操作技能,还有一些是技术性较强的工作。对于那些需要一定操作技能的工作,本书已经在前面的章节中做出介绍,希望读者能够通过生产实习掌握、熟悉;对于那些技术性较强的工作所涉及的基础理论,是电类工科学生在其他专业基础课、专业课和实验课的学习内容。

该电视机厂分为四个车间，分别完成准备作业、机芯组装、整机组装和整机包装。

(1) 准备作业

准备作业车间的职责是对整机中的全部元器件和零部件进行准备性加工，根据产品的特点，共分为 16 个加工工序：

1) 电阻；
2) 电容；
3) 电感；
4) 二极管；
5) 三极管；
6) 导线；
7) 电源开关组件；
8) 行输出散热器组件；
9) 帧输出散热器组件；
10) 伴音输出散热器组件；
11) 电源散热器组件；
12) 面框组件；
13) 遥控单元；
14) 电源单元；
15) 视放单元；
16) AV 单元。

各工序的任务是，对外购元器件和材料进行分类存放，根据生产任务单和工序工艺卡片进行检验、筛选、整形加工，然后存放制品。每一工序并行独立作业，工位人数由工作量决定，以手工操作为主，分别配备不同的仪器和加工设备。

(2) 机芯组装

机芯组装车间的任务是对电视机的机芯进行组装性加工，采用流水作业方式，流水线分为四个工段，共 25 个工序。

1) 小件自动插装

本工段采用三台自动加工机械，顺序对主印制板分别插装轴向引线、径向引线元器件和方形接线端子。在前两台自动插装机工序，附设有对元器件编码和对自动插装机软件编程的工序。在对主印制板的自动插装前后，分别设有检验工位，保证印制板的质量及自动插装的质量。

2) 小件半自动装配焊接

本工段主要由一条半自动手工插装生产线和波峰焊接机组成。在半自动手工插装生产线的前端，安排有检验工位，确认前面工段转来的已经过自动插装的印制板的质量，然后是为印制板安装使之能够在流水线上传动的工装架工序。半自动手工插装生产线采用气动(或电动)控制工艺节拍，23 个工位顺序分区插装不能自动插装的元器件，组成手工插装工序。再经过由 6 个检验工位组成的插装质量检验工序，送到波峰焊接工序。印制电路板在波峰焊接机上自动焊接，通过焊接质量检验工位以后，传到印制板下架工序(拆去工装架)。在这个工段里，波峰焊接是质量管理和质量保证的关键工序。

3) 部件装配焊接

本工段分成 12 个工序，完成对印制板的部件装配焊接：

①安装行输出变压器(因部件较大，不能采用自动装配焊接)；

②焊接行输出变压器；

③安装高频调谐器(因部件耐热性差本能采用自动装配焊接)；

④焊接高频调谐器的外围元件(4 工位)；

⑤对印制电路板上的元器件剪脚(剪去长引线，5 工位)；

⑥补焊（对前道工序的焊接缺陷进行手工补焊，5 工位）；

⑦视放单元加工（从主印制板上分掰下来）；

⑧焊接聚焦线；

⑨扎线。

在上述 9 个工序的出口，是 3 个部品（这时的加工对象叫做部品）检验工位及一个总检验工位；并行于上述 9 个工序，安排有部品修理工序，随时接收并修理不合格的部品。

⑩部品调试，在本工段是重要工序。对于调试中发现的部品生产工艺缺陷，送往调试工序附设的修理工序，修理后还要经过检验工位的认定。

4）单元装配

本工段分成 7 个工序，顺序完成下述工作：

①机芯框架整备；

②紧固框架；

③紧固 FBT，AV 单元；

④安装电源单元；

⑤紧固遥控单元；

⑥插连各单元电路；

⑦用硅脂粘固每个机械强度差的元器件。

（3）整机组装

整机组装车间分成两个工段：总装和总调。

1）总装工段

总装工段有两条流水线：主线是总装线，辅线是显像管整备线。

显像管整备线流水完成 5 道工序：

①检验、上架（对显像管进行开箱检验，为合格品安装工装架）；

②接装地线；

③安装消磁线圈；

④扎带（为偏转线圈引线扎带）；

⑤涂硅脂（涂在阳极高压嘴四周，防止接通电路后放电）；

显像管整备线的出口处设有检验工位。

总装线分成 8 道工序：

①面框组件开箱检验并放置到机箱上；

②把从显像管整备线送来的显像管安放到机箱上；

③紧固显像管；

④把扬声器组件安装到机箱面框上；

⑤把从机芯组装车间送来的机芯安放到机箱里；

⑥扎线（连接并绑扎机芯与面框的连线，3 个工位）；

⑦总装通电检验（与前道工序之间有布线检验和总装结构检验工位），这是本工段的重要工序。附设有修理工序，排除通电检验发现的故障。

2）总调工段

总调工段共有 9 个工序，顺序完成电视整机的调试、检测和老化。

①预热(使电视机通电预热,进入正常工作状态,便于调试);

②调试(有 10 工位,顺序分别调试电视机电路的功能:选台、AGC 、副亮度、亮度截止、AV 输入、白平衡、AV 输出、彩色副载波、图像、总调检验,其中每一步调试都是重要工序,白平衡调试更是关键工序);

③调试修理(排除每一步调试所发现的故障);

④整机结构性能检测;

⑤机箱后盖整备(为后盖安装与机箱连接的挂钩,前有后盖入厂检验,后有后盖整备检验);

⑥把从整备工序送来的后盖装配到机箱上(2 工位,分别负责安装和紧固);

⑦高压绝缘、强弱信号适应性和工作电压适应性检测;

⑧整机封箱整理;

⑨老化故障修理(根据老化检验工位的结果)。

(4)整机包装

整机包装车间流水完成从包装到仓储的工序,有两条生产线:纸箱整备和整机包装。纸箱整备线有 4 道工序:

①纸箱展开(有专用设备);

②纸箱衬底;

③钉箱底(有专用设备);

④贴机号纸到机箱上。

整机包装线有 9 道工序:

①为整机产品铭牌加盖编号;

②把铭牌贴到机箱后盖的指定位置;

③为机箱套塑料袋;

④安放机箱下衬垫;

⑤安放电视机附件袋;

⑥安放机箱上衬垫和遥控器;

⑦把整机装箱;

⑧封箱钉封箱(有专用封箱机械);

⑨用运输设备把电视机送入存储位置(或仓库)堆垛。

8.1.3　电子产品的计算机集成制造系统(CIMS)

计算机集成制造系统(CIMS——Computer Integrated Manufacturing System)是将设计工程、管理工程、生产工程有机地连接到一起的系统工程,也叫做计算机综合生产系统。它是利用现代的信息技术、自动化技术与制造技术,通过计算机软硬件,将企业的经营、管理、计划、产品设计、加工制造、销售服务等环节和人力、财力、设备等生产要素有机地集成起来,以形成适用于小批量、多品种生产需求并能实现总体高效益的智能化制造系统。

CIMS 是 20 世纪 70 年代由美国的约瑟夫·哈林顿博士首先提出来的,由于受到当时国际性的经济条件所局限,计算机的应用尚未普及,这个概念并没有引起足够的重视。20 世纪 80 年代以来,人们对自动化的需求越来越高,市场竞争也日趋激烈,CIMS 开始得到世界发达国家

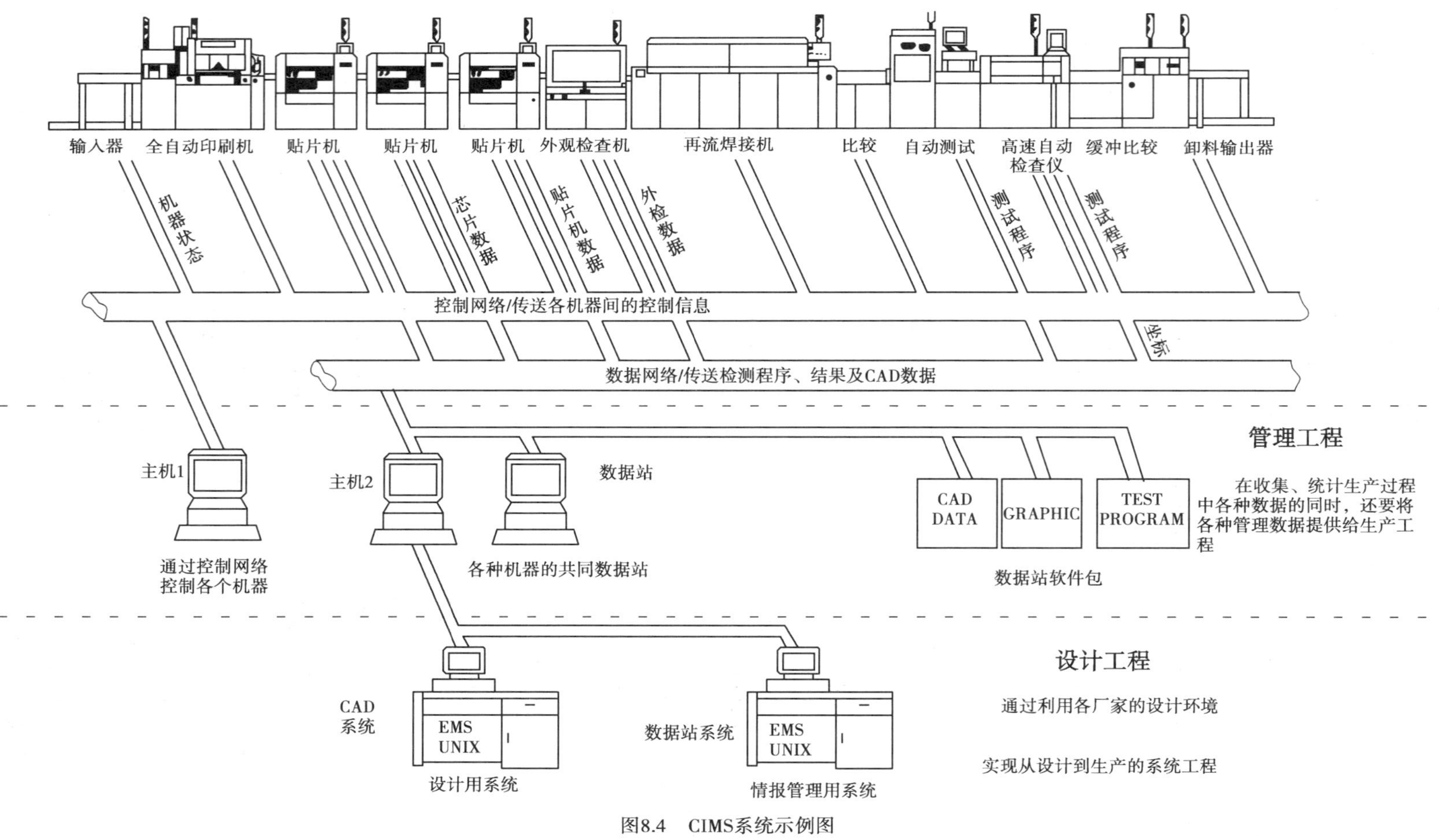

图8.4 CIMS系统示例图

的大力推崇,纷纷制定具体政策,将发展 CIMS 作为提高本国工业竞争力、占领世界市场的战略目标。例如,美国将其列为影响国家经济命运和地位的 22 项关键技术之一;欧共体在欧洲信息技术发展战略计划中专门制订了 CIMS 推广计划。中国从 1986 年起也将 CIMS 列入高科技发展(即"863")计划之中。按照"效益驱动、总体规划、重点突破、分步实施、推广应用"的二十字方针,全面付诸实施。10 年以来,中国在 CIMS 技术的研究和应用方面都取得了令人满意的成果,有些已经达国际先进水平。

应用 CIMS 是电子产品制造系统的新的思路。对于电子产品来说,市场需求多样化、个性化、高功能化和寿命周期的缩短,使得经营环境要求分散、多级结构化;社会环境要求改善组装工人的劳动条件、减少工作时间;技术环境要求产品向微型、多功能的方向发展;生产环境要求向网络化发展,实现小规模自主分散系统的网络连接,有效利用社会资源,进行多品种、小批量、变种变性的柔性化生产。20 世纪 90 年代以来,国外已经把 CIMS 用于 SMT 生产线中,使之更加适应日益增长的需求。

图 8.4 是一个 SMT 的 CIMS 的示例。在 CIMS 系统中,各部分的功能及配置如下:

(1)设计工程

设计工程是通过利用各厂家的设计环境,实现从设计到生产的系统工程,需要配置设计用的 CAD 系统、数据站系统、情报管理系统。

(2)管理工程

管理工程是中间层,它通过控制网络及数据网络与生产工程相连,一方面收集、统计生产工程中的各种数据,同时还要将各种管理数据提供给生产工程,控制其运作。它要配置主机、通讯网接口机、数据站接口机及软件包(包括 CAD 数据、图形、测试程序)。管理工程还要随时与设计工程联络,接收新的设计方案,并将生产工程的情况调集给设计工程,供设计人员改善设计之用。

(3)生产工程

生产工程就是电脑控制的组装流水线。它的入口是元器件、印制板、生产辅料等的物流和设计、管理层来的信息流;它的出口是组装后的合格成品物流及提供给设计、管理层的反馈信息流。

以上三个层次,均有人机对话功能,均有人流接口功能,可以将董事、经理、设计师、采购员、销售员、生产操作人员、维修技师、用户等人流的信息输入进去。各种人流的权利不一样,只能在相应的权利下去影响 CIMS 的运作,使得制造过程更加合理,产品的性能-价格比更高,更新换代更快,真正地实现多、快、好、省。

8.2　电子产品的调试

电子产品的调试包括两个工作阶段的内容:研制阶段的调试和生产阶段的调试。前者往往与电路的原理性设计同时进行,是对设计方案的验证性试验,是设计印制电路板的前提条件。可以说,研制阶段的调试是设计工作的必要组成部分。电子整机产品的调试是在生产过程中的工序,安排在印制电路板装配以后进行。各个部件必须通过调试,才能进入总体装配工序,形成整机。这两个阶段的调试工作的共同之处,包括调整和测试两个方面,即:用测试仪表调整各个单元电路的参数,使之符合预定的性能指标要求,然后再对整个产品进行系统的测试。

为使生产过程形成的电子产品的各项性能参数满足要求并具有良好的可靠性,调试工作是很重要的。在相同的设计水平与装配工艺的前提下,调试质量就取决于调试工艺是否制订得正确和操作人员对调试工艺的掌握程度。对调试人员的要求是:

1)懂得被调试产品的各个部件和整机的电路工作原理,了解它的性能指标要求和使用条件。

2)正确、合理地选择测试仪表,熟练掌握这些仪表的性能指标和使用环境要求。在调试之前,必须对此有深入的了解和认识。有关仪器的工作特性、使用条件、选择原则、误差的概念和测量范围、灵敏度、量程、阻抗匹配、频率响应等知识,应该是电类工科学生在其他课程中的学习内容。

3)学会测试方法和数据处理方法。近年来,编制测试软件对数字电路产品进行智能化测试、采用图形或波形显示仪器对模拟电路产品进行直观化测试的技术得到了迅速的发展,这是测试方法和数据处理方法的新的知识领域。

4)熟悉调试过程中对于故障的查找和消除方法。

5)合理地组织安排调试工序,并严格遵守安全操作规程。

这里仅对一般电子产品生产过程中的调试工艺进行介绍。

8.2.1 调试工艺方案

调试工艺方案是指一整套适用于调试某产品的具体的内容与项目(例如工作特性、测试点、电路参数、…)、步骤与方法、测试条件与测试仪表、有关注意事项与安全操作规程。同时,还包括调试的工时定额、数据资料的记录表格、签署格式与送交手续等。制订调试工艺方案,要求调试内容具体、切实、可行,测试条件仔细、清楚,测试仪器选择合理,测试数据尽量表格化(以便从数据中寻找规律)。当然,对于不同产品,调试方案是不同的,但制订调试方案的原则方法应该是具有共同性的。

(1)抓住调试中的关键环节

调试方案的制订,决定了电子产品的调试质量,对调试工作的效率也有很大影响。要使调试工作的质量好、效率高,就应该在制订调试方案时抓住调试中的关键环节。也就是说,要抓住对于影响产品性能起主要作用的元器件和零部件。必须花较大的工作量,进行比较细致的调试,找出它们影响产品性能的规律以及允许它们的参数变动的范围。而对于一些对产品性能不起主要作用的部分,在调试方案中也应适当兼顾。为此,在制订调试方案之前,必须深入地了解产品及其各部分的工作原理、性能指标,发现影响产品的关键元器件。否则,所制订出来的调试工艺方案必将是盲目的。

(2)需要细致调试的其他部分

除了关键元器件以外,产品的下述部分也应该作为重点,进行比较细致的调试。

1)对其工作原理和具体性能一定要通过调试才能得到充分了解的部分。例如对产品中所采用的某些新型元器件,只有通过反复调试,才能摸清它的具体特点,掌握它的变化规律。

2)电路设计可能未留有充分余地的部分。由于元器件的参数具有离散性,应该在电路设计时考虑允许关键元器件参数时变动范围适当加宽,在样机调试中,也应该在较大的范围内变动这些元器件的参数进行试验。如果不能符合这个要求，就说明电路设计不够完善，应该修改电路设计，重新调试。否则，即使样机调试合格，以后按此设计生产出来的产品仍会有相当数量不合格；或者开始工作正常，经过一段时期使用后，由于元器件参数的偏移导致产品工作不正常或不稳定。

3）各部件之间相互连接的部分。这些部分往往反映出电路设计人员对部件之间的相互影响考虑不足。

4）调试中可能发生反常现象的部分。

8.2.2　整机产品调试的步骤

产品调试的步骤，应该在产品调试工艺文件中明确、细致地规定出来，使操作者容易理解并遵照执行。

(1)产品调试的大致步骤

1）在整机通电调试之前，各部件应该先通过装配检验和分别调试。

2）检查确认产品的供电系统（如电源电路）的开关处于"关"的位置，然后顺序接上地线和电源线，插好电源插头，打开电源开关通电。接通电源后，要观察电源指示灯是否点亮，注意有无异样气味，产品是否冒烟；对于低压直流供电的产品，可以用手摸测一下有无温度超常。如有这些现象，说明产品内部电路存在短路，必须立即关断电源检查故障。如果看来正常，可以用仪器仪表（万用表或示波器）检查供电系统的电压和纹波。

3）按照电路的功能模块，根据调试的方便，从前往后或者从后往前地依次把它们接通电源，分别测量各电路（或电路各级）的工作点和其他工作状态。注意：应该调试完成一部分以后，再接通下一部分进行调试，不要一开始就把电源加到全部电路上。这样，不仅使工作有条有理，还能减少因电路接错而损坏元器件，避免扩大事故。

4）在进行上述测试的时候，可能需要对某些元器件的参数做出调整。调整参数的方法一般有以下两种。

①选择法

通过替换元件来选择合适的电路参数。电路原理图中，在这种元件的参数旁边通常标注有"*"号，表示需要在调整中才能准确地选定。因为反复替换元件很不方便，一般总是先接入可调元件，待调整确定了合适的元件参数值后，再换上与选定参数值相同的固定元件。

②调节可调元件法

在电路中已经装有调整元件，如电位器、微调电容器或微调电感器等。其优点是调节方便，并且电路工作一段时间以后如果状态发生变化，可以随时调整；但可调元件的可靠性差一些，体积也常比固定元件大。

5）当各级各块电路调试完成以后，把它们连接起来，测试相互之间的影响，排除影响性能的不利因素。

6）如果调试高频部件，要采取屏蔽措施，防止工业干扰或其他强电磁场的干扰。

7）测试整机的消耗电流和功率。

8）对整机的其他性能指标进行测试，例如软件运行、图形、图像、声音的效果。

9）对产品进行老化和环境试验（将在下一节中介绍）。

(2)电路调试的经验与方法

电子产品调试的经验与方法,可以归纳为电路分块隔离,先直流后交流;注意人机安全,正确使用仪器。

1)电路分块隔离,先直流后交流

在比较复杂的电子产品中,整机电路通常可以分成若干个功能块,相对独立地完成某个特定的电气功能;其中每一个功能块,往往又可以进一步细分为几个具体电路。细分的界限,对于分立元件电路来说,是以某一两只半导体三极管为核心的电路;对于集成元件的电路来说,是以某个集成电路芯片为核心的电路。例如一台分立元件的黑白电视机,可以分成高频调谐、中放通道、视频放大、同步分离、自动增益控制(AGC)、行扫描、场扫描、伴音及电源等几个功能电路块;对于行扫描电路来说,还可以进一步细分为AFC鉴相器、行振荡、行激励、行输出及高中压整流电路。在这几个电路中,都有一两只三极管作为核心元件。

所谓"电路分块隔离",是在调试电路的时候,对各个功能电路块分别加电,逐块调试。这样做,可以避免块之间电信号的相互干扰;当电路工作不正常时,大大缩小了搜寻原因的范围。实际上有经验的设计者在设计电路时,往往都为各个电路块设置了一定的隔离元件,例如电源插座、跨接导线或接通电路的某一电阻。电路调试时,除了正在调试的电路,其他各部分都被隔离元件断开而不工作,因此不会产生相互干扰和影响。当每个电路块都调整完毕以后,再接通各个隔离元件,使整个电路进入工作状态。对于那些没有设置隔离元件的电路,可以在装配的同时逐级调试,调好一级以后再装配下一级。

我们知道,直流工作状态是一切电路的工作基础。直流工作点不正常,电路就无法实现其特定的电气功能。所以,在成熟的电子产品原理图上,一般都标注了它们的直流工作点——三极管各坡的直流电位或工作电流,集成电路各引脚的工作电压,作为电路调试的参考依据。应该注意,由于元器件的数值都具有一定偏差,并因所用仪表内阻和读数精度的影响,可能会出现测试数据与图标的直流工作点不完全相同的情况,但是一般说来,它们之间的差值不应该很大,相对误差至多不应该超出±10%。当直流工作状态调试完成之后,再进行交流通路的调试,检查并调整有关的元件,使电路完成其预定的电气功能。这种方法就是"先直流后交流",也叫做"先静态后动态"。

2)注意人机安全,正确使用仪器

在电路调试时,由于可能接触到危险的高电压,要特别注意人机安全,采取必要的防护措施。例如,在计算机监视器(彩色电视机)中,行扫描电路输出级的阳极电压高达15~25 kV,调试时稍有不慎,就很容易触碰到高压线路而受到电击。特别是近年来一般都采用高压开关电源,由于没有电源变压器的隔离,220 V交流电的火线可能直接与整机底板相通,如果通电调试电路,很可能造成触电事故。为避免这种危险,在调试、维修这些设备时,应该首先检查底板是否带电。必要时,可在电气设备与电源之间使用变比为1:1的隔离变压器。

正确使用仪器,包含两方面的内容:一方面,能够保障人机安全,否则不仅可能发生如上所说的触电事故,还可能损坏仪器设备。例如,初学者错用了万用表的电阻挡或电流挡去测量电压,使万用表被烧毁的事故是常见的。另一方面,正确使用仪器,才能保证正确的调试结果,否则,错误的接入方式或读数方法会使调机陷入困境。例如,当示波器接入电路时,为了不影响电路的幅频特性,不要用塑料导线或电缆线直接从电路引向示波器的输入端,而应当采用衰减探头;在测量小信号的波形时,要注意示波器的接地线不要靠近大功率器件,否则波形可能出现干扰。又如,在使用频率特性测试仪(扫频仪)测量检波器、鉴频器,或者当电路的测试点位于三极管的发射极时,由于这些电路本身已经具有检波作用,就不能使用检波探头,而在测量其他电路时均应使用检波探头;扫频仪的输出阻抗一般为75 Ω,如果直接接入电路,会短路高阻负载,因此在信号测试点需要接入隔离电阻或电容;仪器的输出信号幅度不宜太大,否则将使被测电路的某些元器件处于非线性工作状态,造成特性曲线失真。

8.2.3 调试中查找和排除故障

在生产过程中,直接通过装配调试、一次合格的产品在批量生产中所占的比率,称为“直通率”。直通率是考核产品设计、生产工艺、管理质量的重要指标。

在整机生产装配的过程中,经过层层检查、严格把关,可以大大减少整机调试中出现故障。尽管如此,产品装配好以后,往往还不全是一通电就能正常工作的,会由于元器件和工艺等原因,遗留一些有待调试中排除的故障。另外,测试仪表在调试工作中发生故障的情况也是屡见不鲜的。

必须强调指出,在整个生产过程中,如果没有在前道工序(指辅助加工、部件装配与调试)中加以严格控制,未能使局部电路或局部结构的故障得到解决,或者留下隐患,那么,在总装后必将导致故障层出不穷,非但影响生产进度,也会降低产品质量。这不仅是技术问题,从根本上说,还是管理问题。

纵然如此,电子产品在生产过程中出现故障仍是不可避免的,检修必将成为调试工作的一部分。如果掌握了一定的检修方法,就可以较快地找到产生故障的原因,使检修过程大大缩短。当然,检修工作主要是靠实践。一个具有相当电路理论知识的,积累了丰富经验的调试人员,往往不需要经过死板、烦琐的检查过程,就能根据现象很快判断出故障的大致部位和原因。而对于一个缺乏理论水平和实践经验的人来说,若再不掌握一定的检修方法,则会感到如同大海捞针,不知从何入手。因此,研究和掌握一些故障的查找程序和排除方法,是十分有益的。

电子产品的故障有两类:一类是刚刚装配好而尚未通电调试的故障;另一类是正常工作过一段时期后出现的故障。它们在检修方法上略有不同,但其基本原则是一样的,所以这里对这两类故障就不作区分。另外,由于电子产品的种类、型号和电路结构各不相同,故障现象又多种多样,因此这里只能介绍一般性的检修程序和基本的检修方法。

(1)引起故障的原因

总的说来,电子产品的故障不外是由于元器件、线路和装配工艺三方面的因素引起的,常见的故障大致有如下几种:

1)焊接工艺不善,虚焊造成焊点接触不良。

2)由于空气潮湿,导致元器件受潮、发霉或绝缘降低甚至损坏。

3)元器件筛选检查不严格或由于使用不当、超负荷而失效。

4)开关或接插件接触不良。

5)可调元件的调整端接触不良,造成开路或噪声增加。

6)连接导线接错、漏焊或由于机械损伤、化学腐蚀而断路。

7)由于排布不当,元器件相碰而短路,焊接连接导线时剥皮过多或因热后缩,与其他元器件或机壳相碰引起短路。

8)因为某些原因造成产品原先调谐好的电路严重失调。

9）电路设计不善，允许元器件参数的变动范围过窄，以至元器件的参数稍有变化，电路就不能正常工作。

以上列举的都是电子产品的一些常见故障。也就是说，这些是电子产品的薄弱环节，是查找故障时的重点怀疑对象。但是，电子产品的任何部分发生故障都会导致它不能正常工作。应该按照一定程序，采取逐步缩小范围的方法，根据电路原理进行分段检测，使故障局限在某一部分（部件→单元→具体电路）之中再进行详细的查测，最后加以排除。

（2）排除故障的一般程序和方法

排除故障的一般程序可以概括为三个过程：

1）调查研究是排除故障的第一步，应该仔细地摸清情况，掌握第一手资料。

2）进一步对产品进行有计划的检查，并作详细记录，根据记录进行分析和判断。

3）查出故障原因，修复损坏的元件和线路。最后，再对电路进行一次全面的调整和测定。有经验的调试维修工作人员归纳出以下十二种比较具体的排除故障的方法。对于某一产品的调试检修而言，要根据需要灵活选择、组合使用这些方法。

①不通电观察法

在不接通电源的情况下，打开产品外壳进行观察。用直观的办法和使用万用表电阻挡检查有无断线、脱焊、短路、接触不良，检查绝缘情况、保险丝通断、变压器好坏、元器件情况等。如果电路中有改动过的地方，还应该判断这部分的元器件和接线是否正确。

查找故障，一般应该首先采用不通电观察法。因为很多故障的发生往往是由于工艺上的原因，特别是刚装配好还未经过调试的产品或者装配工艺质量很差的产品。而这种故障原因大多数单凭眼睛观察就能发现，盲目地通电检查有时反而会扩大故障范围。

注意：只有当采用不通电观察法不能发现问题时，才可以采用下面的需要通电才能检查的方法。

②通电观察法

打开产品外壳，接通电源进行表面观察，这仍属于现象观察的方法。通过观察，有时可以直接发现故障的原因。例如，是否有冒烟、烧断、烧焦、跳火、发热的现象。如遇这些情况，必须立即切断电源分析原因，再确定检修部位。如果一时观察不清，可重复开机几次，但每次时间不要长，以免扩大故障。必要时，断开可疑的部位再行试验，看故障是否消除。

③信号替代法

利用不同的信号源加入待修产品的有关单元的输入端，替代整机工作时该级的正常输入信号，以判断各级电路的工作情况是否正常，从而可以迅速确定产生故障的原因和所在单元。检测的次序是，从产品的输出端单元电路开始，逐步移向最前面的单元。这种方法适用于各单元电路是开环连接的情况，缺点是需要各种信号源，还必须考虑各级电路之间的阻抗匹配问题。

④信号寻迹法

用单一频率的信号源加在整机的输入单元的入口，然后使用示波器或万用表等测试仪器，从前向后逐级观测各级电路的输出电压波形或幅度。

⑤波形观察法

用示波器检查整机各级电路的输入和输出波形是否正常，是检修波形变换电路、振荡器、脉冲电路的常用方法。这种方法对于发现寄生振荡、寄生调制或外界干扰及噪声等引起的故障，具有独到之处。

⑥电容旁路法

在电路出现寄生振荡或寄生调制的情况下，利用适当容量的电容器，逐级跨接在电路的输入端或输出端上，观察接入电容后对故障现象的影响，可以迅速确定有问题的电路部分。

⑦部件替代法

利用性能良好的部件（或器件）来替代整机可能产生故障的部分，如果替代后整机工作正常了，说明故障就出在被替代的那个部分里。这种方法检查简便，不需要特殊的测试仪器，但用来替代的部件应该尽量是不需要焊接的可插接件。

⑧整机比较法

用正常的同样整机，与待修的产品进行比较，还可以把待修产品中可疑部件插换到正常的产品中进行比较。这种方法与部件替代法很相似，只是比较的范围更大。

⑨分割测试法

这种方法是逐级断开各级电路的隔离元件或逐块拔掉各块印制电路板，使整机分割成多个相对独立的单元电路，测试其对故障现象的影响。例如，从电源电路上切断它的负载并通观察，然后逐级接通各级电路测试，这是判断是电源本身故障还是某级负载电路故障的常用方法。

⑩测量直流工作点法

根据电路的原理图，测量各点的直流工作电位并判断电路的工作状态是否正常，是检修电子产品的基本方法，这在电子技术基础课程试验中已经反复练习，不再赘述。

⑪测试电路元件法

把可能引起电路故障的元器件从整机中拆下来，使用测试设备（如万用表、晶体管图示仪、集成电路测试仪、万用电桥等）对其性能进行测量。

⑫变动可调元件法

在检修电子产品时，如果电路中有可调元件，适当调整它们的参数以观测对故障现象的影响。注意，在决定调节这些可调元件的参数以前，一定要对其原来的位置做好记录，以便一旦发现故障原因不是出在这里时，还能恢复到原先的位置上。

8.3　电子整机产品的老化和环境试验

为保证电子整机产品的生产质量，通常在装配、调试、检验完成之后，还要进行整机的通电老化试验。同时，为了认证产品的设计质量、材料质量和生产过程质量，需要定期对产品进行环境试验。虽然这两者都属于质量试验的范畴，但它们有如下几点区别：

1）老化通常是在一般使用条件（例如室温）下进行，环境试验却要在模拟的环境极限条件下进行。所以，老化属于非破坏性试验，而环境试验往往使受试产品受到损伤。

2）通常每一件产品在出厂以前都要经过老化，而环境试验只对少量产品进行试验。例如，新产品通过设计鉴定或生产鉴定时要对样机进行环境试验，当生产过程（工艺、设备、材料、条件）发生较大改变、需要对生产技术和管理制度进行检查评判、同类产品进行质量评比的时候要对随机抽样的产品进行环境试验。

3）老化是企业的常规工序，而环境试验一般要委托具有权威性的质量认证部门、使用专门的设备才能进行，需要对试验结果出具证明文件。

8.3.1 整机产品的老化

在本书的第2章里已经介绍过电子元器件的老化筛选。整机产品在生产过程中进行的老化原理与此相同，就是要通过老化发现产品在制造过程中存在的潜在缺陷，把故障（早期失效）消灭在出厂之前。

（1）老化条件的确定

电子整机产品的老化，全部在接通电源的情况下进行。老化的主要条件是时间和温度，根据不同情况，通常可以在室温下选择8，24，48，72或168小时的连续老化时间；有时采取提高室内温度（密封老化室，让产品自身的工作热量不容易散发，或者增加电热器）甚至把产品放入恒温的试验箱的办法，缩短老化时间。

在老化时，应该密切注意产品的工作状态，如果发现个别产品出现异常情况，要立即使它退出通电老化。

（2）静态老化和动态老化

在老化电子整机产品的时候，如果只接通电源，没有给产品注入信号，这种状态叫做静态老化；如果同时还向产品输入工作信号，就叫做动态老化。以电视机为例，静态老化时显像管上只有光栅；而动态老化时从天线输入端送入信号，屏幕上显示图像，喇叭里发出声音。又如，计算机在静态老化时只接通电源，不运行程序；而动态老化时要持续运行测试程序。

显而易见，动态老化比起静态老化，是更为有效的老化方法。

8.3.2 电子整机产品的环境试验方法

电子产品的环境适应性是研究可靠性的主要内容之一。目前，对于产品的环境适应性研究，即对于产品的环境条件、环境影响和环境工程方面的探索和试验，已经发展成为一门新兴的技术科学——环境科学。环境科学研究所涉及的范围非常广泛，要在产品可能遇到的各种外界因素、影响规律以及从产品的设计、制造和使用等各个环节的研究中，改进和提高产品的环境适应能力；并且研究相应的试验技术、试验设备、测量方法和测量仪表。对于从事电子产品电路设计、结构设计及制造工艺的技术人员来说，必须对与环境条件有关的知识有全面的了解，以便采取相应的措施来提高产品的质量水平。

在前面的章节里，已经在多处说到为使电子产品适应在不同的温度、湿度、振动、冲击及其他环境条件下正常工作所采取的手段。产品的环境适应能力，是通过环境试验得到评价和认证的，这一节将对此进行简单的介绍。

（1）电子产品的环境要求

电子产品的应用领域十分广泛，储存、运输、工作过程中所处的环境条件是复杂而多变的，除了自然环境以外，影响产品的因素还包括气候、机械、辐射、生物和人员条件。制订产品的环境要求，必须以它实际可能遇到的各种环境及工作条件作为依据。例如，温度、湿度的要求由产品使用地区的气候、季节情况决定；振动、冲击等方面的要求与产品可能承受的机械强度及运输条件有关；还要考虑有元化学气体、盐雾、灰尘等特殊要求。以电子测量仪器为例，我国电子工业部对环境要求及其试验方法颁布了标准，把产品按照环境要求分为三组，即：

Ⅰ组　在良好的环境中使用的仪器,操作时要细心,只允许受到轻微的振动。这类仪器都是精密仪器。

Ⅱ组　在一般的环境中使用的仪器,允许受到一般的振动和冲击。实验室中常用的仪器,一般都属这一类。

Ⅲ组　在恶劣的环境中使用的仪器,允许在频繁的搬动和运输中受到较大的振动和冲击。室外和工业现场使用的仪器都属这一类。

电子产品的种类繁多,不可能对各种产品分别提出具体的环境要求。在设计制造的时候,可以参照仪器的分组原则确定环境要求。显然,对于一般电子整机产品来说,降低环境要求,将使它难于适应更多的用户和环境的变化;过高地提出环境要求,必将使产品的制造成本大大增加。一般民用电子产品,通常可以比照Ⅱ组仪器规定环境要求。

(2)环境试验的内容和方法

我国电子工业部颁布的标准中,同时还规定了对电子测量仪器的环境试验方法。其主要内容如下:

1)绝缘电阻和耐压的测试

根据产品的技术条件,一般在仪器的有绝缘要求的外部端口(电源插头或接线柱)和机壳间、与机壳绝缘的内部电路和机壳之间、内部互相绝缘的电路之间进行绝缘电阻和耐压的测试时,同时对被测部位施加一定的测试电压(选择500 V,1 000 V或2 500 V)达1分钟以上。

进行耐压试验,试验电压要在5~10 s内逐渐增加到规定值(选择1 kV,3 kV或10 kV),保持一分钟应无表面飞弧、扫掠放电、电晕和击穿现象。

2)对供电电源适应能力的试验

一般,要求输入交流电网的电压在220 V±10%和频率在50 Hz±4 Hz之内,仪器仍能正常工作。

3)温度试验

把仪器放入温度试验箱,进行额定使用范围上限温度试验、额定使用范围下限温度试验、储存运输条件上限温度试验和储存运输条件下限温度试验。对于Ⅱ类仪器,这些试验的条件分别是+40 ℃,-10 ℃,+55 ℃,-40 ℃,各4小时。

4)湿度试验

把仪器放入湿度试验箱,在规定的温度下通入水气,进行额定使用范围潮湿试验和储存运输条件潮湿试验。对于Ⅱ类仪器,这些试验的条件湿度分别是80%和90%,均在+40 ℃下进行48小时。

5)振动和冲击试验

把仪器紧固在专门的振动台和冲击台上进行单一频率振动试验、可变频率振动试验和冲击试验。试验有三个参数:振幅、频率和时间。对于Ⅱ类仪器,只做单一频率振动试验和冲击试验,这两项试验的条件分别是30 Hz,0.3 mm/1.28 g和10~50次/分,5 g,共1 000次。

6)运输试验

把仪器捆在载重汽车的拖车上行车20 km进行试验,也可以在4 Hz,3 g的振动台上进行2小时的模拟试验。

第 9 章 常规电子工艺实习项目

9.1 超外差式调幅(AM)、调频(FM)收音机

9.1.1 超外差式收音机

收音机实际上就是一种无线电波的接收机。它所接收的无线电波是经调制后的已调波,已调波在接收机中必须经过适当的技术处理,如放大、解调、再放大等,最后才能还原出原始的调制信号,通过电声转换便可听到所接收到的电台信号的声音来。根据已调波在接收机中接受技术处理的方式不同,收音机通常又分为两大类型,即"直接放大式"和"超外差式"。这两种不同类型的接收机的组成框图分别如图 9.1 和图 9.2 所示。

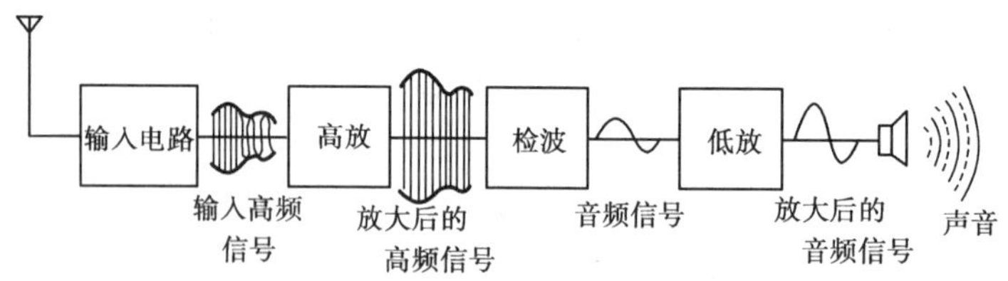

图 9.1　直接放大式收音机的组成框图

从直接放大和超外差式收音机的组成框图可以看出,收音机接收到的高频信号(以调波)的载波频率在检波器以前,如果不发生变化,这种类型的收音机便是直接放大式;如果发生变化,而且是变化一个频率较低的固定不变的载波频率(即所谓的中频),这种类型的收音机常称为"超外差式"。

由于接收方式不同,超外差式收音机比直接放大式收音机的性能要好得多,总的说来超外差式收音机有如下优点:

1)收音机的灵敏度高。

2)收音机的选择性好。

3)在整个接收频段范围内,输出信号比较平稳。

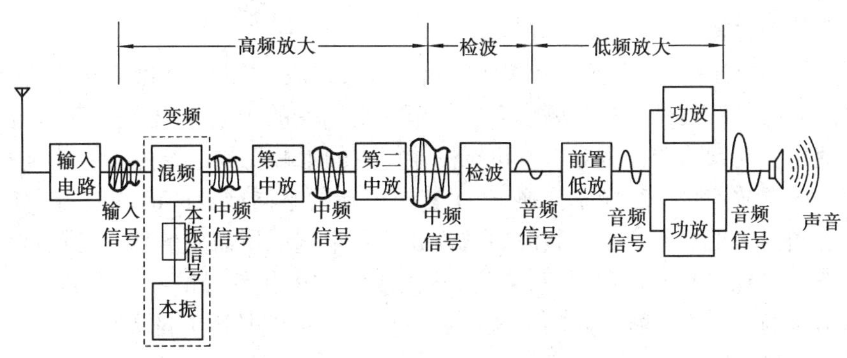

图9.2　超外差式调幅收音机组成框图

9.1.2　AM/FM 收音机的组成(框图)及各部分的作用

现代收音机的程式都是采用超外差式,下面就调幅和调频收音机组成(框图)及各部分的作用做一简单介绍。

(1)调幅收音机

超外差式调幅收音机的组成框图前面已经讲述,如图9.2所示,其中各部分的作用是:

1)接收天线

接收天线的作用是接收空气中的无线电波并变换成相应的电信号(感应电流或感应电动势)。

接收天线的种类很多,在收音机中常用的是磁性天线和拉杆天线。

磁性天线是将输入回路线圈套在磁棒上来构成的。磁棒均由铁氧体磁性材料做成,按使用材料不同有锰锌铁氧体(Mx)和镍锌铁氧体(Nx)之分。Mx 的导磁率(U_0)较大,允许使用的工作频率较低,适用于中波波段,通常是采用 $U_0=400$ 的 Mx 磁棒,Nx 的 U_0较低,使用频率较高,适用于短波波段,两者不能混用,采用磁性天线可使收音机灵敏度和选择性均得以提高,磁棒的外形有圆形和扁行两种。

2)输入回路

输入回路的作用是从接收天线感应出的各种电信号中把所需的某个电信号选择出来(这就是常说的选频或选台)。

输入回路是收音机的大门,它相当于一个选通门,它只允许所需要接收的电信号进入此门,其余不需要的电信号则被拒之门外,输入回路通常是由 LC 调谐回路来担任。图9.3所示为一个典型的收音机的输入回路。

图9.3中 C_1为可变电容器,L_1为电感线圈。由 C_1和 L_1组成调谐回路(并联谐振回路),用来选择所需要接收的电台信号,被选出来的电台信号由基极线圈 L_2送到变频级晶体管基极。

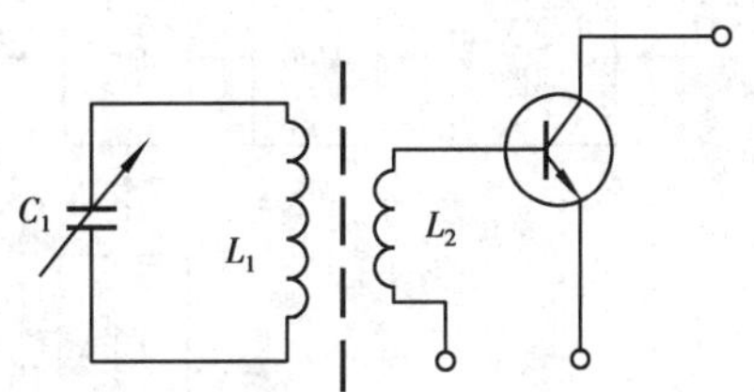

图9.3　输入回路

3)变频(器)

变频(器)的作用是将由输入回路选择出来的已调波信号的载波频率,通过频率变换而变成一个频率较低的且固定不变的载波频率(即所谓的"中频"),但这种频率变换过程中不改变原高频已调波信号所包含的信息特征。

变频器是由本机振荡器、混频器和选频电路三部分组成，本机振荡器的任务是产生一个与已接收到的高频已调波信号的载频频率高出一个固定不变的中频等幅电振荡，供给混频器进行频率变换使用。混频器的任务是将本机振荡器产生的等幅高频电振荡器信号与由输入回路选出来的高频已调波信号进行频率变换，产生若干个新的不同载波的已调波信号。选频电路的作用是从混频器输出的若干不同载波的已调波信号中选取所需要的那个已调波信号（也就是所谓的中频信号）。对于调幅收音机来说，我国规定的中频信号的频率为$f_{中}=465\ \text{kHz}$，它是本机振荡信号的频率f_S和所接收的高频已调波信号的载波频率f_C的差频（即$f_S-f_C=f_{中}$而得到的）。

4）中频放大

中频放大的作用是将混频后得到的中频已调频信号进行幅度放大到一定程度，以供检波之用。对于收音机来说，中频放大的增益是决定收音机灵敏度的主要因素。

5）检波

检波的作用就是将中频放大后的调波信号进行解调，还原出原始的调制信号。

6）低频放大

低频（前置）放大的作用是将经检波后得到的原始调制信号（通常这种信号的频率为话音频率——即为低频信号或音频信号）进行幅度放大。

7）功率放大

功率放大同属于低频放大的范围，它的作用是将经前置低频放大后的低频信号进行能量放大，使之具有足够的能量去推动扬声器。

8）扬声器

扬声器是一种电-声能换器，它的作用就是将功率放大后的低频信号转换成相应的声音信号，这就是收音机最终接收到的电台所发送的原始信号。

9）自动增益控制

自动增益控制的作用是调节整机增益（或放大量），使收音机输出信号的强度相对平稳（对于所接收的不同强度的信号而言）。

（2）调频收音机

超外差式调频收音机的组成框图如图9.4所示，其中各部分的作用是：

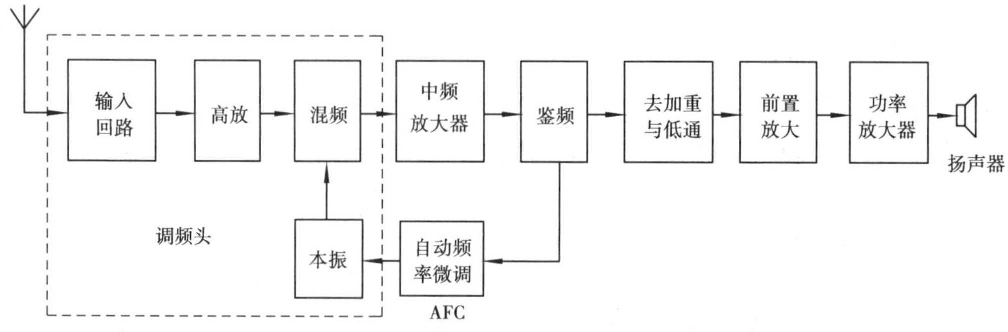

图9.4　超外差单声道调频收音机组成图

1）接收天线

接收天线的作用与调幅机是相同的，但由于调频机的工作频率较高(87 ~ 106 MHz)，磁性天线已不适用，故调频机的天线多采用拉杆天线。

2)输入回路

输入回路的作用与调幅机是相同的，但由于调制方式的不同，调频机的输入回路的谐振频率不像调幅那样是不变的，而是固定不变的，考虑到整个频段的传输系统相对均匀，输入回路的谐振频率通常是选定在 97 MHz 上。

3)高放(高频放大器)

放大的作用是把经输入回路选出的所需接收的高频已调波信号进行放大，提高其高频信噪比，从而达到提高整机灵敏度的目的。

4)混频、本振

其作用与调幅收音机的完全相同。

5)中频放大器

其作用与调幅机基本相同，但就中频放大器本身而言，调频机的中频放大器与调幅机的中频放大器相比却有着本质上的区别，因为调频机的中频放大器实质上是中频限幅放大器。事实上随着输入信号强度的增强，中放各级从后向前依次进入限幅放大状态，这种限幅作用也是调频机抗干扰能力强的关键因素，因为这种限幅作用有两个好处:第一，切除掉选加在振幅上各种天线及工作干扰，而这种切除不损害已调频波所含有的信息特征;第二，利用限幅器的强抑弱特征，可以抑制掉比有用载波小的调频干扰和噪声干扰。因此，调频机的抗干扰性和信噪比均比调频机有着显著提高。

对调频机而言，我国调频广播标准中规定调频中频 $f_{中}$ = 10.7 MHz，从中频频率的数值来看调频机要比调幅机高得多。

6)鉴频

鉴频的作用是把已调频波的瞬时频率变换成电压的变化，还原出原始的调制信号来。它与调幅机的检波器同属解调机的范畴，但两者的解调原理和电路都是不同的。

7)去加重与低通

在调频广播中，理论分析和实践表明，调频波的抗干扰能力随频偏的增大而增强，但随调制信号的频率增加而减少。这就造成了高频调制信号的信噪比低于低频信号的信噪比，如不采取适当措施，便会造成调制信号的高频分量的信噪比下降(高频分量的灵敏度下降)，从而造成高频失真，这是我们不希望的。为了提高高频分量的信噪比，在调频发射机的载波受调制前，特意使调制信号的高频分量得到适当提升，从而使已调波的高频分量所产生的频偏加大，因为调频时，频偏的大小是与调制信号的幅度有关，而与调制信号的频率无关。这种使调制信号的高频分量得到适当提升的办法，就是常说的“预加重”。调频发射机的预加重电路与幅频特性曲线如图 9.5 所示。调频接收机的去加重与低通，就是为了保证在解调后不至于因在发射端的预加重而造成接收端的高频分量(对已调制还原后的原始信号而言)过冲，产生信号失真而设置的。这是调幅机中所没有的，去加重电路与幅频特性如图 9.6 所示。

由图 9.5 和图 9.6 中的幅频特性可清楚看到，经过预加重和去加重后，调制信号各频率分量的幅度比没有变，但高频分量的噪声却大大减少了。从去加重电路的组成便知，去加重电路本身就是一个低通滤波器，这一点是不难理解的。

8)自动频率微调(AFC)

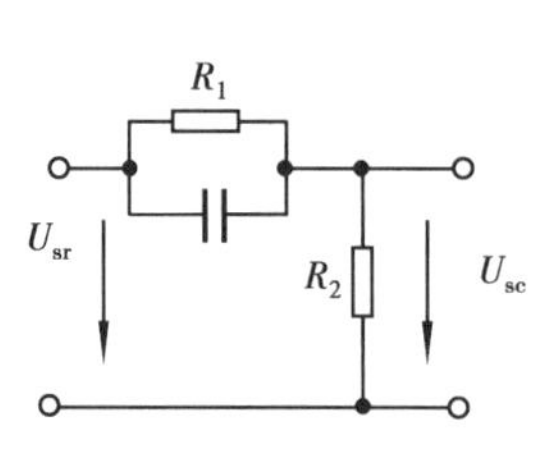

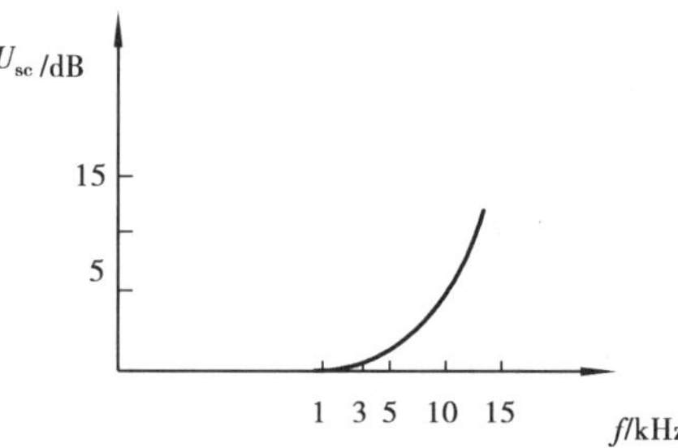

图 9.5　预加重电路及幅频特性

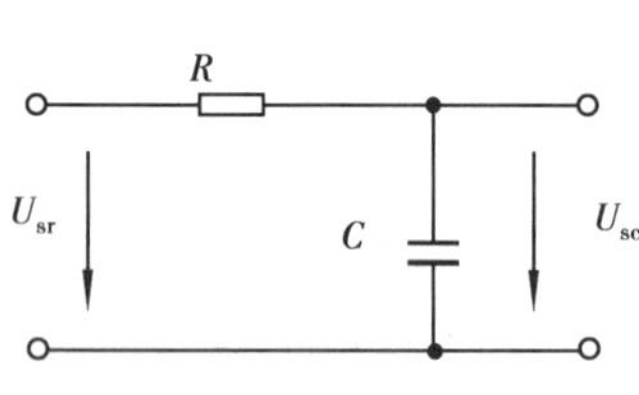

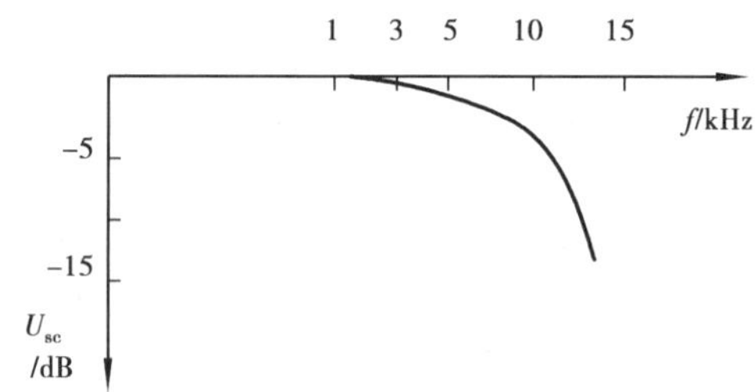

图 9.6　去加重电路及幅频特性

自动调频微调的作用是自动调节本机振荡频率，防止本振频率漂移，从而保证变频后能得到准确的 10.7 MHz 的中频信号，进而保证经鉴频器解调出来的原始调制信号不致产生失真。

在调幅机中为防止中频放大器出现限幅，必须加 AGC 电路，而调频机除个别高级机外一般都不设 AGC 电路。在调频机中 AFC 电路是必不可少的，而这是调幅机所不需要的。

9）前置放大、功率放大和扬声器

其作用与调幅机的完全相同，这里不再重述。

（3）2045AM/FM 收音机工作原理

为了让同学们较为直观地了解收音机的工作原理，掌握调试、检测及分析故障的方法，现将 AM/FM 收音机的工作原理（图 9.7 所示）分两大部分（AM 部分、FM 部分）介绍。

1）调幅（AM）工作原理

调幅（AM）收音机由输入回路、混频回路、本振回路、中频放大、检波回路、自动增益控制回路（AGC）、音频放大电路及功放组成，如图 9.8 所示。

调幅波段的接收天线由 L_1 线圈（磁棒线圈）与四联电容器 VC_3 构成，谐振回路，改变四联可变电容器的容量可选择中波广播信号 535 ~ 1 605 kHz，选择后的调幅波送入 CXA1191M 集成块（IC）的（10）脚与 IC 内部的本振信号混频，本振信号是由 IC 内部电路与（5）脚外接谐振回路 L_4，C_7，VC_4 产生的。混频后由 IC（14）脚送出多种频率组合信号，经465 kHz中 T_1 和 465 kHz陶瓷滤波器 CF_1 组成的 455 kHz 中频选频回路，将 AM 高频载波变为统一中频载波（465 kHz），送入 IC（16）脚进行中频放大，放大后的中频信号经 IC 内部的检波电路检波后从 IC（23）脚输出音频信号，通过 C20 耦合送入 IC（24）脚进行音频放大和功率放大，从 IC（27）脚输出，经 C22 耦合送至耳机插座 XS（AV），分别驱动喇叭 *B* 或耳机。音量大小的控制是由 IC（4）脚与 RV_1，R_2 构成电子式音量控制电路，IC（15）脚外接 AM/FM 转换开关 SA，当（15）脚接地时收音机工作为 AM 波段，当（15）脚与电容 C_{15} 连接时收音机工作为 FM 波段。

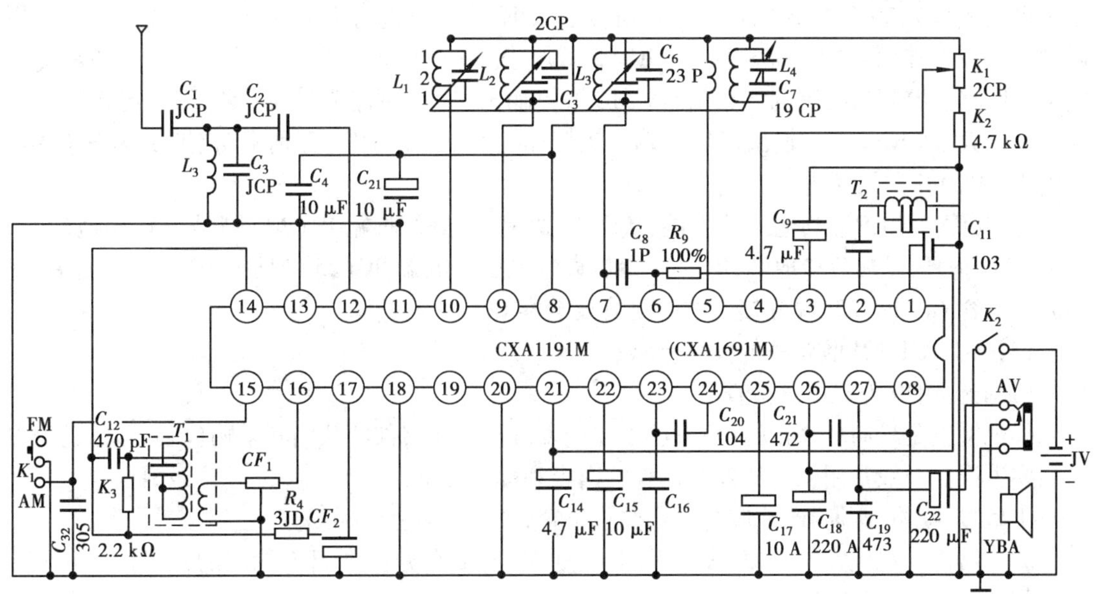

图9.7 2045AM/FM 收音机原理图

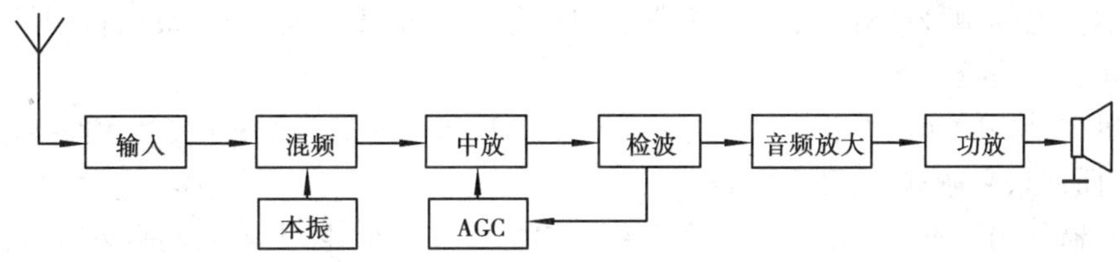

图9.8 收音机调幅(AM)部分框图

2)调频(FM)工作原理

调频(FM)收音机由输入回路、高放回路、本振回路、混频回路、中放回路、鉴频回路、音频放大电路及功放组成,如图9.9所示。

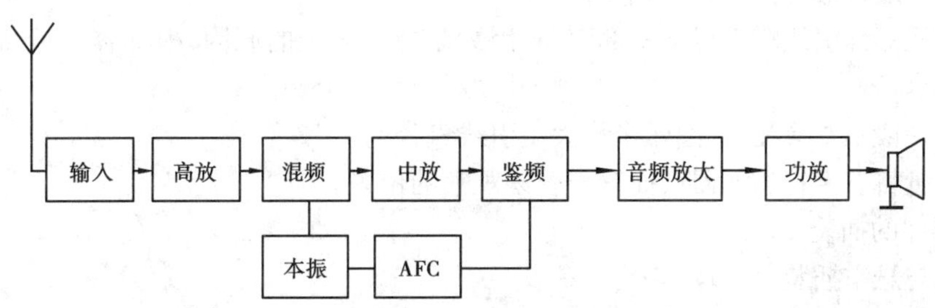

图9.9 收音机调频(FM)部分框图

①调频信号经由拉杆天线、印制板的外围印制线构成的天线接收,经由 C_1,L_5,C_2,C_3 组成的带通滤波器,使88~108 MHz 频段的调频信号顺利通过并耦合到IC(12)脚进行高频放大,放大后的高频信号被送入IC(9)脚,并由IC(9)脚外接 L_2,VC_1,C_5 组成调谐回路,对高频信号进行选择在IC内部混频。FM的本振信号由 C_8,L_3,VC_2 与IC(7)脚的内部电路组成本机振荡器产生。在IC内部与高频信号混频后由IC(14)脚送出多种频率组合信号经 R_4 耦合至CF2

滤波得到频率为10.7 MHz的中频调频信号进入IC(17)脚进行FM中频放大,放大后的中频调频信号在IC内部进入FM鉴频器, IC (2)脚外接10.7 MHz鉴频滤波器由 T_2 和电容 C_{10} 组成鉴频回路。鉴频后得到的音频信号从IC(23)输出经 C_{20} 耦合送至IC(24)脚进行音频放大和功率放大,从IC(27)脚输出,经 C_{22} 耦合送至耳机插座XS(AV),分别驱动喇叭或耳机(音频电路为FM,AM共用通道)。

②IC(CXA1019M)其他脚的功能:IC(11)脚是高频接地端,IC(20)脚是中频接地端,IC(1)脚和(28)脚是功放接地端,IC(26)脚是直流电压供电端,IC(25)脚是电子稳压输出端,外接滤波电容 C_{15},IC(22)脚外接检波电路滤波电容 C_{10}。

(4)2045AM/FM收音机的安装步骤

1)筛选元件(外观质量检查)

外观检查是最简单易行的检验,可以先期发现某些元器件的缺陷和采购包装、运输过程中的某些失误。一般常用元器件外观检查的内容和标准如下:

①型号、规格、厂商、产地应与设计要求符合,外包装应完整无损。

②元器件外观应完好无损,表面无凹陷、划伤、裂纹等缺陷,外部有涂层的元器件应无脱落和擦伤。

③电极引线应无压折和弯曲,镀层完好光洁,无氧化锈蚀。

④元器件上的型号规格标记应该清晰、完整,色标位置、颜色应符合标准,特别是集成电路上的字符要认真检查。

⑤有机械结构的元器件要求尺寸合格、螺纹灵活、转动手感合适;开关类元件操作灵活,手感良好;接插件松紧适宜,接触良好等。

各种元器件用于不同的电子产品都有自身的特点和要求,除上述共同点外往往还有特殊要求,应区别对待。

2)元器件检测

元器件检测可见本书第3章《电子元器件的识别与检测》。

3)元器件整形

元器件引线整形要注意以下几点:

①所有元器件引线均不得从根部弯曲,因为制造工艺上的原因,根部容易折断,一般应留1.5 mm以上。

②弯曲一般不要成死角,圆弧半径大于引线直径的1~2倍。

③要尽量将有字符的元器件面置于容易观察的位置。

4)元器件的插装

①贴板与悬空插装

贴板插装稳定性好,插装简单,但不利于散热,且对某些安装位置不适应。悬空插装,适应范围广,有利于散热,但插装复杂,需控制一定高度以保持美观一致。

插装时具体要求应首先保证图纸中的安装工艺要求,其次按实际安装位置确定。一般无特殊要求时,只要位置允许,采用贴板安装为常用。

②安装时应注意元器件字符标记方向一致,容易读出。

③安装时不要用手直接碰元器件引线和印制板上铜箔。

④插装后为了固定可对引线进行折弯处理。

⑤元器件插装分卧式和立式,具体见本书第5章5.4节。

5)焊接

至于焊接,前面已经介绍的很详细了,在这里不再重复。

6)焊后处理

①剪去多余引脚。

②检查印制板上所有元器件引线焊点,修补缺陷。

7)组装

按照要求将电路板、外壳、喇叭、天线等部件组装好。

8)检测与调试

调试步骤与方法:

①测试设备:

A. MF47型指针式万用表。

B. 直流稳压电源。

C. JSS—10型数字标记集中信号源系统。

②收音机的调试项目主要有:

A. 集成电路(IC)各脚在路电阻的测量。

B. 静态工作电流、电压(集成块各脚的对地电压)的测试。

C. 中频频率的调整。

D. 频率范围的调整(接收覆盖面)。

③集成电路(IC)各脚在路电阻的测量

检查集成块脚与脚、脚与外围元件有无开路(虚焊)、短路,器件装接是否错误,通过检测集成电路在路电阻,找到关联元器件,将故障排出在通电前。

将万用表量程开关拨至欧姆R×100 Ω或R×1 kΩ挡,调零后,分别以黑表笔接地和红表笔接地测量集成电路(CXA1191M)各脚的在路电阻。

如果某一个或几个测量电阻阻值与参考值(表9.1)偏差太大,则应检查该脚外围元件有无错误、焊接是否良好等。

表9.1　(CXA1191M)各脚在路电阻阻值　(单位:Ω)

脚位号	1	2	3	4	5	6	7	8	9	10	11	12	13	14
红(黑地)	90	11 k	150	—	85	—	85	85	85	85	0	40	0	150
黑(红地)	—	35 k	—	500	100 k	600	600	600	—	600	0	900	0	900
脚位号	15	16	17	18	19	20	21	22	23	24	25	26	27	28
红(黑地)	130	900	750	0	—	0	120	135	140	150	150	75	70	0
黑(红地)	1.25 k	1.75 k	1.4 k	0	—	0	40 k	16 k	32 k	13 k	13 k	520	50 k	0

④收音机的静态工作电流、电压(集成块各脚的对地电压)的测试:

静态是指收音机工作在没有收任何电台、音量控制在最小状态时,所测得的电流、电压值,则为静态工作电流、电压。反之,则为动态电流、电压。

A. 静态电流的测量:将万用表量程开关,拨至直流电流10 mA挡,并将万用表串接在收音

机电路中,正常情况下测得的静态电流应为:

当收音机工作于 AM 状态时,其静态电流为:3.4 mA

当收音机工作于 FM 状态时,其静态电流为:5.3 mA

注意:测得电流远远超过典型值,说明机内有严重短路现象,应立即断开电。否则,可能造成器件的损坏,特别是集成电路的损坏。

如果测量电流小或没有电流,元器件有脱焊和虚焊;如果测量电流大,焊点之间短路或元器件装配错误。

B. 静态电压的测量:将万用表量程开关,拨至直流电压 10 V 挡,将万用表的黑表笔接地(负极),用红表笔接触集成电路(CXA1191M)各脚测量电压值。如果测量电压值与参考值偏差太大,则应检查与此引脚相关的外围电路的连接、元件质量是否良好,焊接点及印刷电路板有无断裂或短接现象。

⑤试听

当静态测试值均为正常范围时,可将波段开关分别置于 FM 或 AM 位置,调节音量电位器(声音最大)、调节四联可变电容拨盘收听广播,如能收到不同电台的广播,说明收音机的装配及焊接基本正确,可以进行下一步调试。如收不到或根本没有声音,应回到第一步,重新检测,找出故障所在,并逐一排除,最终完成静态工作的检测。

⑥调幅波、调频波(AM/FM)中频频率的调整

中频调试是超外差式收音机的关键步骤,它直接关系到收音机灵敏的好坏,AM 中频频率为 455 kHz。

A. 调幅(AM)中频调试步骤:

a. 连接:如图 9.10 所示。

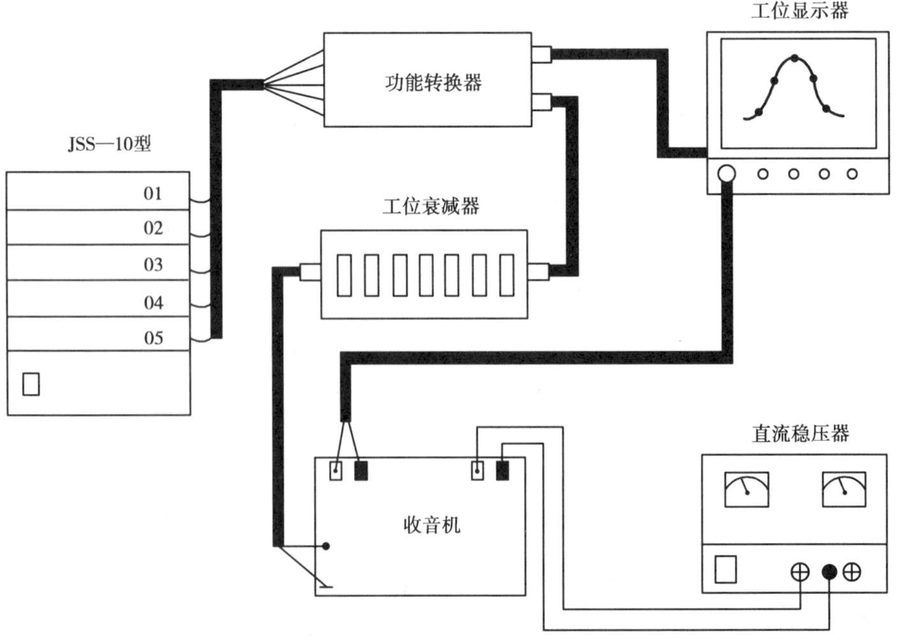

图 9.10　收音机与调试系统的连接图

将直流稳压电源调节到电压输出为 3 V,并将电源正、负极分别接到收音机的正、负极上,把收音机的波段开关置于 AM 处,使收音机处于调幅工作状态。

将来自于工位衰减器的扫频信号送到四联电容 VC_1 脚,注意:电缆线的屏蔽层接入收音机的地(负极)。

将 NW4861 显示器的输入线接在电容 C_{12}靠近集成块的 15 脚端,注意:电缆线的屏蔽层接入收音机的地(负极)。

b. 观察:

打开收音机开关,按下功能选择开关键 U_1—“465 kHz”调频中频;五个标记点选定为:450 kHz,455 kHz,455 kHz,460 kHz,465 kHz,观察显示器上出现的中频特性曲线如图9.11 所示。

如果波幅偏大(或偏小)按动工位衰减器选择键,以获得幅度较大且不失真的曲线。

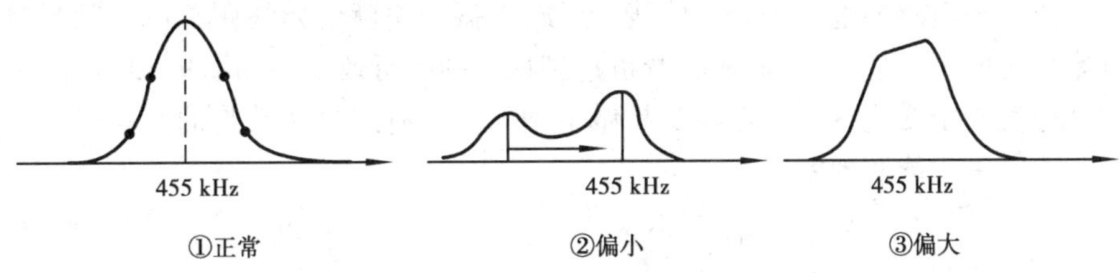

图 9.11　调幅(AM)中频特性曲线图

B. 调试:

调节 $T1$(黄色中周),使得显示器上两上峰值上完全重叠。这时中频曲线幅度最大,左右对称,中心频率为:465 kHz,如图 9.11 (如调整中,幅度增大,出现削顶失真,如图 9.11 中③增大衰减器衰减量)。

C. FM 中频调试步骤:

调频(FM)的中频频率为 10.7 MHz,其原理与 AM 相似,只是调节的具体方法有所差别:

a. 接线

将直流稳压电源调节到电压输出为 3 V,并将电源正、负极分别接到收音机的正、负极上,把收音机的波段开关置于 FM 处,使收音机处于调幅工作状态。

将来自于工位衰减器的扫频信号送到电阻 R_4 的一脚上,注意:电缆线的屏蔽层接入收音机的地(负极)。

将 NW4861 显示器的输入线接在电容 C16 靠近集成块的 23 脚端,注意:电缆线的屏蔽层接入收音机的地(负极)。

b. 观察

打开收音机开关,按下功能选择开关键 U_2—“10.7 MHz”调频中频;五个标记点选定为:10.6 MHz,10.65 MHz,10.7 MHz,10.75 MHz,10.8 MHz,观察显示器上出现的中频特性曲线,如图 9.12 所示。

如果波形幅偏大(或偏小),按动工位衰减器选择键,以获得幅度较大且不失真的曲线。

c. 调试

调节 T_2(粉红色中周)使得“S”形曲线中心点 10.7 MHz,在水平基线位置,中心点附近线性度较好(中心三点趋近为一条直线)。

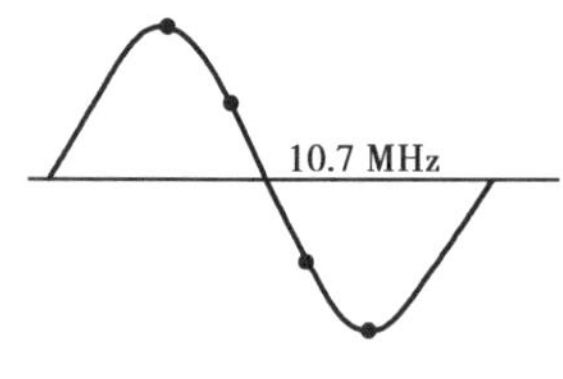

图 9.12　调幅(AM)中频特性曲线图

⑦调幅(AM)中波波段的覆盖和统调

为什么要进行覆盖和统调?

为了使收音机本振频率与输入频率之差尽量保持一个固定值(中频频率)的措施。

从原理阐述中知道,无论是接收回路,还是本振回路,都是 LC 谐振回路,而谐振频率:

$$f = \frac{1}{2\pi\sqrt{LC}}$$

f 与 C 不成线性变化。因此,要使收音机在收听不同频率电台时,都能满足超外差要求,即:

$$f_{本振} - f_{信号} = f_{中频}$$

必须通过调整电感和电容来修正曲线,这样,本振频率就能始终跟踪电台信号频率变化,产生一频率稳定的中频信号,从而使收音机达到最佳的收听效果。如图 9.13 所示:实际上,仅仅利用四联电容同步变化达到线性跟踪是做不到的。只有通过调整将曲线校正,从而使收音机在有效频率范围内能实现跟踪。

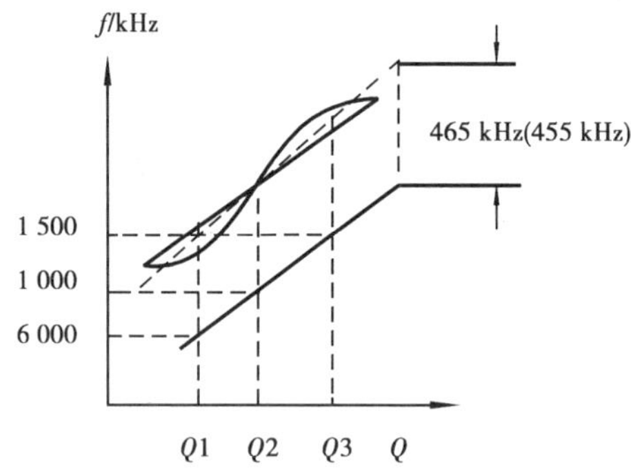

图 9.13　电感和电容修正曲线

覆盖和统调的目的是使收音机在整个波段范围内收听电台时都能正常工作,指针所指出的频率刻度与接收到电台频率相对应,并使接收灵敏度、整机灵敏度的均匀性以及选择性达到最佳程度。

AM 统调分以下几个步骤:

A. 连接:波段开关置于 AM 处

将直流稳压电源调节到电压输出为 3 V,并将电源正、负极分别接到收音机的正、负极上,把收音机的波段开关置于 AM 处,使收音机处于调幅工作状态。

将来自于工位衰减器的扫频信号夹夹到磁棒上,则磁棒上线圈 L_1 可接收到感应信号。

将 NW4861 显示器的输入线接在电容 C_{20} 靠近集成块的 23 脚端,注意:电缆线的屏蔽层接入收音机的地(负极)。

B. 观察

按下功能选择开关键 U_3—“MW”调幅统调,显示器上应有五个频标点从左向右分别为:535 kHz,700 kHz,950 kHz,1 300 kHz,1 605 kHz。观察后,打开收音机开关,再观察显示器上出现的曲线,如图 9.14 所示。

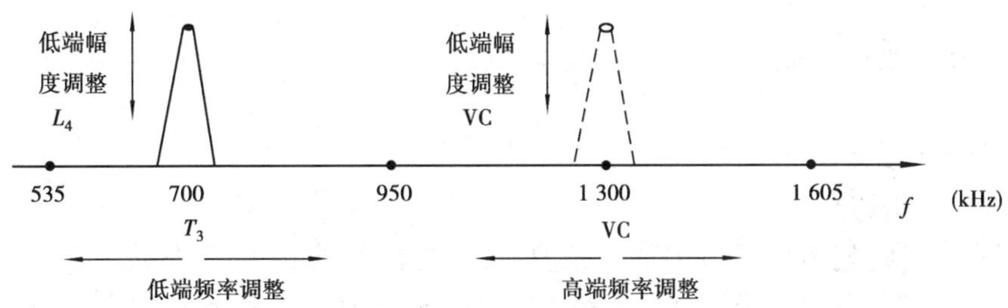

图9.14　调幅(AM)中波波段的覆盖和统调曲线图

如果波形幅偏大(或偏小),按动工位衰减器以获得幅较大且不失真的曲线。

C. 调试

调试分为两大步骤:

覆盖调试(频率刻度)。

a. 将四联电容旋到容量最小(频率最高端),观察谐振峰点是否处于第5个频标点(1 605 kHz),调四联电容上的半可变电容 VC_2 使谐振峰点到达预定点(第五个频标点)。

b. 将四联电容旋到容量最大(频率最低端),观察谐振峰点是否处于第1个频标点(535 kHz),调节 L_4(红色)使谐振峰点略低于预定点(第1频标点)。

c. 反复a,b步骤,使得旋转四联电容从低端到高端,谐振峰点移动范围能覆盖从第1频标点到第5频标点,即频率变化范围不小于535～1 605 kHz。

统调(接收灵敏度)

a. 低端:转动四联电容对准刻度700 kHz,观察第2个频标点700 kHz谐振峰幅是否在顶端。如果未在顶端,首先微调用本振线圈 T_3,然后调节天线线圈 L_1 在磁棒上的位置,使曲线幅度最大且杂波最小。

b. 高端:转动四联电容对准刻度1 300 kHz,观察第4个频标点1 300 kHz谐振峰幅是否在顶端。如果未在顶端,首先微调用半可变电容 VC_2,然后调节半可变电容 VC_1 使曲线幅度最大且杂波最小。

c. 反复a,b步骤,使得谐振峰幅在整个频段内,幅度较大且保持高低端幅度一致,这样调幅波段的统调就完成了。

⑧调频(FM)波段的覆盖和统调

调频的调试方法与调幅的调试方法基本相同,只是具体调试点不同。

FM统调步骤:

a. 改变连接:

将收音机的波段开关置于FM处,使收音机处于调频工作状态。

来自于工位衰减器的信号夹,夹在机壳上。如信号很强,可不接该输入信号,将衰减器输出信号夹靠近即可。

将NW4861显示器的输入线接在电容 C_{20} 靠近集成块的23脚端。注意:电缆线的屏蔽层接入收音机的地(负极)。

b. 观察:

按下功能选择开关键 U_5—“FM”调频统调,显示器上应有五个频标点从左向右分别为:88 MHz,92 MHz,98 MHz,102 MHz,108 MHz。显现,打开收音机开关,观察显示器上出现的曲

线,如图 9.15 所示:

如果波形幅偏大(或偏小),按动工位衰减器以获得幅较大且不失真的曲线。

c. 调试:

调试分为两大步

A. 覆盖调试(粗调)

a. 将四联电容旋到容量最小(频率最高端),观察曲线中心是否处于第 5 个频标点(108 MHz),调节四联电容上的半可变电容 VC_4,使“S”形曲线中心到达预定点(第五个频标点)。

b. 将四联电容旋到容量最大(频率最低端),观察曲线中心是否处于第 1 个频标点(88 MHz),调节 L_3(改变 L_3 线圈匝与匝之间的间距),使“S”曲线中心略低于预定点(第 1 频标点)。

c. 反复 a,b 步骤,使得旋转四联电容从低端到高端,谐振峰点移动范围能覆盖从第 1 频标点到第 5 频标点,即频率变化范围不小于 88 ~ 108 MHz。

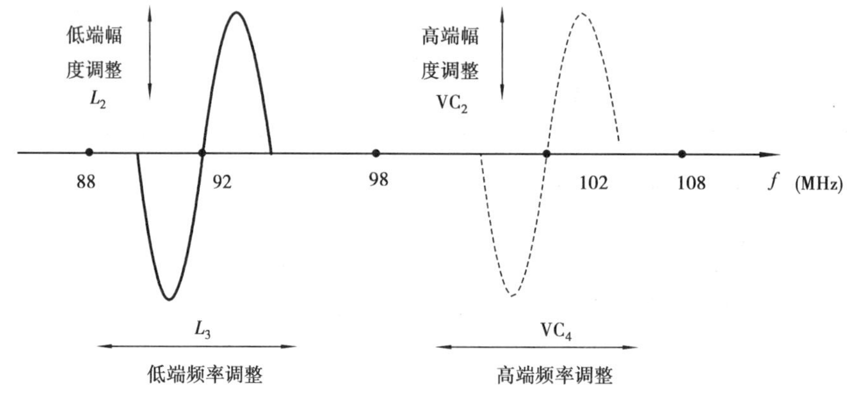

图 9.15　调频(FM)波段的覆盖和统调曲线图

B. 统调 (接收灵敏度)

a. 低端:转动四联电容对准刻度 92 MHz,观察第 2 个频标点 92 MHz 是否在“S”形曲线中心。如果未在,首先微调本振线圈 L_3,然后调节线圈 L_2,使“S”曲线幅度最大且杂波最少。

b. 高端:转动四联电容对准刻度 102 MHz,观察第 4 个频标点 102 MHz 是否在“S”形曲线的中心。如果未在,微调用半可变电容 VC_4,然后调节半可变电容 VC_3 使曲线幅度最大且杂波最少。

c. 反复 a,b 步骤,使得“S”形曲线中心在整个频段内,幅度较大且保持高低端幅度一致,这样调频统调就完成了。

9.2 DT9205 型数字万用表

9.2.1 其性能特点

(1) DT 9205 型数字万用表的性能特点

1) 采用字高为 25 mm(约 2/3 英寸)的液晶显示器,读数清晰,能显示各种标志符(含单位符号)。COMS 集成电路,双积分原理 A/D 转换,自动校零,自动极性选择,超量程指示。

2) 其设置 30 个量程,能够测量 DCV,ACV,DCA,ACA,Ω,二极管正向压降 UF,晶体管 hFE,可检查线路通断(蜂鸣器挡),还可测量电容和 20 ~ 200 MΩ 以下的高阻。

3) 测量 DCV,ACV,DCA,ACA,Ω,C 的最高准确度依次为 ±0.5%,±1.8%,±0.8%,±1.0%,±0.8%,±2.5%,仪表测量速率约为 3 次/秒。

4) 对全部量程实现了过载保护,仪表还具有防跌落功能,可靠性高,同时具有自动关机功能。

5) 采用 9 V 叠层电池供电,典型功耗约为 40 mW。

(2) DT9205 型数字万用表的主要单元电路的工作原理

1) A/D 转换电路

A/D 转换电路如图 9.16 所示,现采用 TCL7106 型 31/2 位 A/D 转换器驱动液晶显示器。

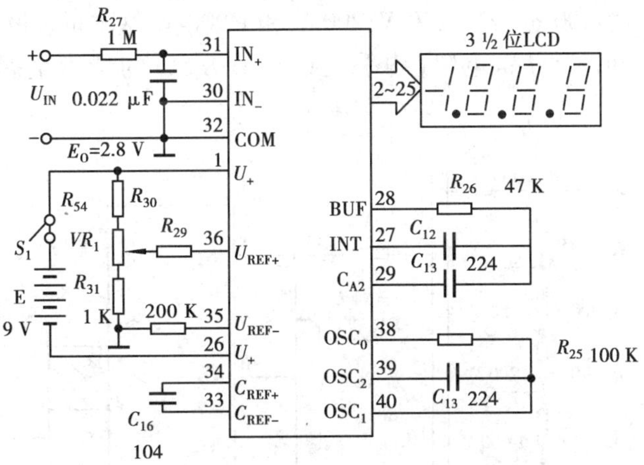

图 9.16 A/D 转换电路

R_{26},C_{12}分别为积分电阻与积分电容。C_{13}和 C_{15}依次为自动调零电容、基准电容。为提高仪表抗干扰能力,在模拟输入端接入高频滤波器 R_{27},C_{14}。基准电压分压器由 R_{30},VR_1,R_{31}组成。设 $E_o = +2.8$ V,VR_1 的电阻值为 200 Ω。

2) 小数点及标志符驱动电路

电路如图 9.17 所示。LCD 上除数字和小数点(DP2,DP20,DP200)之外,还有下列标志符:AC、二极管及蜂鸣器符号、低电压指示符、hFE,mV,V,mA,A,Ω,kΩ,MΩ,pF,nF,μF。从 BP 端输出的背电极方波电压 U_{BP},依次经过 R_{61},IC5B,得到驱动电压 U'_{BP}。其相位与 U_{BP} 相反,可作为小数点驱动信号。例如当量程开关选 DP2 时,就驱动百位上的小数点 DP2 显示,依此类推。

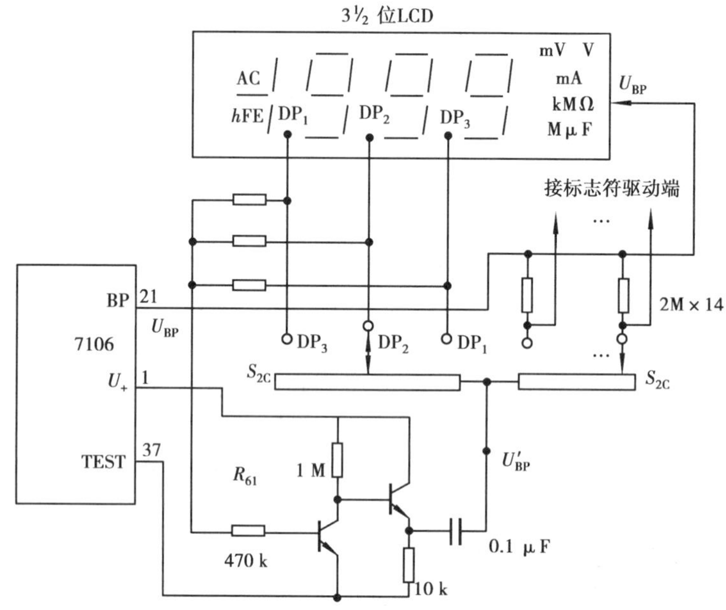

图 9.17　小数点及标志符驱动电路

3)直流电压测量电路

直流电压共设 5 挡:200 mV,2 V,20 V,200 V 和 1 000 V,基本量程设计为 200 mV。电路如图 9.18 所示,R_1 ~ R_5 为分压电阻,均采用误差 ±0.5% 的精密金属膜电阻,总阻值为 10 MΩ。

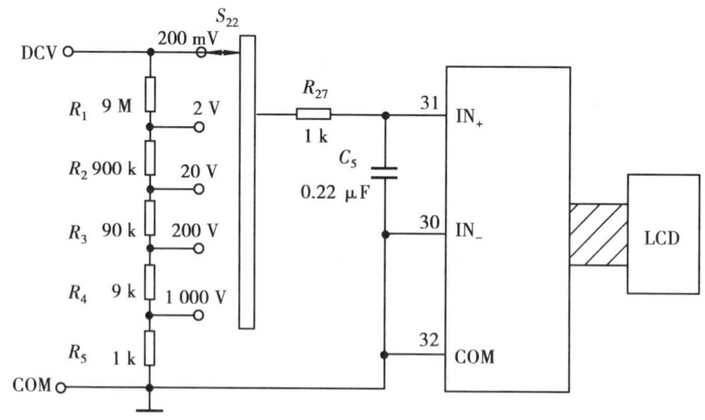

图 9.18　直流电压测量电路

4)交流电压测量电路

交流电压仪设置 4 挡:200 mV,2 V,20 V,200 V 和 700 V(RMS),电路如图 9.19 所示。AC/DC 转换器由同相放大器 IC4B(TL062)、整流管 D_7 和 D_8 隔直电容 C_1 和 C_3、平滑滤波器 R_{38},C_5 等组成,与 DCV 挡公用一套分压器。VP_2 为 ACV 挡校准电位器,可使仪表显示值等于被测交流正弦电压的有效值,D_6 用于减小非线性失真。

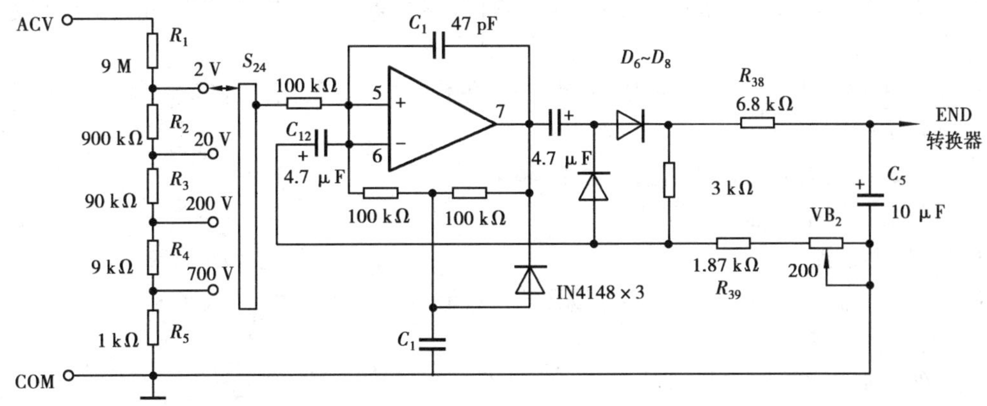

图 9.19　交流电压测量电路

5）直流电流测量电路

直流电流设置 4 挡:2 mA,20 mA,200 mA 和 20 A,电路如图 9.20 所示。其中 20 A 挡专用一个输入插孔,D_1 和 D_2 为双向限幅过电压保护二极管,保险管 FU 为过电流保护元件。分流器由 R_{13} ~ R_{15} 组成,总阻值为 100 Ω。其中,R_{13} 和 R_{14} 采用精密金属膜电阻,R_{15} 为线绕电阻。为承受 20 A 大电流,R_{12} 必须选用电阻温度系数极低的锰铜丝制成。各电流挡的满度压降均为 200 mV,可直接配 200 mA 基本表。

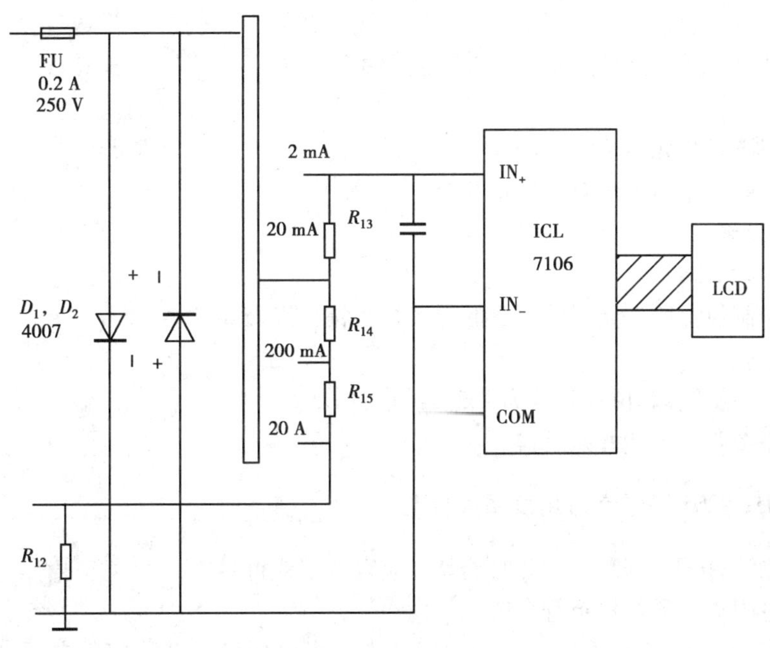

图 9.20　直流电流测量电路

9.2.2　DT 9205 型数字万用表安装步骤

(1) 外观质量检查

1）外包装应完好无损。

2)元器件外观应完好无损,表面无凹陷、划伤、裂纹等缺陷,外部有涂层的元器件应无脱落和擦伤。

3)元器件上的型号、规格、标记应清晰完整,色标位置、颜色应符合标准,特别是集成电路上的字符要认真检查。

4)有机械结构的元器件要求尺寸合格。

5)按元器件清单清点所有元器件。

(2)元器件检测

所有元器件需了解其性能,用途并按元器件检测要求进行检测。

(3)元器件整形

元器件引脚整形要注意以下几点:

1)所有元器件引脚均不能从根部弯曲,因为制造的原因,根部容易折断,一般应该留1.5 mm以上。

2)弯曲一般不要成死角,圆弧半径大于引线直径的1~2倍。

3)要尽量将有字符的元器件而置于容易观察的位置。

4)元器件的插装

A. 贴板与悬空插装:

贴板插装稳定性好。插装简单,但不利于散热,且对某些安装位置不适应。悬空插装适应范围广,有利于散热。

B. 插装时具体要求应首先保证图纸中的安装工艺要求,其次按实际安装位置确定。一般无特殊要求时,只要位置允许,采用贴板安装为常用。

(4)焊接

1)按电路图组装元器件,先焊较小、较易元器件,再焊较大、较难元器件。

2)焊接插座注意与前盖对应位置符合。

(5)焊后处理

1)剪去多余引脚。

2)检查印制板上所有元器件引脚的焊点是否符合焊接要求。

3)固定电软带。

4)固定开关旋钮,其位置先后为1,3,12,14,16。

5)按电路图要求组装好前后盖。

9.2.3 DT 9205 型数字万用表调试步骤

1)插入电池,按下电源开关,此时液晶屏应有数字或符号。

2)调试电阻挡各项指标至符合值。

3)调试直流电压,在直流电压的合适挡送入一个电压已知并稳定的电源,此电源可由经标定的电池或标准电压发生器来提供,此时调整 VR_1 的位置,使液晶屏的与已知标准电压一致。

4)调试交流电压,在交流电压的合适挡送入一个交流电压,此电压一般采用10 V以内的经过标定的交流电压,调节 VR_2 来使液晶屏的指示在电表的误差范围内。

5)将一电容量为104的电容器,在电容电桥上测出精确电容值,而后插入CX位置,在适当测量挡上测出读数,并调准 VR_3 的位置,使读数与标准值相符。

9.3　μPC 黑白电视机原理与安装、调试

电视技术是电子技术的一项重要成果。电视机是科学知识转换为生产力较为成熟的电子产品。它涵盖了信号传输技术、光电技术、模拟电子技术等,与同学们所学知识有着紧密的联系。为使同学们了解电子产品(系统)研发、设计要素;熟悉电子产品的生产制造工艺技术;掌握电子产品的装配、调试及检测工艺过程;建立工程概念,我们选用了电视机平台作为电子工艺实习课程内容的一部分。

9.3.1　黑白电视基础知识

要了解、掌握电子产品(电视机)的工作原理,就必须知道电视机所要接收的是什么样的信号,以及广播电视技术中图像光电转换的基本过程。

(1) 图像光电转换的基本过程

电视发射台利用摄像机将图像的光信号变成电信号,并将电信号经过放大等加工后送至图像发射机,在发射机内又经过调制、放大等一系列加工,最后送至电视发射天线以高频电磁波的形式发射出去。电视伴音是通过话筒将声波变成电信号的,它通过伴音发射机同一副电视发射天线,也以高频电磁波的形式发射到空中去,如图 9.21 所示。

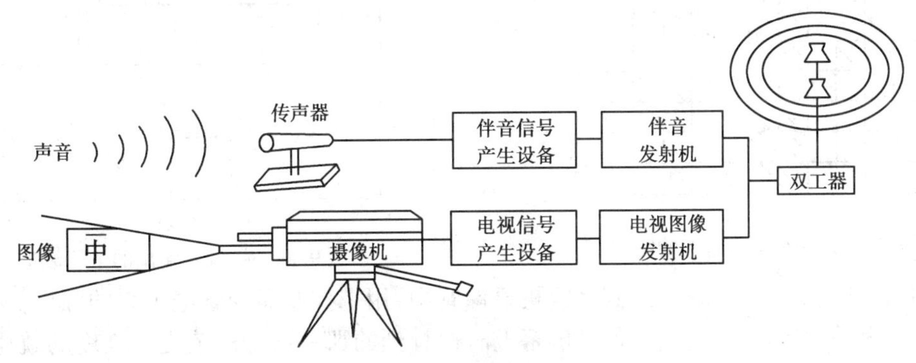

图 9.21　电视信号发送示意图

电视接收机将电视台发送来的高频全电视信号接收到后,对信号进行放大、变频、解调等一系列加工,最后使显像管重显出光信号——图像,而用扬声器重放伴音如图 9.22 所示。

为了说明在摄像机中将图像的光信号变成电信号,在显像管中将电信号还原成光信号——图像的过程,现举一简单的例子。

如果所要发送的是一个“中”字,当“中”字被摄像机镜头摄取后,摄像管中相关控制电路将电子束循序地打到靶极各点上。摄像管输出的电信号,其电压的高低,决定于电子束打到的靶极上那一点图像的亮度。电子束在靶极上的运动规律是规定好了的,是由左而右,由上而下地按顺序进行的,如图 9.23 所示。电子束是从屏幕上左方起,先打到第一行的 1a,1b,1c,1d,1e,1f,…,1l,再回过头来打到第二行的 2a,2b,2c,2d,2e,2f,…,2l,再打到第三行、第四行…,电子束经过靶极最下面的一行后又返回靶极最上面的第一行、第二行……

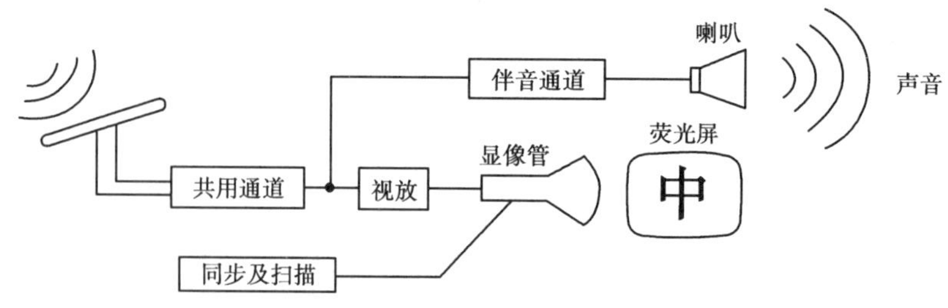

图 9.22　电视接收机示意图

这时,如果在有“中”字笔画的地方(暗黑的地方)摄像管输出的电压较高,在没有“中”字笔画的地方(明亮的地方),摄像管输出的电压较低,当电子束循序地打到上各靶极行时,摄像管输出的电压波形如图 9.24 所示。

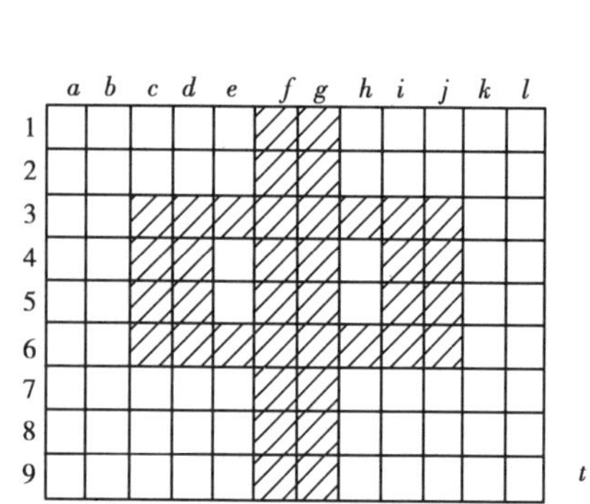

图 9.23　投映至摄像管上的图像

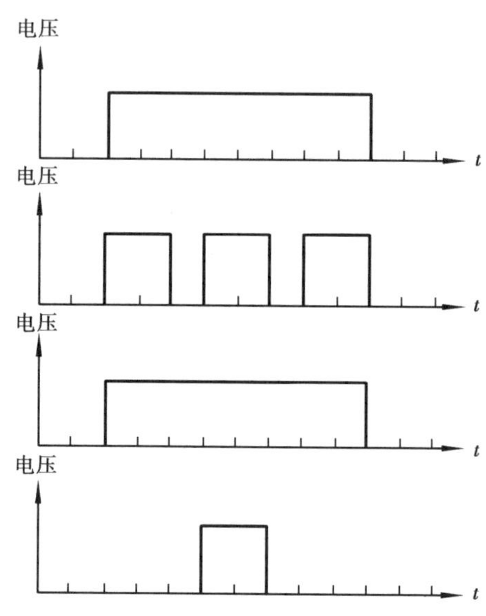

图 9.24　摄像管输出的电压波形

摄像管输出的电压波形如送到接收机显像管中,用来控制显像管电子束的强度。当电压高时,电子束弱,则电子束打到显像管屏幕上时被打到的那一部分的荧光屏亮度的就比较暗。当电压低时,电子束强,因此显像管屏幕上被打到的那一部分的荧光屏的亮度就比较亮。同时,使显像管中电子束在屏幕上运动的规律和发送端摄像管中的电子束运动规律完全相同(由左而右,由上而下)地在接收机显像管荧光屏上重显出“中”字如图 9.25 所示。

电子束在荧光屏上的有规律的运动叫做扫描。由上所述可知,无论在摄像管中或是在显像管中,电子束都要作从左至右,从上至下地沿水平方向及垂直方向扫描(通常叫做水平扫描或行扫描及垂直扫描、帧扫描或场扫描)。

在所举例子中,为便于说明,画面在垂直方向分了 9 格,在水平方向分了 12 格,将每一小方作为一个传送的单位,叫做像素。实际上为了使图像清晰,图像在垂直方向上划分的格数(行数)是很多的,我国采用 625 行制,也即在垂直方向上将一帧图像分成 625 行来传送。从图像最上方起,一行一行地循序向下传送,至传送完 625 行后,再回到最上方传送第二遍。

由于所要传送的图像是活动的,也就是说,图像画面上各部分的内容是连续不断地在变动的,因此必须对图像在一秒内传送很多遍,才能使显像管中重显连续的活动图像。我国规定一秒内将图像由上而下地传送25遍,传送一遍叫做一帧,因此帧频是25赫。显像管荧光屏上各点在每秒内被电子束扫描25次,对观众来说,还会感觉到图像有闪烁的现象,但是如果把帧频再提高,那么传送图像的电信号所占用的频带宽度就太大了,为了解决这一问题,采用了一种叫做隔行扫描的方法。这种方法是将原来在一帧中传送的625行分成两次来传送,每次传送312.5行(叫做一场),一帧中的第一场传送奇数行(第1,3,5…行),第二场传送偶数行(第2,4,6…行)。这样一来,每秒由上而下地传送的次数就由25次改为50次,人眼就感觉不到画面闪烁的现象了。这样得到的电信号所占用的频带宽度不必加宽,隔行扫描和逐行扫描的不同点如图9.26所示。

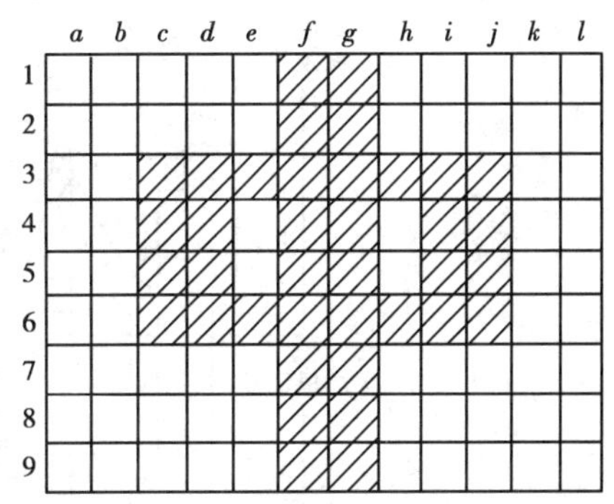

图9.25　显像管荧光屏上重现的图像

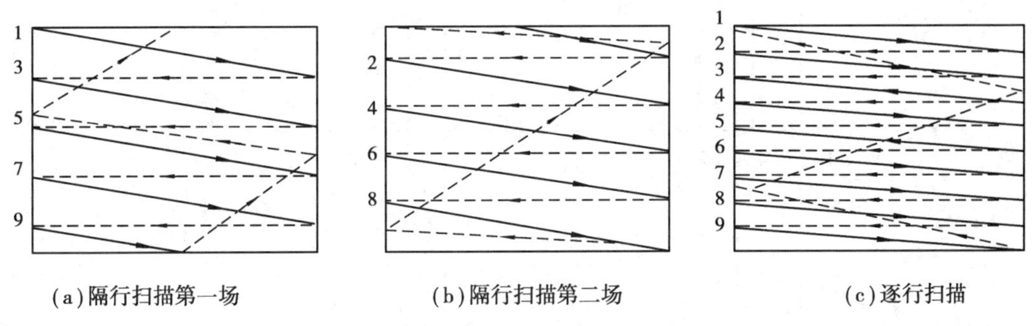

图9.26　隔行与逐行逐行扫描点

由上所述,在接收机中必须有使电子束按一定的规律在荧光屏上进行扫描的控制电路。使电子束作垂直方向扫描的叫做场扫描电路,因为帧频是每秒25 Hz,而每帧分两场扫描,所以场频是每秒50次(50 Hz)。使电子束作水平方向扫描的是行扫描电路,由于每帧分625行扫描,所以行就是25×625=15 625 Hz。

9.3.2　视频图像信号

如图9.27所示。

图9.27表示的是由摄像机摄取影像经放大加工后送至发射机的视频信号波形,以及在电视接收机中送至显像管的电信号波形。图9.27中由t_1至t_5是64 μs,是行扫描的一个周期(行扫描周期 TH=1/15 625 Hz=64 μs)。

从t_1至t_5是电子束从显像管左边扫描至右边的正程扫描时间,约占52 μs。在这期间,图像信号电压高低不同,使发射到显像管荧光屏上的电子束强度随同变化。图9.27中75%的电平为黑色电平,12.5%为白色电平,其间为灰色电平。也就是说,图像信号电压越高,表示所传送的图像越暗,图像信号电压越低,表示所传送的图像越明亮,图像信号电压高低与图像亮暗正好相反,这种图像信号叫做负极性图像信号。

从图9.27中看出,t_2至t_5,传送的信号电平为75%,也即相当于黑色电平。选用这样高电平的原因如下:电子束从荧光屏左边扫描至屏幕右边时,我们要求它按照图像信号电压高低而

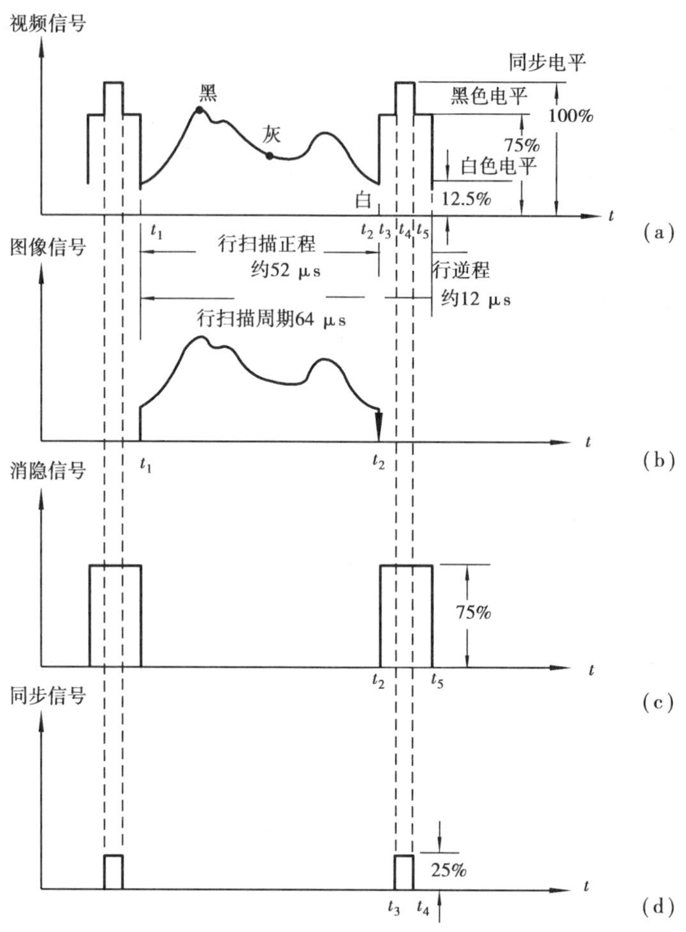

图 9.27　视频信号 = 图像信号 + 消隐信号 + 同步信号

变化强度,使荧光粉被打射部分发出亮暗不同的光,但电子束从屏幕右边回到屏幕左边作逆程扫描期间,希望它不要使荧光粉发光,即必须使电子束截止。为此,在电子束逆程期间,使信号电压为 75% 的黑色电平,使电子束截止,这时传送的信号电压叫做消隐信号。图 9.27 中表示的消隐信号是每行从右边回到左边时使电子束消隐的行消隐信号。同样的,当电子束从荧光屏上边扫描到屏下边后,再由屏下边回到屏上边的过程中也必须使它消隐,这时传送的是场消隐信号。

上面已经说过,接收机显像管中电子束在荧光屏上的扫描规律必须和发送端一致,才能使发送端摄像管电子束打到靶极上某一部分而取得的图像信号,必须在显像管屏幕上相对应的部分重显。这就不但要求显像管电子束行、场扫描的频率和发送端完全一致,而且电子束行、场扫描的相位也必须和发送端一致。如果只是扫描频率相同,但扫描的相位不一致,那么收到的图像也不正确。如果行扫描相位不一致,那么应该在屏幕左边出现的图像会跑到屏幕右边。如果场扫描的相位不一致,那么应该在屏幕上边出现的图像会跑到屏幕下边,如图 9.28,图 9.29,图 9.30 所示。

为了使接收机中行、场扫描的频率及相位和发送端完全一致,即彼此同步,所以在传送的信号中必须要有同步信号。图 9.27 中由 t_3 至 t_4 期间传送的就是行同步信号,它的宽度为

图 9.28　传送图像

图 9.29　行扫描相位不对

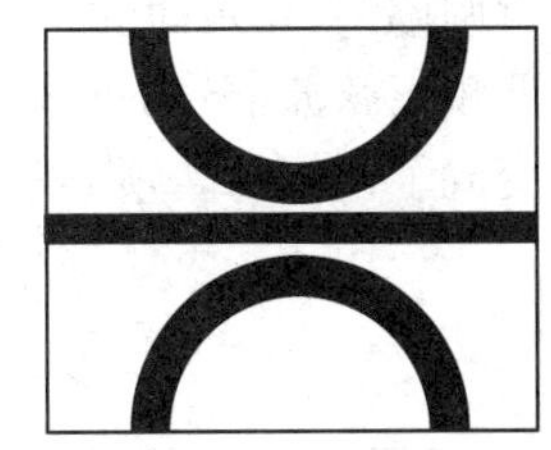

图 9.30　场扫描相位不对

4.7 ~5.1 μs,它的电平为 100% ，比其他信号电平都高一些,以便加以分离。

通常把行同步信号和场同步信号相加在一起的信号叫做复合同步信号。把复合同步信号、消隐信号和图像信号相加在一起的信号叫做视频信号或视频图像信号。

视频图像信号的频率成分有高有低,依据所传送的图像内容而变。如果所传送的是黑白横条信号,如图 9.31 所示。由于电子束由屏幕上边扫描到屏幕下边总共要用 20 ms 的时间(场频为 50 赫,场扫描周期为 1/50 Hz ＝20 ms),而在 20 ms 时间内,图像电压高低变化两个周期,所以信号变化的一个周期为 20 ms/2 = 10 ms,信号频率为 100 Hz。如果所要传送的是黑白竖条信号,如图 9.31 所示,由于行周期为 64 μs,作一行内图像黑白变化 8 次,图像信号高低变化 8 周,信号周期为 64 μs/8 = 8 μs,因此信号频率为 1/8 μs = 125 kHz。所传送的竖条越细越密,图像信号频率越高,普通视频图像信号的频率成分范围为 0 ~6 MHz。研究各种信号都包含有那些频率成分的工作,叫做频谱分析。

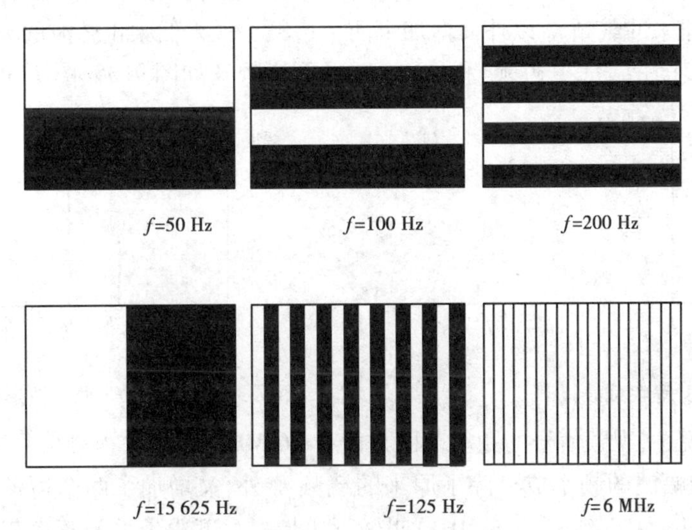

图 9.31　视频信号频率成分

9.3.3　高频电视信号

为了把视频信号和伴音信号发射到空间让广大观众用电视机接收,必须依靠高频无线电波。由于视频信号频谱范围很宽,所以通常都在 50 MHz 至 220 MHz 的甚高频范围内发送。

为了让无线电波将视频信号和伴音信号带出去,必须将所要传送的信号对高频信号（叫载波)进行调制。电视所用的调制分两种:一种是调幅,一种是调频。

所调调幅，就是让高频信号的振频随着所要传送的视频信号波形而变。例如，在需要发送一个低频正弦波信号的时候，我们可以用这个正弦波对高频信号进行调幅，结果使等幅的高频信号变成了调幅的高频信号，如图 9.32 ~ 图 9.34 所示。

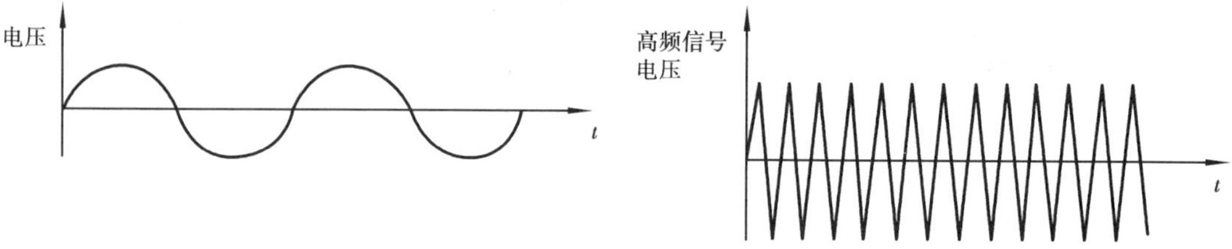

图 9.32　频率为 f_0 的高频等幅信号　　图 9.33　所要传送的频率为 F_1 信号

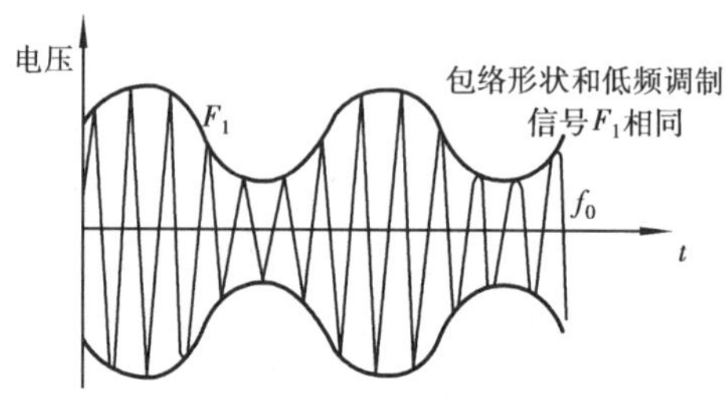

图 9.34　已调幅信号

我们把原来的等幅高频信号频率叫做载频，高频信号经过用频率为 F_1 的信号调幅以后它的频率成分除了原来的载频 f_0 以外又增加了两个边频。如果低频正弦波的频率为 F_1，那么增加的两个边频为($f_0 + F_1$)(上边频)和($f_0 - F_1$)(下边频)，如图 9.35、图 9.36 所示。

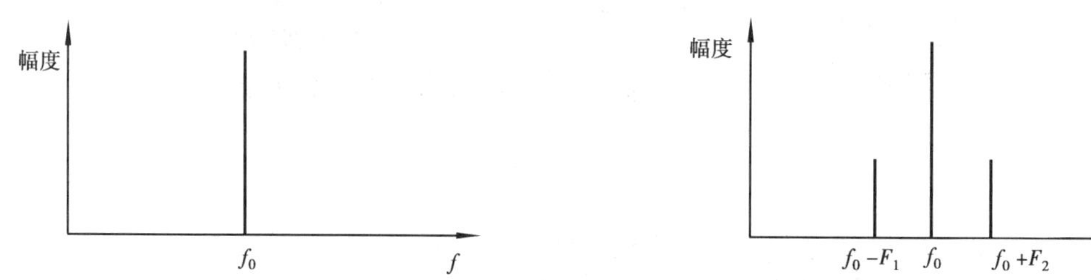

图 9.35　等幅载波频谱　　图 9.36　经单频 F_1 调幅波形后的已调波频谱

在前面已经说过，视频信号的频率范围是由 0 ~ 6 MHz，所以拿视频信号对高频载频 f_0 进行调幅后，高频调幅波的频率成分除了原来的载频 f_0 外，又增加了两个边带。从 f_0 至(f_0 + 6 MHz)叫做上边带，从 f_0 到(f_0 - 6 MHz)叫做下边带。上下边带总的频率范围为 12 MHz，如图 9.37 所示。

如果用视频信号对载波进行调幅，由于视频信号是许多频率组成的，故调幅后的高频信号波形则如图 9.38 所示，它的包络线形状和视频信号波形相同。我国规定用负极性视频信号来调制高频信号。

电视广播中伴音的频率范围较一般声音广播要宽一些，为 50 Hz ~ 15 kHz。为了将伴音由高频信号“携带”发射出去，我们采用调频的方法，也就是使高频信号的频率随着所要传送的低频信号波形而变化。例如，用一个正弦波对高频信号进行调频时，高频信号的频率随正弦波

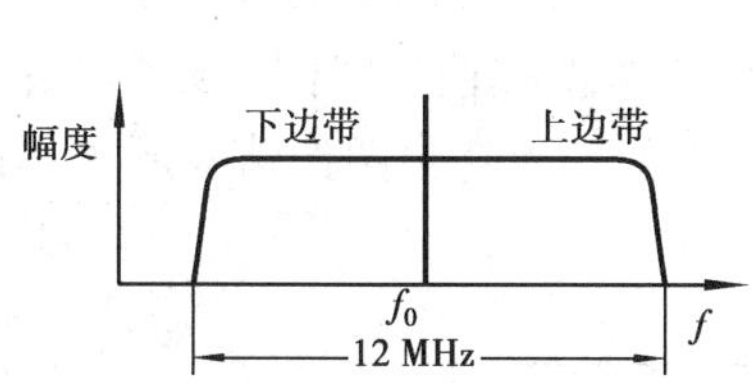

图9.37　经视频信号调幅后的已调波

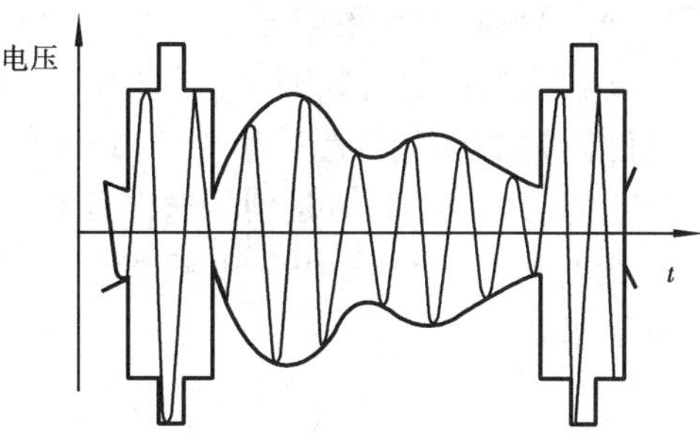

图9.38　用负极性视频信号调幅的高频信号

而变,正弦波幅度大的时候,高频信号的频率增高;正弦波幅度小的时候,高频信号的频率降低,如图9.39～图9.41所示。

高频信号经过调频以后,它的频率成分也将增加,但增加的情况和调幅时不同。在调幅时,低频(频率为F_1)正弦波信号对高频信号(频率为f_0)调幅的结果,只增加两个边频f_0+F_1和f_0-F_1。但在调频时,高频已调频波的频率成分要增加很多对边频,f_0+F_1,f_0-F_1,f_0+2F_1,f_0-2F_1,f_0+3F_1,f_0-3F_1,…,所以高频调频波的频率范围比调幅时宽。

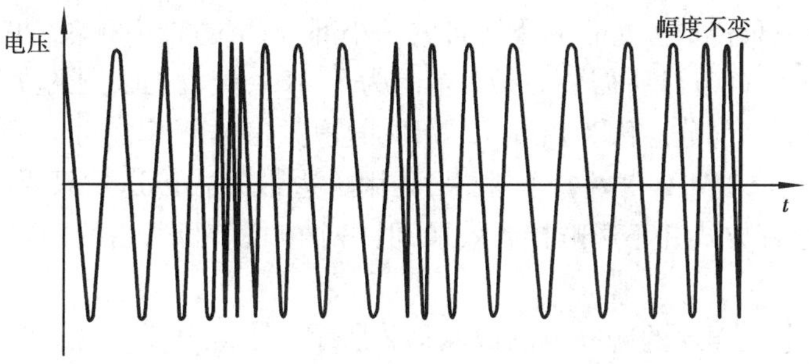

图9.39　中心频率为f_0的已调波

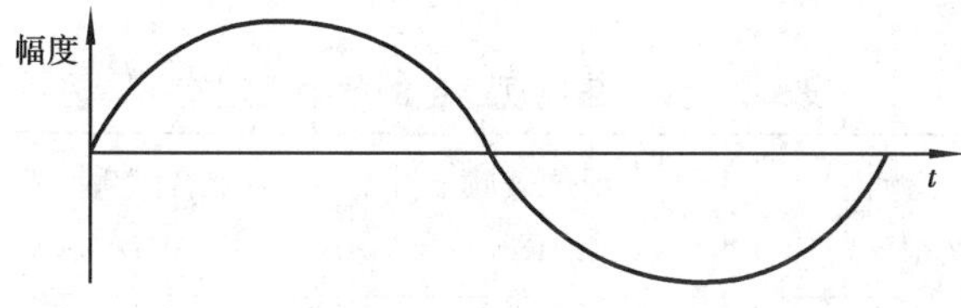

图9.40　频率为F_1的低频调制波

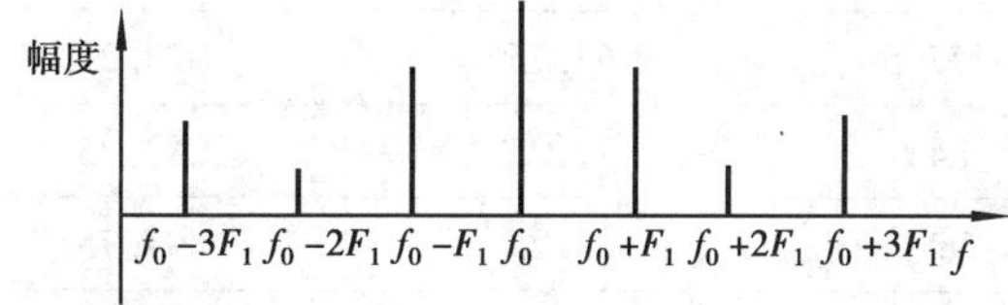

图9.41　由单一频率F_1调制后的已调频波频谱

通常用下式计算:

已调频波频率范围$=2\times(\Delta f+F_{max})$

式中，Δf是调频时高频信号频率的最大频率偏移，我国规定为 50 kHz；

F_{max}是最高的音频频率，可取为 15 kHz。

因此已调频波的频率范围为：$2+(\Delta f+F_{max})=2\times(50\ \text{kHz}+15\ \text{kHz})=130\ \text{kHz}$。

通常在传送电视节目时是使传送伴音的伴音载频f_s比传送视频信号的图像载频f_p高，我国规定f_s比f_p高 6.5 MHz，如图 9.42 所示。可见，高频伴音信号和高频图像信号所占用的频率范围是很宽的。

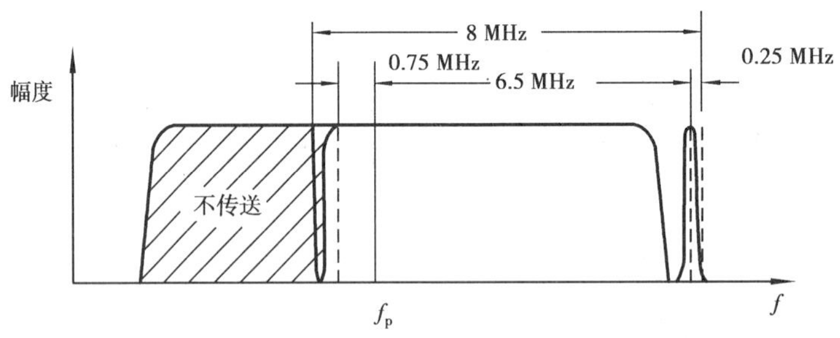

图 9.42　残留边带制高频至电视信号频谱

为了在 50～220 MHz 频带内多安排几个广播频通，所以一般多采用残留边带制。也就是对高频图像信号来说只传送上边带和下边带的一小部分，下边带中频较低的部分不往外传送。这样一来，传送一个电视节目所需要的频率范围为 8 MHz，接收机收到的高频图像信号是完整的上边带及下边带的一部分。因为对 0.75 MHz 的视频信号频率成分来说，是用双边带方式传送，对 0.75 MHz 至 60 MHz 频率成分来说，是用单边带方式传送。只要在接收机中采取适当措施，采用残留边带方式并不影响接收效果，但一个电视节目所占用的频率范围就可以缩减很多了。

我国规定的各电视频通的频率范围如表 9.2 所示。由表 9.2 可见，各频道的频率范围都是 8 MHz，伴音载频比图像载频高 6.5 MHz。例如：第二频道广播黑白电视节目，频率范围为 556.5 MHz 至 64.5 MHz，图像载频为 57.75 MHz，伴音载频为：64.25 MHz，即比图像载频高6.5 MHz。

表 9.2　我国各电视频道的频率规定值

电视频道编号	频率范围 /MHz	图像载频 /MHz	半音载频 /MHz	本机振荡频率 /MHz
1	48.5～56.5	49.75	56.25	84
2	56.5～64.5	57.75	64.25	92
3	64.5～72.5	65.75	72.25	100
4	76～84	77.25	83.75	111.5
5	84～92	85.25	91.75	119.5
6	167～175	168.25	174.75	202.5
7	175～183	176.25	182.75	210.5
8	183～191	184.25	190.75	218.5

续表

电视频道编号	频率范围/MHz	图像载频/MHz	半音载频/MHz	本机振荡频率/MHz
9	191 ~ 199	192.25	198.75	226.5
10	199 ~ 207	200.25	206.75	234.5
11	207 ~ 215	208.25	214.75	242.5
12	215 ~ 223	216.25	222.75	250.5

伴音用调频的方式，虽然所占的频率范围比调幅时要宽一些，但是这样做有一个很大的优点，就是信号抗干扰性能可以大大提高。因为调频波是等幅波，外来干扰使接收到的信号振幅变化时，在接收机中可以用限幅器来把信号幅度限制为等幅，从而去掉或减小干扰的影响。

通过上述章节的学习，同学们对图像通过摄像机怎样转换成电信号并发送的，电视机又怎样将电信号还原成图像的过程有了进一步的了解。在此，提示同学们应当着重掌握的几个知识点：

1）电子扫描的运动规律及规定。

2）导致图像闪烁现象的原因及解决方法。

3）视频信号的组成及作用，各信号之间具有的比例关系。

4）图像信号电压与图像亮暗之间的关系。

5）怎样才能避免扫描逆程期间不影响扫描正程图像的重显。

6）确保发送与接收扫描相位一致的方法，如果它们之间的相位发生不一致时在显像管荧屏上会出现什么样的视像。

7）电视信号的传输方式，我国制式的规定。

9.3.4　黑白电视机的组成

黑白电视机是由高频头电路、中频放大电路、视频检波和视频放大电路、自动增益控制电路、伴音电路、同步分离电路、扫描电路、电源电路8个单元电路组成，如图9.43所示。

（1）高频电路

又称高频头，由输入电路、高频放大、本机振荡和混频器几部分组成。

高频电路的作用是：将从天线收进来的高频电视信号送到高放级放大，高放级是一个低噪声的选频放大器，经它放大后的高频图像信号、伴音信号一起送入混频器混频，得到中频图像信号和中频伴音信号，送入中放级进一步作选频放大。

（2）中频放大电路

简称为中放级。电视机的中放既放大图像信号又放大伴音信号，但伴音信号频带很窄，增益又低，中放主要是放大图像信号，所以也称图像中放。图像中放的作用是：将高频头送来的中频信号混入的杂波衰减，将邻频道的信号（邻近干扰信号）吸收，输出中频信号。同时，为了避免图像和伴音信号的相互干扰，还对本频道的伴音信号进行适当吸收（衰减），然后把选出的中频信号送选频放大器作进一步的放大。由于中放要为整机提供主要增益（60 dB），所以它一般由3 ~4 级放大器组成。

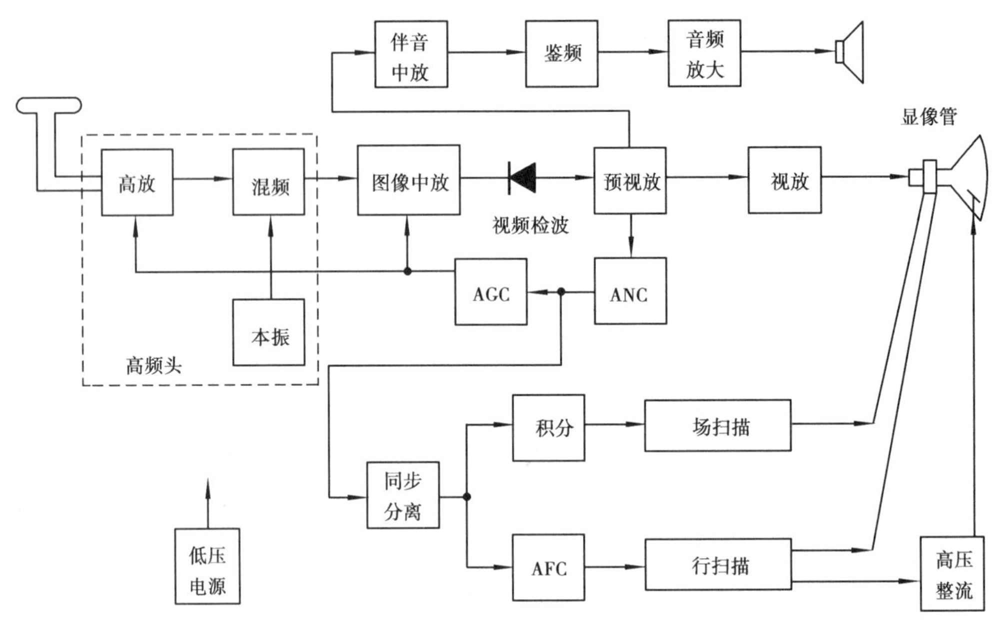

图 9.43　黑白电视机方框图

(3)视频检波与视频放大电路

主要由视频检波器、视频前置放大器和视放输出级组成。其作用是将中放级送来的中频图像信号进行幅度检波,从中得到电视图像信号,送至视频放大级并显示图像。对于单通道内载波式电视机,检波器还兼作混频器,由中频图像信号和中频伴音信信号差拍出 6.5 MHz 的第二伴音中频信号,因此检波级后应将第二伴音中频信号和视频信号分离。同时本级还要为自动增益控制电路(AGC)及同步分离电路提供视频信号电压,因而在视放输出级之前又加了一级视放前置级(预视放),它对于视频图像信号是一射极跟随器,以利于与自动增益电路及同步分离电路匹配,对第二伴音中频信号相当于一级放大器。由于检波级输出视频电压较低,而显像管需要的激励电压较高,则电压增益约需 34 ~ 38 dB,这个增益主要由视放输出级提供。

(4)自动增益控制电路(AGC)

简称 AGC 电路,该电路主要由 AGC 检波延迟部分组成。它虽然是电视机的一个附加电路,但对于稳定电视机的工作是必不可少的。AGC 电路的作用是:把从预视放级取出的视频信号转化成控制信号,自动控制高放级及中放级的增益。当输入信号过强时,自动使放大增益减弱,保证图像的稳定性,反之使之增益增大,从而保证检波出的图像视频信号基本不变,使电视在强信号作用下仍能稳定工作。

(5)伴音电路

伴音电路主要由伴音中放电路、鉴频器和音频放大器组成。伴音电路的作用是将视放前置级送来的 6.5 MHz 第二伴音中频进行放大,并在鉴频过程中加以限幅、解调,得出音频伴音信号,送入音频放大器,放大后推动扬声器发出声音。

(6)同步分离电路

同步分离电路主要由同步分离和同步放大两部分组成。同步分离电路的作用是把从预视放送来的视频信号进行切割，分离出复合同步信号，再由同步放大电路进行整形、放大，并经鉴相电路及积分电路，使行、场同步信号彼此分离，分别送到行、场扫描电路去控制行、场振荡器的振荡频率。

(7) 扫描电路

扫描电路包括行扫描和场扫描电路，它们的作用是在行偏转线圈中产生锯齿波电流。行偏转使光点左右方向扫描，场偏转使光点上下扫描。在它们共同作用下，显像管荧光屏上将产生一幅扫描光栅。

①行扫描电路除了做左右扫描外，还要提供显像管正常工作所需要的供电电压(如：中压、加速、聚焦及高压等)。

②扫描电路由振荡级、激励放大级、输出级等组成。振荡级都采用自激振荡的工作方式，即不需要任何外加信号就能自行振荡起来，因此无论同步信号有没有送入，光栅仍然能够产生。只是当振荡器不受同步控制时，扫描的频率和相位与发送端不一致，致使重现图像不能保持静止或出现图像混乱和翻滚等。

(8) 电源电路

给电视机提供工作电源电压源。一般经过电源变压器将 220 V 交流电降压至电视机所需电压，经整流、滤波、稳压后供给电视机工作，一般电压为 12 V、18 V/3 A。

显像管需供电一般为 6.3 V 灯丝电压，加速聚焦电压为 400 V 或 100 V，高压(阳极)9 ~ 12 kV。

9.3.5　μPC 黑白电视机单元电路的组成

(1) 图像中频放大电路

μPC 黑白电视机图像中频放大电路由前置中放(BG_1)、声表面波滤波器(SAWF)、中频放大电路(μPC1366 集成块)等组成，如图 9.44 所示。

1) 主要作用

①前置中放　用于由高频头输出的中频信号，以补偿声表面滤波器的损耗，提高灵敏度。

②声表面波滤波器　用于抑制邻近号频道的中频干扰信号，选出 38 MHz 图像中频信号和 31.5 MHz 第一伴音，并对 31.5 MHz 信号加以适当的衰减。

③中频放大电路　由 μPC1366 集成电路及外围元件组成，它包括：

A. 中频放大　放大 38 MHz 图像中频信号，对 31.5 MHz 第一伴音信号加以适当放大。

B. 视频检波　对 38 MHz 图像信号进行检波，得到 0 ~ 6 MHz 全电视信号，将 38 MHz 信号与 31.5 MHz 信号适行差拍，得到 6.5 MHz 第二伴音中频信号。

C. 预视放　进行信号放大与分配，其中将 6.5 MHz 第二伴音中频信号送入伴音通道，将视频信号送入视频放电路、AGC 电路和同步分离电路。

D. 中频 AGC 和高频 AGC　对视频信号进行整流滤波，得到中放 AGC 电压和高放 AGC 电压，其中中放 AGC 电压控制中频放大电路的增益，高放 AGC 电压控制高频头内部高放管的增益，以保证出端的信号幅度稳。

2) μPC1366 集成电路各脚功能及外围元件的作用

①1 脚和 14 脚　内接视频检波电路，外接由 L_1，C_7 组成的并联谐振电路(选频网络)。它谐振于图像中频，它的选频作用使得检波效率最高。R_5 为阻尼电阻，降低回路 Q 值。检波得

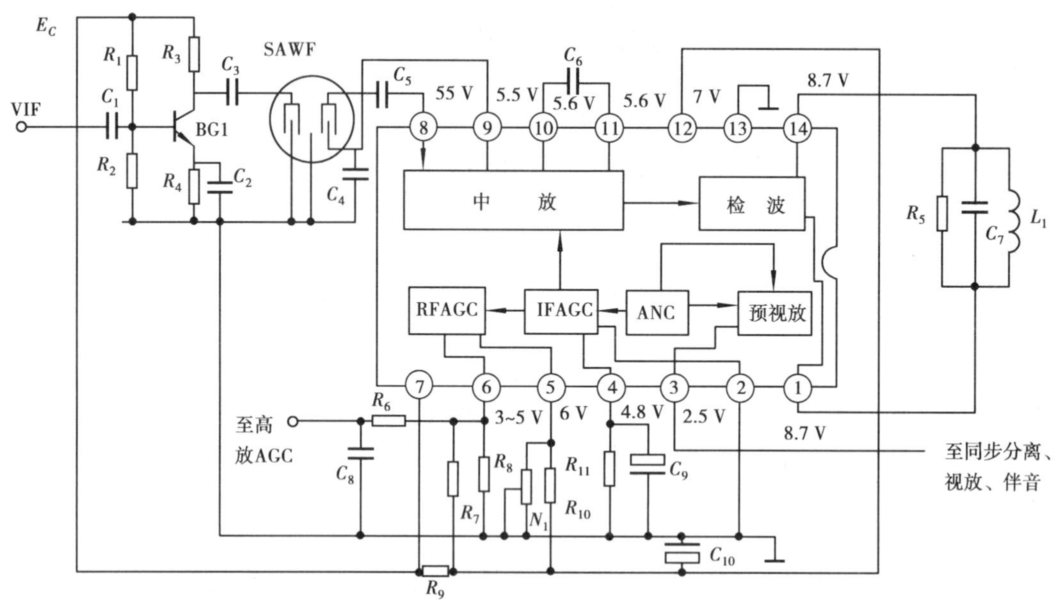

图 9.44 图像中频放大单元电路

出的视频信号,一并送往预视放电路。

②2 脚和 13 脚　为集成电路接地脚。

③3 脚　内接预视放输出电路,输出 0 ~ 60 MHz 视频信号和 6.5 MHz 第二伴音信号。

④4 脚　内接中频 AGC 电路,外接 C_9,R_{11}与内部晶体管组成峰值检波电路。当同步脉冲到来时,通过集成电路内部电子开关对 C_9 充电,同步脉冲过去后,C_9 通过 R_{11}缓慢放电,放电的时间常数远大于充电时间常数,这样便在 4 脚得到正的、正比于同步脉冲幅度的 AGC 直流电压,经放大后去控制中放级的增益。

⑤5 脚　内接高放延迟 AGC,外接由 R_{10},R_9,W_1 组成的分压电路,改变 W_1 可改变 5 脚直流电位的高低,从而调节高放 AGC 的延迟电平。

⑥6 脚　内接高放 AGC 输出,外接由电阻 R_8,R_7 组成的分压电路,决定高放 AGC 的起控电平。

⑦7 脚　内接电源输大端,外接 12 V 电源电压。

⑧8 脚和 9 脚　内接中放输入,外接由 C_5 隔直流耦合电容输入中频信号。

⑨10 脚和 11 脚　内接中频放大电路,外接旁路电容 C_6,用来消除集成电路内部负反馈网络给图像中频信号的负反馈。放大后的中频信号在集成电路内部送入视频检波电路。

⑩12 脚　内接稳压电源(6.1 V),向图像中放电路供电,由 R_9 把电源加于 12 脚。

另外:R_{22},C_{28},C_{29},C_{30}组成的滤波电路,为高、中频放大电路的电源供电滤波电路。

3)μPC1366 集成电路内部信号工作过程

38 MHz 图像中频信号和 6.5 MHz 第一伴音中频信号经 C_5 由集成电路的 8 脚和 9 脚输入至内部中放电路放大,并送入内部的视频检波电路检波,得到的 0 ~ 60 MHz 视频信号和 6.5 MHz的第二伴音中频信号。经内部噪声抑制电路抑制干扰信号,并经预视放电路放大后,由 3 脚输出 0 ~ 60 MHz 视频信号和 6.5 MHz 第二伴音中频信号。

(2)伴音电路

μPC 黑白电视机伴音放大电路由 C_{11} 耦合电容、L6.5 MA 滤波器、音频放大电路(μPC1353 集成块)等组成,如图 9.45 所示。

1)主要作用

①C_{11} 耦合电容　将全电视信号耦合至 6.5 MHz 滤波器。

②L6.5 MA 滤波器　选取全电视信号中的 6.5 MHz 第二伴音中频信号。

③音频放大电路　由 μPC1353 集成电路及外围元件组成,它包括:

A. 伴音限幅放大　将选取的 6.5 MHz 第二伴音中频信号进行放大,并抑制大幅度的干扰信号。

B. 有源滤波　降低信号噪音。

C. 鉴频器　对放大足够的 6.5 MHz 第二伴音调频信号进行检波(解调),得出音频信号。

D. 直流电子音量控制　控制输出音频信号大小。

E. 音频前置放大　对检波输出幅度较小的音频信号进行放大。

F. 功放　对音频信号进行功率放大,使之有足够的能力推动扬声器。

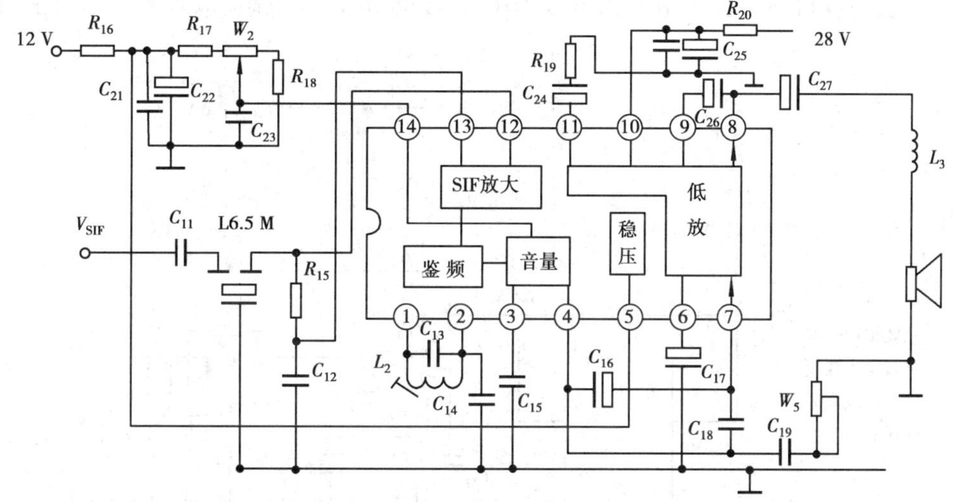

图 9.45　伴音放大单元电路

2)μPC1353 集成电路各脚功能及外围元件的作用

①1 脚和 2 脚　内接鉴频器,外接电感线圈 L_2 及电容 C_{13},C_{14} 构成 LC 串联谐振电路,使在 6.5 MHz 调频信号输入时,能将调频信号转换为音频调幅信号。

②3 脚　内接直流电子音量控制,外接去加重电容 C_{15} 改善音质。

③4 脚　内接直流电子音量控制输出音频信号端,外接输出音频信号耦合电容 C_{16},C_{19},W_3 构成音调电路,对音频信号的高频分量进行分流,从而实现音调控制。

④5 脚　内接稳压源,外加经 R_{16},C_{16},C_{21},C_{22} 去耦滤波后的 12 V 电压。

⑤6 脚　内接音频放大器,外接滤波电容 C_{17}。

⑥7 脚　内接音频信号输入端,外接输入音频信号及旁路电容 C_{18}。

⑦8 脚　内接音频放大器的输出端,外接音频放大输出耦合电容 C_{27} 经 L_3 中频扼流推动扬声器发声。

⑧9 脚　内接音频放大器,外接自举升压电容 C_{26},以扩大 OTL 电路输出电压的动态范围。

⑨10 脚　内接音频放大器供电端,外接由 R_{20},C_{25} 去耦滤波后的 18 V 电源。

⑩11 脚　内接音频放大器,外接 R_{19},C_{24},提供内部信号放大通路构成负反馈。

⑪12 脚和 13 脚　内接伴音中频限幅放大器,外接由 R_{15},C_{12} 及 L6.5 MA 组成 6.5 MHz 的第二伴音选频电路。

⑫14 脚　内接直流电子音量控制电路,外接由 R_{12},R_{18},W_2 中频旁路电容 C_{23} 构成的直流电位调整电路,其中调节 W_2 即可改变 14 脚直流电位,从而改变输出音量的大小。

另外:由 R_{16},C_{21},C_{22} 组成的滤波电路,为伴音电源供电滤波电路。

3) μPC1353 集成电路内部信号工作过程

6.5 MHz 第二伴音由陶瓷滤波器 L6.5 MA 选出,经 12 脚和 13 脚输入集成电路内部伴音中频限幅放大器放大后,经有源滤波器送入鉴频器检波检出音频信号,在内部送入直流电子控制输出音频信号,由 4 脚输出,经耦合电容 C_{18} 加到第 7 脚输入内部音频放大器放大,放大的音频由第 8 脚输出,经输出耦合电容 C_{27} 推动扬声器发声。

(3) 视频放大电路

μPC 黑白电视机视频放大电路由 6.5 MHz 滤波器、BG_3 及电阻、电容等元件组成,如图 9.46所示。

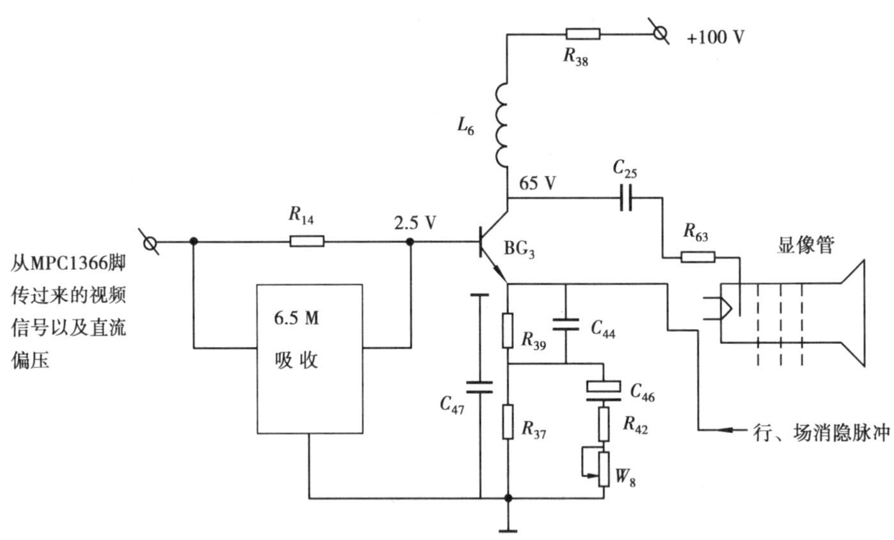

图 9.46　视频放大单元电路

1) 主要作用

是将视频信号放大到足以激励显像管正常工作的幅度。

2) 主要性能要求

①电压增益　一般预视放输出的视频信号电压为 1 ~ 1.4V_{p-p},而显像管所需要视频信号电压为 50 ~ 80V_{p-p},所以视放增益为 50 ~ 80 倍。

②通道带　要求视频放大器频带宽度至少为 50 Hz 至 4.5 MHz,以保证图像的清晰。

③灰度失真小　也就是要求视频放大器的非线性失真小,以保证图像的层次足够。

④其他要求　对视频放大电路要有对比度调节和对频率补偿等。

3) μPC 黑白电视机视频放大输出电路分析及元件的作用

①从预视放输出的视频信号经 R_{13}，R_{14}耦合至 BG_3 视放管基极，因为视频信号含有一定的直流分量，所以 R_{13}，R_{14}也为 BG_3 基极偏值电阻。6.5 M 吸收（滤波器）用以滤除第二伴音信号，防止伴音干扰图像。R_{37}，R_{39}为其发射极直流负反馈电阻，R_{38}为集电极负载电阻，C_{45}为耦合电容。

②由于视放级的输出电容、显像管的输入电容以及分布电容对高频信号分流作用的影响，使得高频频端增益下降，所以电路中采用了以下高频补偿措施：

A. 在 BG_3 集电极接有：由 L_6，R_{38}组成并联补偿电路，它与 BG_3 输出电容 C_{45}、显像管输入电容及分布电容组成并联谐振电路，谐振在 2 ~ 3 MHz，以提高 2 ~ 3 MHz 视频信号的增益。在 BG_3 的发射极接有电容 C_{47}，C_{44}，它们与 R_{39}，R_{37}组成发射极 RC 负反馈高频补偿网络，以提高高频段的增益。

B. 在视放电路中，设置的对比度调节电路，它由 W_8，R_{42}，C_{46}组成。对视频信号来说 W_8 为对比度调节电位器，W_8 包括 R_{42}是并联在负反馈电阻 R_{37}的两端，改变 W_8 可改变负反馈量的大小，从而改变视放输出级的增益，即改变其输出视频信号的幅度，达到对比度调整的目的。

a. 对比度的调整过程　当调 W_8 至上端时，负反馈量增大，信号增益上升，图像变浓；当 W_8 调至下端时，负反馈量减小，信号增益下降，图像变淡。

b. C_{46}为隔直电容，使对比度不影响视放级直流工作点。

C. 亮度调节电路，它由 W_7，R_{40}，R_{41}，R_{63}组成，改变 W_7 可改电子束电流的大小，从而达到亮度调节目的。

D. 因视频输出动态范围大，BG_3 输出信号幅度为 50 ~ 80$V_{p\text{-}p}$，所以视放级采用 100 V 供电。

E. BG_3 发射极由 D_{15}，C_{88}，R_{36}组成的场扫描消隐电路及 D_1，C_{43}，R_{36}组成的行扫描消隐电路；引入的行、场消隐信号，在行、场逆程期间，正脉冲消隐信号使视放管发射极电位升高，视放管截止，集电极为高电位，由于视放输出耦合电容两端的电压不能突变，则显像管阴极也为高电位，显像管电子束截止，使回扫期间电子束不能射到荧光屏上，从而达到了消隐的目的。

(4) 同步分离电路

μPC 黑白电视机同步分离电路由 BG_2 及电阻、电容等元件组成，如图 9.47 所示。

1) 主要作用

将全电视信号中的复合行、场同步信号，根据行、场同步信号的脉冲宽度的不同，采用宽度分量电路，分离出行、场同步信号。

2) 主要性能要求

①要求分离出的同步脉冲幅度应一致，前沿陡，延迟时间少。

②要求有较强的抗干扰能力，分离出的同步信号中不能混有图像信号和消隐信号。

③要求同步分离电路分离出来的同步脉冲的幅度、极性、相位、波形应符合行、场扫描电路的需要，并且幅度要足够大，能控制扫描电路。

3) μPC 黑白电视机同步分离电路分析及元件的作用

①从预视放输出的视频信号经 C_{31}，R_{23}耦合、隔离，用以减小幅度分离电路对视放级的影响；R_{24}，R_{25}为 BG_2 基极偏值电阻，提供给基极一个正向偏值电压，以提高分离的灵敏度；C_{39}为负反馈电容，防高频自激；R_{26}为发射极负载电阻。

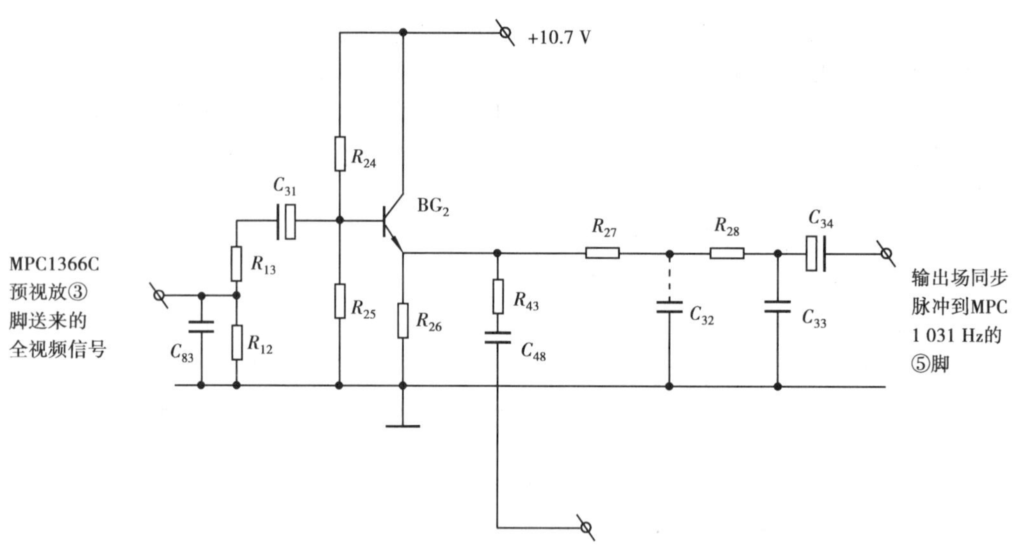

图 9.47　同步分离单元电路

②由发电极输出方波信号电压，一路经 R_{27}，C_{32}，R_{28}，C_{33} 组成两节积分电路分离出场同步信号 R_{34}，C_{29} 耦合送至场扫描电路。另一路经 R_{43}，C_{48} 限流、耦合送至自动频率控制 AFC 电路。

另外：由 C_{87}，R_{72} 组成滤波电路，为同步分离电源供电滤波电路。

(5)行扫描电路

行扫描电路主要由自动频率控制 AFC 电路、行振荡器、行激励级、行输出级和高、中压电路等组成，如图 9.48 所示。

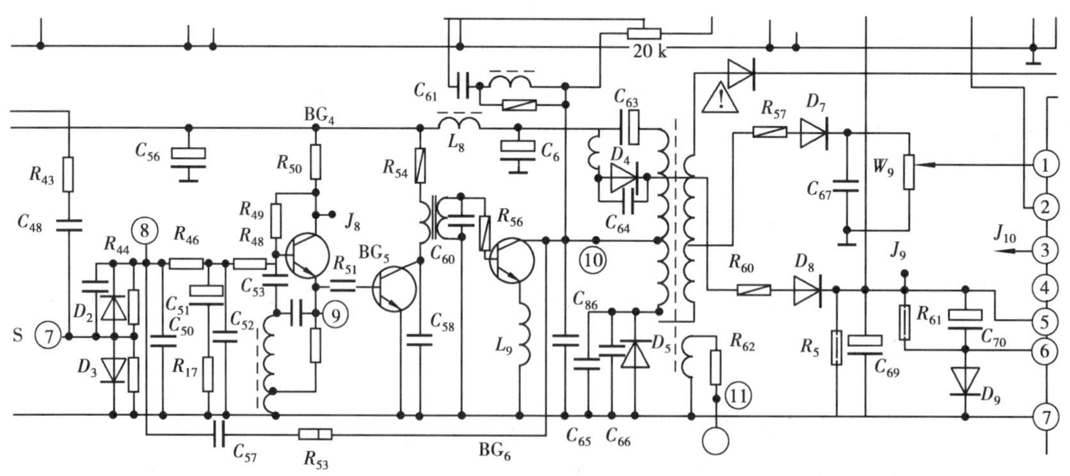

图 9.48　行扫描单元电路

1)主要作用

①自动频率控制 AFC 电路　又称自动频率-相位调整电路，其作用是将同步分离电路输送来的同步信号和行输出级产生的逆程脉冲在鉴相器中进行相位比较，并输出一个误差校正电压，以控制行振荡器使其与同步信号同步。

②行振荡器　行振荡器受 AFC 电路输出的直流电压控制，所以又称压控振荡器，它将为

行输出级产生脉冲宽度为 20 μs、周期为 64 μs 的行频脉冲电压。

③行激励级和行输出级　行振荡器产生行频脉冲电压（不是锯齿波电压），经过行激励放大整形后，用来控制行输出管的工作状态，使行输出管按开关方式工作；通过特殊的锯齿波形成电路，为行偏转线圈提供良好的行锯齿波电流；产生水平方向的磁场，使电子束均匀地作水平方向扫描。

④高压电路　高压电路包括行输出变压器和高、中压整流电路，产生高压 10 kV 以上，中压为 100 V 和 400 V，并为自动频率控制电路提供比较信号及键控 AFC 电路的脉冲。

2）μPC 黑白电视机行扫描电路分析及元件的作用

①从同步分离级送来的正向复合同步信号，通过 C_{48}，R_{43} 耦合、限流，送入由 C_{49}，D_2，D_3，R_{44}，R_{45} 组成的单脉冲型鉴相器；另从行输出级来的正向逆程脉冲经 R_{53}，C_{57} 组成反馈积分网络，得到负向比较锯齿波电压，也送入由 R_{46}，C_{51}，R_{47}，C_{52}，C_{48} 组成的积分滤波网络，得到一直流控制电压，R_{48} 加到行振荡管 BG_4 的基极。

②行振荡　为三点式间歇行振荡器。由 BG_4，R_{49}，R_{50}，R_{52}，C_{53}，C_{55}，L_7 组成。其中 12 V 经 R_{49}，R_{50} 供给 BG_4 集电极为静态直流偏值，C_{55} 与 L_7 的下部绕组组成谐振回路，振荡器振荡脉冲间歇时间的长短，调节 L_7 即可决定振荡频率的高低。R_{52} 用于降低谐振回路 Q 值，起阻尼作用。当行频偏高或偏低时，鉴相器输出的 AFC 电压叠加在振荡管的基极静态偏压上，以改变振荡管偏电压的大小，实现对行频的控制。振荡产生的行频脉冲经集电极负载电阻 R_{51} 送至行激励级。

③行激励　以反极性激励方式。由 BG_5，R_{54}，C_{58}，B_1 组成。其中 12 V 经 R_{54} 限流通过 B_1 初级绕组供给 BG_5 发射极——静态直流偏值，并阻尼变压器的高频振荡。集电极所接的 C_{58} 为旁路电容，以消除激励管从饱和到截止时在激励变压器 B_1 中激起的高频振荡所造成的干扰。同时还可以降低激励管集电极的反峰电压，避免激励管被很高的反峰电压击穿。

④行输出　由 BG_6，C_{56}，C_{60}，C_{61}，C_{62}，C_{63}，C_{64}，C_{65}，C_{66}，C_{67}，C_{69}，C_{70}，R_{55}，R_{56}，R_{57}，R_{58}，R_{59}，R_{60}，R_{61}，R_{63}，R_{70}，R_{71}，L_5，L_8，L_9，L_{10}，L_{11}，D_4，D_5，D_7，D_8，D_9，B_2 组成。经过激励放大的行频脉冲被送到行输出级。输出管 BG_6 的基极所接的电阻 R_{56} 起限流作用，用来限制输出管的基极电流。C_{60} 为去耦电容，以抑制变压器的高频寄生振荡，B_2 是行输出变压器。C_{65}，C_{66} 为逆程电容，改变逆程电容 C_{66} 的大小，可改变逆程时间的长短和高压的高低（也就是说容量小、高压高、行幅窄；容最大、高压低、行幅宽）。D_5 为阻尼二极管，其负端接在 B_2 的升压点（第4端点）上，可补偿扫描电流的非线性失真。C_{63}，D_4 和 B_2 的 1 ~3 绕组组成自举升压电路 L_{10}，C_{64} 为 D_4 的吸收回路，以抑制行辐射干扰，12 V 电压经此升压电路升压，得到 26.5 V 左右向行输出管的集电极供电。L_9 发射极的吸收回路，以抑制行辐射干扰。L_{11} 是行线性调节电感 R_{70} 为分流电阻，L_5 为行偏转线圈，C_{61} 为 S 校正电容，用来补偿延伸失真。

A. 在行输出变压器上得到的行逆程脉冲经整流滤波后可得到几种直流电压：

a. 高压 12.5 kV，经 D 整流硅堆（位于输出变压器内部）整流得到高压送至显像管的阳极。

b. 中压 120 V，经 D_7，R_{57}，C_{67} 限流、整流，旁路得到的直流电压经 R_{58}，R_{59} 分压，提供给显像管加速极和聚焦极。

c. 100 V 经 D_8，R_{60}，C_{69}，R_{55} 限流、整流、滤波后作为视放级集电极工作电压，R_{61}，C_{70}，D_9 为消亮点电路。

B. 从 B_2 的第 2 端点取出的行逆程脉冲通过反馈积分网络成为比较锯齿波电压被送往

AFC 电路。

C. BG_6 集电极的行逆程脉冲又作为行消隐脉冲，经 R_{36}，C_{88}，D_{15}加到视放管的发射极，以消除逆程行回扫线。

D. 由 C_{56}，L_8，C_{62}组成滤波网络，为行输出电源供电的滤波电路。

(6)场扫描电路

μPC 黑白电视机场扫描电路由集成电路(μPC1031H2 集成块)等组成，如图 9.49 所示。

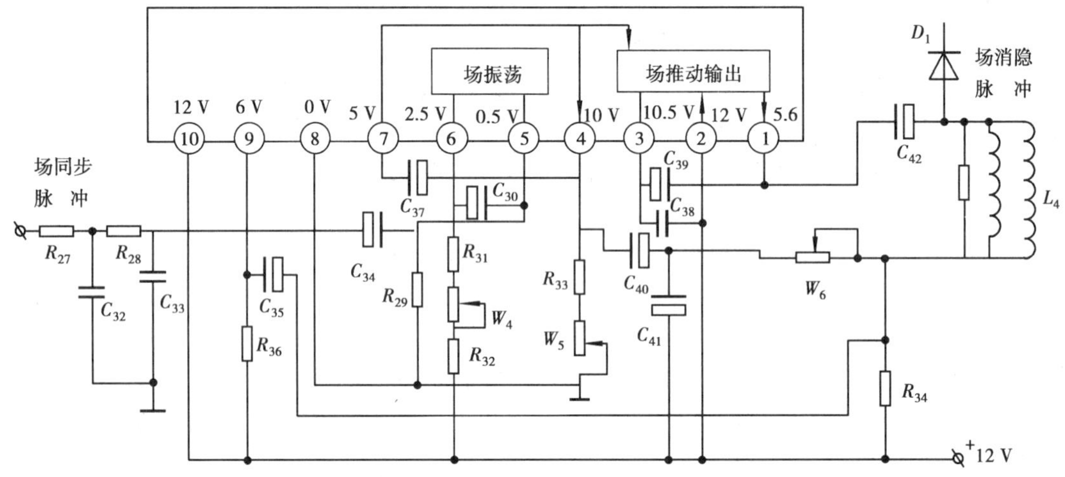

图 9.49　场扫描单元电路

1)主要作用

①同步分离　从全电视信号中分离出复合同步信号。

②积分电路　从复合同步信号中分离出场同步信号。

③场振荡　产生频率 50 Hz 锯齿波电流并受场同步信号控制。

④场锯齿波形成　主要将场振荡产生的锯齿波电流与同步信号锯齿波电流混合后并加以校正得到线性良好的 50 Hz 锯齿波电流。

⑤场激励级　将获得频率为 50 Hz 锯齿波电压进行增益放大，以足够的增益去推动场输出级工作。

⑥场输出　将频率为 50 Hz 的锯齿波电流作进一步放大输出，送至场偏线圈产生偏转磁场，并控制电子束作垂直方向扫描运动，同时，还给视放电路提供场消隐信号。

2)μPC1031H2 集成电路各脚功能及外围元件的作用

①1 脚　内接场输出，外接输出耦合电容 C_{42}给偏转线圈。

②2 脚　内接各部分供电，外接电源 12 V，C_{38}为消振电容；

③3 脚　内接场输出电路，外接自举电容 C_{39}，以加大场输出电路的线性动态范围。

④4 脚　内接锯齿波形成电路，外接 C_{40}，C_{41}，R_{33}，R_{34}，W_5，W_6 与内部电子开关组成锯齿波形成电路；场扫描正程时，C_{40}缓慢充电；场扫描逆程时，C_{40}通过内部电子开关迅速放电，这样在 4 脚得到了负向锯齿波电压。另外调节 W_5 实现场幅调整，调节 W_5 实现场线性调整。

⑤5 脚　内接场振荡电路，外接 C_{34}耦合电容，输入场同步信号控制场振器同步。

⑥6 脚　内接场振荡电路，外接定时电路，场扫描正程，电源通过 W_4，R_{32}，R_{31} 对 C_{36}缓慢充

电；场扫描逆程，C_{36}通过内部的电子开关及 R_{29}迅速放电。对 C_{36}充电的快慢将决定场振荡频率，改变 W_4 可改变对 C_{36}充电快慢，从而改变场振荡频率，使其场振荡频率在同步信号范围以内，所以调节 W_4 即可实现场同步调整。

⑦7 脚　内接场输出级电路，外接锯齿波信号输入耦合电容 C_{37}。

⑧8 脚　接地。

⑨9 脚　内接场输出级电路，外接电流负反馈电容 C_{35}，以实现输出端到前置放大器的电流负反馈，用以减小场扫描电流的非线性失真。

⑩10 脚　内接场输出级电路供电，外接供电电源 12 V。10 脚与 9 脚之间外接电阻 R_{30}为改变场出中点电位，限制场扫描逆程峰值。另外场消隐脉冲的钳位电路，由 R_{35}，D_{15}，C_{43}组成。

3）μPC1031H2 集成电路内部信号工作过程

5 脚和 6 脚决定场振荡频率，同步信号经两节积分电路由 5 脚输入控制内部场振荡器的频率；6 脚外接定时控制电路，使场振荡频率为 50 Hz，锯齿波电压很好同步，可调节 W_4。

场振荡频率与同步信号频率合成一体，在集成电路内部完成，即锯齿波形成由第 4 脚输出，由外围线性补偿电路后由第 7 脚送入内部场输出级电路放大，由集成电路的第 1 脚输送给场偏转线圈。

（7）电源电路

μPC 黑白电视机电源电路由电源变压器、整流滤波电路、稳压电路组成，如图 9.50 所示。

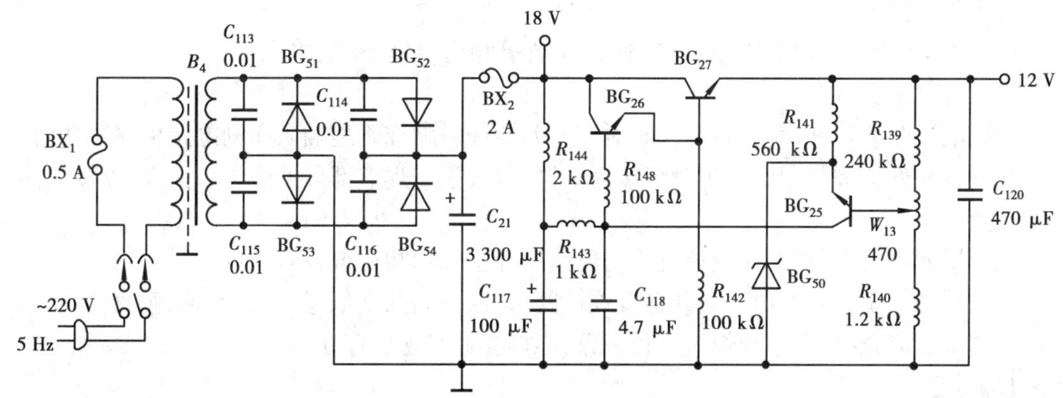

图 9.50　电源单元电路

1）主要作用

①变压器降压　作用是将市电 220 V、频率为 50 Hz 的交流电压变压为 16.5 V 左右的直流低压，变压器功率在 32 W 左右。

②整流滤波电路　利用二极管的单向导电性，将变压后的交流电压进行整流，得到脉冲的直流，利用容量较大电容滤去波纹较大的波动成分，得到较平滑的直流电压。

③稳压电路　把整流滤波后的不稳定的直流电压作进一步去除脉动成分，确证有一个稳定不变的直流输出电压。

2）μPC 黑白电视机电源电路分析及元件的作用

μPC 黑白电视机的电源电路，采用的是一典型的串联稳压电路。

D_{11} ~ D_{13}组成的全桥式整流电路，C_{71} ~ C_{74}为保护二极管和旁路高频信号。C_{75}为整流后大容量滤波电容，BX_2 为低压保险丝(1.5～2 A)；C_{76}为滤波电容；R_{64}，R_{65}，R 为 BG_8 的偏置电阻，同时 R_{65}，R_{64}为 BG_9 的负载电阻；BG_9 为取样放大管，BG_8，BG_7 组成复合调整管，其中 BG_8 为比较放大管，BG_7 为调整管；R_{67}与 D_{14}分压并稳定 BG_9 射极的基准电压；R_{68}，W_{10}，R_{69}分压组成取样电路；R_{66}，BG_7 分压组成调整管的基极电压 C_{78}为旁路电容，C_{80}为稳压输出滤波电容；C_{77}为电子滤波器，作用是进一步滤除比较放大管的波动脉冲电压。

9.3.6 μPC 黑白电视机的安装与调试

在电子产品的工业生产中，为了确保生产品的质量。不论是批量生产还是单台研制都必须按照电子工业生产技术标准及一定的工序(工艺)生产、制作。

(1)准备

对产品所需器件进行配置分类、筛选、整形。

1)配置分类　依据单元电路所用元器件清单(见附页)，配备所需元器件(清点)。

2)筛选　对所用元器件的技术参数进行核实、检测(性能)。

3)整形　根据设计技术要求(印刷电路板)对所用元器件的引脚进行清理、弯形。

(2)插件、焊接

在电子产品的工业生产中，单台产品的研制及生产一般是根据所研制产品的电路工作原理框图结构以单元电路为模块，用手工锡焊接方式，边插件、边焊接，逐级制作而成。

1)插件、焊接顺序：

电源供给单元、行扫描单元、场扫描单元、伴音单元、图像中放单元。

2)插件、焊接方法：

按照电路图的元件代码：将与代码对应的元器件引脚准确地插入印刷电路板安装孔内，并用电烙铁将元件引脚与印刷板焊盘焊接为一体，剪去超出焊点部分的引脚。插件、焊接应注意以下几点：

①所插元件的参数、极性及位置应与电路原理图标识相符合，不得有误。

②元件与印刷板间的距离必须符合设计要求，两点间的高低应一致(平形、垂直)。

③焊接点应光滑、大小与焊盘直径一致，不得有短路现象存在。

(3)检查

当每一单元电路的元器件，插件、焊接就绪后，都必须参照电路原理图对所插件、焊接单元的每一个元器件进行校对、核实，对其焊接质量进行检查，以确保插件、焊接无误。

1)校对、核实　校对、核实所插件、焊接元件的阻值、容量、功率、极性、结性与电路原理图、印刷电路板图的代码、位置是否一致。

2)焊接质量　各元器件的引脚与焊盘的焊接点，是否有漏焊(未焊)、虚焊及短路现象存在。

(4)测试

在确证插件、焊接无误的基础上，还须进一步对所插件、焊接单元中各元器件的在路直流电阻值进行测量。以判断在插件、焊接过程中因焊接时间过长，则导致元件损坏等为目的。

1)测试范围

各单元电路的输入端、输出端、元器件引脚与引脚、引脚与公共点(地、电源负极)间的在路直流电阻值。

2)测试方法

①电源部分直流电阻值的测试

将万用表量程开关拨至 $R\times10$ 挡,调零后,用万用表的表笔(黑、红)分别测量:

A. 整流电压输出端 C_{75} 间的电阻值应约为 20 Ω 或 200 Ω(黑表笔接负为 20 Ω、红表笔接负为 200 Ω)。

B. 稳压电源输出端 J_{10} 对地(C_{80})电阻值应约为 300 Ω 左右。

②行扫描部分直流电阻值的测试

将万用表量程开关拨至 $R\times1$ k 挡,调零后,用万用表的表笔:黑接地、红接被测点,分别测量:

A. 12 V 电源供给端 C_{62} 间的电阻值应约为:500 kΩ。

B. BG_6 集电极对地电阻值应约为:7.5 kΩ。

③场扫描部分直流电阻值的测试

将万用表量程开关拨至 $R\times1$ k 挡,调零后,用万用表的表笔:黑接地、红接被测点,分别测量:

A. 12 V 电源供给端 C_{41} 正极对地电阻值应约为:920 Ω。

B. 集成电路 μPC1031H2 各脚的对地电阻值:

表 9.3

引脚	1	2	3	4	5	6	7	8	9	10
阻值										

④伴音部分直流电阻值的测试

将万用表量程开关拨至 $R\times1$ k 挡,调零后,用万用表的表笔(黑接地、红接被测点)分别测量:

A. 18 V 电源供给端 C_{25} 间的电阻值应约为:4.4 kΩ。

B. 集成电路 μPC 各脚的对地电阻值:

表 9.4

引脚	1	2	3	4	5	6	7	8	9	10	11	12	13	14
阻值														

⑤图像中放部分直流电阻值的测试:

将万用表量程开关拨至 $R\times100$ 挡,调零后,用万用表的表笔(黑接地、红接被测点)分别测量:

A. 12 V 电源供给端 C_{28} 间的电阻值应约为:530 Ω。

B. 集成电路 μPC1366 各脚的对地电阻值:

表 9.5

引脚	1	2	3	4	5	6	7	8	9	10	11	12	13	14
阻值														

9.3.7 μPC 黑白电视机的调试

要使各单元电路能在正常工作状态下，就必须对其单元电路及整机性能进行调试，以保证电视机的性能达到设计所规定指标。

(1)单元电路的调试

1)测试设备

①MF47 型指针式万用表一台。

②GOS-620 型示波器一台。

③LCG-412D 电视信号发生器一台。

2)测试前准备

①测试仪表校正　万用表机械零的调整。

②接插　将电视机主板上的接插口分别与机箱内的，显像管阳极、显像管座、偏转线圈、音量电位器、喇叭、亮度及对比度电位器、变压器次级，接插件对应连接。

注意：显像管阳极电压为 12.5 kV 的高压输出，插接必须可靠。

3)测试方法

①电源部分的测试：

整流输出直流电压 18 V、稳压直流电压 12 V(上下可调)。

将万用表量程开关拨至 50 V 直流电压挡，用万用表的表笔黑接地、红接被测点：

A.将保险管(BX_2)取出，开启电视机电源开关。测量 C_{75} 正极对地电压，应为 24 V 左右。

B.将保险管(BX_2)插入，开启电视机电源开关。测量 C_{80} 正极对地电压，调节 W_{10} 使其为 12 V。

②行扫描部分的测试：

行振荡级、行激励级的工作电压，行振荡波形电压，行输出级工作电流，行输出管工作电压，行输出级波形电压，中压输出电压 100 V，加速级输出电压 400 V。

将万用表量程开关拨至 50 V 直流电压挡，用万用表的表笔黑接地、红接被测点：

A.测量 BG_4，BG_5 各极对地电压：

表 9.6

极　性	e	b	c
BG_4			
BG_5			

B.观测⑨测试点波形，调节 L_7 使波形电压为 $3V_{p\text{-}p}$ 值。

C.测量 L_8 与 C_{62} 正极之间的直流电流，将万用表量程开关拨至 500 mA 直流电流挡，并将万用表的表笔串接在 L_8 与 C_{62} 的开口处，则测得电流值应为 450 mA 左右。

D.连接开口、测量 BG_6 集电极对地电压，应为 27 V 左右。

E.观测⑩测试点波形，更换 R_{56} 使波形电压为 80 $V_{p\text{-}p}$ 值。

F.观测⑧测试点波形，更换 R_{56} 使波形电压为 3.5 $V_{p\text{-}p}$ 值。

G.测量 D_7，D_8 负极对地电压，应分别为 400 V，100 V。

观察显像管屏幕应有一条水平亮线。

③视频放、同步分离的测试：

视频放级工作电压，同步分离级工作电压。

A. 测量 BG_3 各极对地电压。

B. 测量 BG_2 各极对地电压。

表 9.7

极　性	e	b	c
BG_2			
BG_3			

④场扫描部分的测试：

场扫描级工作电流，集成电路（μPC1031H）各引脚工作电压，场振荡电压波形，场输出电压波形。

A. 测量 F_{11} 与 10 脚之间的直流电流，将万用表量程开关拨至 500 mA 直流电流挡，并将万用表的表笔串接在 F_{11} 与 10 脚的开口处，则测得电流值应为 180 mA 左右。

B. 连接开口、测量 μPC1031H 各引脚对地电压。

表 9.8

引脚	1	2	3	4	5	6	7	8	9	10
电压										

C. 观测④测试点波形，调节 W_4 使波形电压为 $6V_{p\text{-}p}$ 值。

D. 观测⑤测试点波形，调节 W_5 使波形电压为 $1V_{p\text{-}p}$ 值。

E. 观测⑥测试点波形，调节 W_6 使波形电压为 $11V_{p\text{-}p}$ 值。

观察显像管屏幕应有光栅。

⑤图像中放部分的测试：

前置中放工作电压，集成电路（μPC1366）各引脚工作电压。

A. 测量 BG_1 各极对地电压。

表 9.9

极　性	e	b	c
BG_1			

B. 测量 μPC1366 各引脚对地电压。

表 9.10

引脚	1	2	3	4	5	6	7	8	9	10	11	12	13	14
电压														

现观察显像管屏幕应有位信噪声。

⑥伴音部分的测试:

功率放大极工作电流,集成电路(μPC1353)各引脚工作电压。

A. 测量 R_{20} 与 BX_2 之间的直流电流,将万用表量程开关拨至50 mA直流电流挡,并将万用表的表笔串接在 R_{20} 与 BX_2 的开口处,则测得电流值应为30 mA左右。

B. 连接开口、测量 μPC1353 各引脚对地电压。

表9.11

引脚	1	2	3	4	5	6	7	8	9	10	11	12	13	14
电压														

调节音量电位器喇叭应有伴音噪声。

(2)整机调试

1)测试前准备

①测试仪表校正　将LCG-412D电视信号发器设置于VHF段,并调节于2频道处,电子图形为棋盘输出模式。

②接插　将高频头的接插件与电视机主板上的接插口相连接。

2)测试方法

电视机的全电视信号,图像信号,复合同步信号,行同步信号,行、场线性,S矫正,伴音信号。

①全电视信号调试

A. 测量 μPC1366 的5脚对地电压,调节 W_1 使其为6 V电压。

B. 观测①测试点波形,调节 L_1 使波形电压为 $1.2V_{p\text{-}p}$ 值。

②图像信号调试

观测②测试点波形,更换 R_{13} 或 R_{14} 使波形电压为 $50V_{p\text{-}p}$ 值。

③复合同步信号调试

观测③测试点波形,检查同步放大级相关元件使波形电压为 $9V_{p\text{-}p}$ 值。

④行同步信号

观测⑦测试点波形,检查鉴相器(FAC)电路相关元件使波形电压为 $3.5V_{p\text{-}p}$ 值。

⑤行、场线性调试

A. 首先调节行、场振荡频率,使荧光屏上的电子测试图像禁止。观察图像垂直幅度是否在荧屏内,上下是否对称,分别调节 W_5,W_6 使其符合要求。

B. 将彩色电视信发器设置为棋盘信号,观察图像水平幅度是否在荧屏内,左右是否对称。调节 L_{11} 或更换 C_{66} 使其符合要求。

⑥伴音调试

当电视机接收到电视信号时,将音量调节到较小位置,调节 L_2 使声音增大、噪声减少即可。

附：

μPC黑白电视机元件明细

电源部分

名　称	型　号　规　格	单　位	数　量
整流二极管	2CZ11(1 A,400 V)	只	4
电　解　电　容	3 300 μF/25 V	只	1
电　解　电　容	220 μF/25 V	只	1
电　解　电　容	4.7 μF/25 V	只	2
电　解　电　容	100 μF/16 V	只	1
电　　容	0.01 μF	只	5
电　　阻	1 kΩ	只	2
电　　阻	2 kΩ	只	1
电　　阻	5 6 kΩ	只	1
电　　阻	560 Ω	只	1
电　　阻	240 Ω	只	1
卧式可调电阻	470 Ω	只	1
稳压二极管	2CW15(7～8 .5 V)	只	1
三　极　管	3DD03(配散热板)	套	1
三　极　管	3DG1008	只	1
三　极　管	3DG945	只	1
保　险　管	2A（配卡座）	套	1

行扫描部分

名　称	型　号　规　格	单　位	数　量
电　解　电　容	47 μF/16 V	只	1
电　解　电　容	220 μF/25 V	只	2
电　解　电　容	470 μF/16 V	只	1
电　解　电　容	1 μF/160 V	只	1
电　解　电　容	10 μF/160 V	只	1
电　　容	4 700 pF	只	2
电　　容	0.047 μF	只	2
电　　容	0.015 μF	只	1
电　　容	0.068 μF	只	1
电　　容	0.022 μF	只	1

续表

名 称	型号规格	单 位	数 量
电容	0.1 μF	只	1
电容	2 200 pF	只	1
电容	2 μF/400 V	只	1
电容	1 000 pF/400 V	只	1
电容	0.015 μF/400 V	只	1
电容	4 700 pF/400 V	只	1
电阻	470 Ω	只	2
电阻	12 kΩ	只	1
电阻	10 kΩ	只	1
电阻	2 kΩ	只	1
电阻	1 kΩ	只	1
电阻	3.3 kΩ	只	1
电阻	47 kΩ	只	1
电阻	220 Ω	只	1
电阻	8.2 kΩ/1 W	只	1
电阻	27 Ω /0.25 W	只	2
电阻	47 kΩ/0.5 W	只	1
电阻	2.2 Ω/0.25 W	只	1
电阻	220 Ω/0.2 5 W	只	1
电阻	10 Ω/ 0.5 W	只	1
电阻	1.5 kΩ/ 0.5 W	只	1
电阻	4.7 MΩ/0.5 W	只	1
二极管	2AP9	只	2
二极管	2CZ1A	只	1
二极管	2CZ21A	只	1
二极管	2CZ55E	只	1
二极管	2DN2	只	1
三极管	3DG945	只	1
三极管	3DG1008	只	1
三极管	3DD03(配散热板)	套	1
电感	56 μH	只	1

续表

名　称	型　　号　　规　　格	单　位	数　量
行振荡线圈	LH-H-22X	个	1
行激励线圈	HTB-2	个	1
行线形调整线圈	LSR-30	个	1
行输出变压器	BSH	件	1

场扫描、同步分离及视频放大部分

名　称	型　　号　　规　　格	单　位	数　量
电　解　电　容	100 μF/16 V	只	2
电　解　电　容	10 μF/16 V	只	2
电　解　电　容	4.7 μF/16 V	只	1
电　解　电　容	220 μF/16 V	只	2
电　解　电　容	47 μF/16 V	只	1
电　解　电　容	22 μF/16 V	只	2
电　解　电　容	1 000 μF/16 V	只	1
电　解　电　容	33 μF/16 V	只	1
电　解　电　容	1 μF/50 V	只	3
电　　　　容	0.01 μF	只	2
电　　　　容	6 800 pF	只	1
电　　　　容	0.056 μF	只	1
电　　　　容	2 200 pF	只	1
电　　　　容	0.22 μF/160 V	只	1
电　　　　容	200 pF	只	1
电　　　　容	24 pF	只	1
电　　　　容	0.022 μF/160 V	只	1
电　　　　阻	15 Ω/0.25 W	只	1
电　　　　阻	120 Ω	只	1
电　　　　阻	33 kΩ	只	1
电　　　　阻	360 kΩ	只	1
电　　　　阻	1.5 kΩ	只	1
电　　　　阻	12 kΩ	只	1
电　　　　阻	3.9 kΩ	只	1

续表

名称	型号规格	单位	数量
电阻	2.7 kΩ	只	1
电阻	20 kΩ	只	4
电阻	68 kΩ	只	1
电阻	1 Ω/0.5 W	只	1
电阻	8.2 kΩ	只	1
电阻	470 Ω	只	1
电阻	6.8 kΩ	只	1
电阻	82 Ω	只	1
电阻	240 Ω	只	1
电阻	330 Ω	只	1
电阻	150 kΩ	只	1
电阻	27 Ω	只	1
电位器	20 kΩ	只	1
立式可调电阻	22 kΩ	只	1
立式可调电阻	1 kΩ	只	1
电感	270 μH	只	1
三极管	3CG733	只	1
三极管	3DG415	只	1
二极管	2AP9	只	2
集成块	μPC1031H2	片	1

图像中放部分

名称	型号规格	单位	数量
电解电容	47 μF/16 V	只	1
电解电容	10 μF/16 V	只	1
电容	1 000 pF	只	4
电容	15 pF	只	1
电容	4 700 pF	只	1
电容	68 pF	只	2
电容	0.047 μF	只	1
电容	24 pF	只	1

续表

名　称	型　号　规　格	单　位	数　量
电　　　阻	6.8 kΩ	只	2
电　　　阻	2 kΩ	只	1
电　　　阻	180 Ω	只	1
电　　　阻	120 Ω	只	1
电　　　阻	680 Ω	只	1
电　　　阻	15 kΩ	只	1
电　　　阻	1 kΩ	只	3
电　　　阻	100 kΩ	只	1
电　　　阻	150 Ω	只	1
电　　　阻	47 Ω	只	1
电　　　阻	39 Ω	只	1
卧式可调电阻	22 kΩ	只	1
声　表　面　波	LMS-37	个	1
陷　波　器	6.5 MHz	只	1
三　极　管	3DG304	只	1
集　成　块	μPC1366C	片	1
谐振线圈	S120	只	1

伴音中放部分

名　称	型　号　规　格	单　位	数　量
电　解　电　容	4.7 μF/16 V	只	1
电　解　电　容	33 μF/16 V	只	2
电　解　电　容	1 μF/50 V	只	1
电　解　电　容	220 μF/16 V	只	2
电　解　电　容	470 μF/25 V	只	1
电　解　电　容	47 μF/16 V	只	1
电　　　容	0.01 μF	只	3
电　　　容	68 pF	只	1
电　　　容	12 pF	只	1
电　　　容	0.015 μF	只	1
电　　　容	0.068 μF	只	2
电　　　容	0.1 μF	只	1

续表

名　　称	型　号　规　格	单　位	数　量
电　　阻	20 kΩ	只	1
电　　阻	1 kΩ	只	1
电　　阻	330 Ω	只	1
电　　阻	390 Ω	只	1
电　　阻	47 Ω	只	2
电　　阻	15 Ω	只	1
陶瓷滤波器	L6.5 MA	只	1
谐振可调线圈	6.5 MHz	只	1
集　成　块	μPC1353C	片	1

9.4 印制电路板(功率放大器)的制作

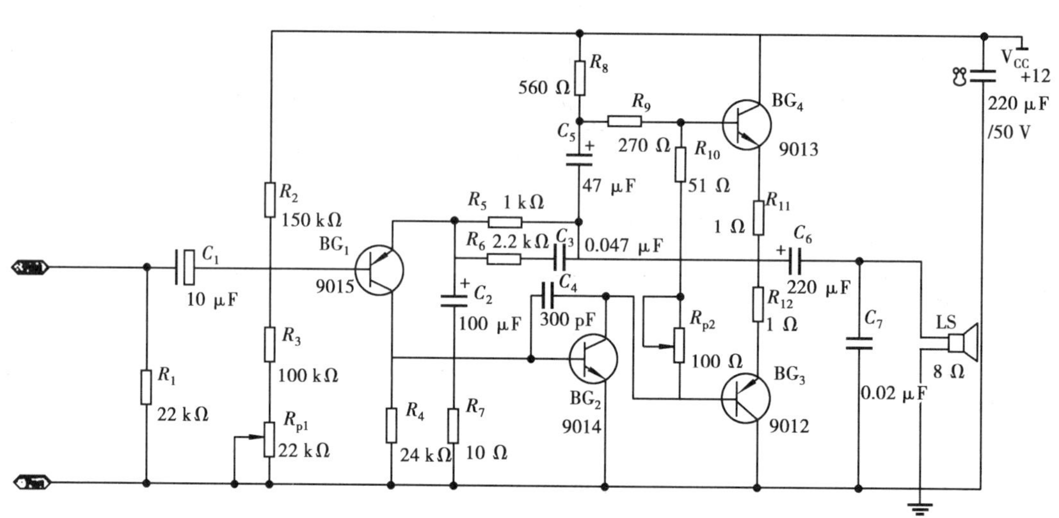

图 9.51　功率放大器原理图

制作设计基本原则以及制作方法参见本书第 5 章。

参考文献

[1] [日]田中和吉著. 电子产品焊接技术. 孟令国等译. 北京:电子工业出版社,1984

[2] 《电子工业生产技术手册》委员会编. 电子工业生产技术手册(12). 北京:国防工业出版社,1986

[3] [美]G·洛弗特等著. 电子测试与故障诊断. 江庚和等译. 武汉:华中工学院出版社,1986

[4] 《无线电》编辑部. 电子爱好者实用资料大全. 北京:电子工业出版社,1989

[5] 国家标准局. 国家标准电气制图应用指南. 北京:中国标准出版社,1989

[6] 杨兴德编. 电子技术实习. 西安:西安交通大学出版社,1990

[7] 金德宣. 微电子焊接技术. 北京:电子工业出版社,1990

[8] 焦辎厚等编. 哈尔滨:哈尔滨工业大学出版社,1992

[9] 王卫平等编. 电子工艺基础. 北京:电子工业出版社,1997

[10] 邱月弘等编. 电子技术基础操作. 北京:电子工业出版社,1998

[11] 汤元信等编. 电子工艺及电子工程设计. 北京:北京航空航天大学出版社,1999

[12] 王天曦等编. 电子技术工艺基础. 北京:清华大学出版社,2000

[13] 申跃等编. 电子工艺实习指导书(试行). 重庆工学院自编教材,2004

[14] 张翠霞等编. 电子工艺实训教材. 北京:科学出版社,2004